工程管理 2025

Construction Management 2025

中国建筑学会工程管理研究分会
《工程管理》编委会 编

中国建筑工业出版社

图书在版编目（CIP）数据

工程管理. 2025 = Construction Management 2025 /
中国建筑学会工程管理研究分会《工程管理》编委会编.
北京 ：中国建筑工业出版社, 2025. 5. -- ISBN 978-7
-112-31228-3

Ⅰ. TU71-54

中国国家版本馆 CIP 数据核字第 2025S2Q833 号

责任编辑：朱晓瑜　李闻智
责任校对：李美娜

工程管理 2025
Construction Management 2025
中国建筑学会工程管理研究分会
《工程管理》编委会　编

*

中国建筑工业出版社出版、发行（北京海淀三里河路 9 号）
各地新华书店、建筑书店经销
国排高科（北京）人工智能科技有限公司制版
建工社（河北）印刷有限公司印刷

*

开本：880 毫米 ×1230 毫米　1/16　印张：14¾　字数：348 千字
2025 年 6 月第一版　　2025 年 6 月第一次印刷
定价：**58.00** 元
ISBN 978-7-112-31228-3
（45242）

《工程管理》编委会

名誉编委会主任： 丁士昭　丁烈云

编委会主任： 王广斌

编委会副主任： 方东平　郑琪　张铭　黄志挺　周迎　邓小鹏
叶堃晖　李冬生

编委会委员（按姓氏笔画排序）：

顾问：

前　言

中国建筑学会工程管理研究分会（The Architectural Society of China-Research Chapter of Professional Management in Construction，ASC-PMC）是工程管理领域全国性学术研究组织。分会面向工程建设、管理前沿问题和重大工程需求，持续致力推动我国工程管理现代化发展。自2003年以来，分会每年组织一次学术年会，同时出版论文集，学术年会和本书已经成为我国最具影响力的工程管理专业学术会议和出版物之一。

在全球环境日益复杂、工程活动特征不断丰富、工程组织管理方式持续变革，以及工程实施技术加速升级的时代背景下，工程管理面临着前所未有的机遇与挑战。为实现更高质量、更可持续的创新发展，工程管理必须打破传统学科界限，积极拥抱多学科交叉融合，加强与不同领域的协同合作。基于此，2025年度第20届中国建筑学会工程管理研究分会年会①，确定了"工程管理与多学科、多领域共融发展"的主题。本次会议及本书旨在搭建一个开放、多元的交流平台，邀请业界专家、学者和企业代表，共同探讨一系列关键议题，包括工程管理在重大工程、城市更新、绿色低碳等关键领域的学科交叉发展、工程管理教育与专业发展的创新变革等，以期推动工程管理在数智时代迈向新的高度。围绕这些议题，本次年会共计收到来自42所院校和企业的35篇投稿，经程序委员会和评审专家的匿名评审，最终收入本书24篇，涉及五大主题。

1　重大工程建设管理

如何有效应对重大工程建设中的复杂性与高风险，是工程管理领域一个持久且重要的问题。①罗岚等人运用动态演化博弈模型，分析了重大工程复杂性适应性治理中政府与社会公众的策略互动及演化路径。研究发现，双方行为受到感知价值、处罚感知、治理成本和风险损失分担比例等因素影响，并通过仿真指出，增加对消极治理的处罚、降低积极治理成本以及优化风险分担比例，能有效引导双方走向积极治理。②陈果等采用案例研究结合头脑风暴法、德尔菲法等，研究了实物补偿模式下大型变电站迁建项目的进度风险管理。研究构建了包含39个风险因素的指标体系，并提出四种应对策略和八项应对措施。研究为各风险因素匹配了策略与措施组合，为同类工程进度风险管理提供了系统性参考。

---

① 2020年由于疫情未举办，2022年与2023年合并举办。

2 项目咨询与全过程管理

随着工程项目复杂性的增加和专业化分工的深化，加强项目咨询与全过程管理的研究，对于提高项目效率和价值创造至关重要。①林婧等构建了"评定分离"制度下围标合谋的单种群演化博弈模型，探究了该制度减少投标人围标行为的机理。研究表明，"评定分离"制度通过改变合谋中标概率，在充分竞争与有效监管下能有效引导投标人放弃围标、选择单独投标策略，从而长期优化市场环境。该研究揭示了"评定分离"制度遏制围标的作用机制，并提出了在实践中实施此制度时的关键要素和政策建议。②吴雨松等以松山湖科学城生物医药项目为例，结合关键构件计算分析，讨论了大型复杂幕墙工程的施工技术方案、质量控制措施与安全应急管理策略。研究展示了该项目在材料选用、施工工艺及管理体系方面的实践创新。③梁伟和徐世光结合现场调查、赤平极射投影法和极限平衡法，研究了保山市隆阳区两处高陡边坡危岩体的形成机制、稳定性及其发展趋势。该研究评估了危岩体危险性，并提出了人工清除结合主动防护网的综合治理方案，为类似地质灾害的风险评估与防治提供了参考。④宋毅和乔晓冉研究了建设单位提升竣工结算效率与合规性的关键路径。研究提出，构建标准化制度体系、精细化设计合同风险条款、选用适配结算模式、创新分阶段结算机制、强化部门协同与资产管理融合等策略，能显著缩短审核周期，提升资金使用效率与管理规范性。⑤刘青华分析了工程项目各阶段成本影响因素，并结合案例提出了覆盖策划、施工、采购、运维等环节的系统性成本优化路径。

3 绿色低碳建造与管理

在"双碳"目标的驱动下，深入研究绿色低碳建造与管理，是推动建筑行业转型升级和实现可持续发展的必然选择。本辑收录的论文讨论了绿色低碳建造与管理的宏观趋势、行为策略和实践应用。

宏观趋势方面。①苗泽惠和赵慧琳基于 CiteSpace 工具，分析了绿色低碳建筑与管理领域的研究热点与趋势。研究发现，国外研究主要聚焦于绿色建筑、碳排放、能源效率等领域，尤其强调绿色建筑的碳排放管理和能源的可持续发展。而国内则侧重于建筑设计、节能减排和成本控制等方面。研究进一步指出，未来绿色低碳建筑与管理的研究将向精细化管理、技术集成等方向深化。②陈佳康通过分析政策法规、技术创新与应用案例，探讨了建筑业实现绿色低碳转型的机遇与挑战，并从政府、企业、个人层面提出了多方协同的转型路径。

行为策略方面。田昌民等基于 Stackelberg 博弈模型与数值仿真，研究了短期与长期政策效应下政府惩罚及激励措施对企业碳减排投资的影响。研究发现，高惩罚抑制市场活力；激励成本效果存在阈值且边际递减；短期强激励可倒逼投资但易致波动，长期转型需依靠技术与制度创新。

该研究为制定动态碳减排政策、引导企业转型提供了理论参考。

实践应用方面。①赵立等结合天府永兴实验室园区建设项目案例，探索了低碳近零碳园区的建设路径。研究总结了优化微气候、利用可再生能源、采用装配式构件等一系列绿色建造技术，并通过案例展示了这些技术在打造近零碳标杆项目中的成效。②马彪、张岚针对实践中减碳措施系统性不足、成果难量化的问题，构建了覆盖材料、运输、现场管理等环节的减碳方法与监测模型，并通过案例验证了该模型量化减碳成果的有效性。

4 数智时代的新工程管理

数智技术正全面渗透并重塑工程管理实践，本辑收录的论文从管理理论、行为策略、技术应用等维度，探讨了数智时代下工程管理的机遇与挑战。

管理理论与行为策略研究。①王子伦等运用微分博弈方法，研究了考虑延迟效应的装配式供应链中断动态恢复策略。探讨了协作、纳什非合作及成本共担三种机制下的最优恢复努力与恢复率，提供了对延迟效应下供应链恢复的实践指导。②严小丽和朱菲菲基于演化博弈和系统动力学模型，研究了我国建筑机器人规模化应用推广中政府与建筑企业的行为策略及演化路径。该研究揭示了系统的演化稳定策略，以及政府补贴、各类成本对趋优进程的影响机制，为政府政策制定及企业行为决策提供了支持。③朱金垒等采用问卷调研与模糊集理论分析，研究了新基建项目的价值共毁行为类型及关键评价指标，为理解和防范新基建价值共毁提供了启示。④任强、张冉通过构建多维度评价指标体系，运用因子分析与聚类分析方法，研究了中国 31 个省（市）的城市智慧更新发展水平。研究发现，智慧城市发展水平与经济基础、信息基础设施建设、公共服务保障能力等因素密切相关，并呈现出显著的区域差异。该研究也结合区域协调发展理念，为不同区域提出了差异化的实践指导建议。

智能感知技术的应用。①袁景怡等采用双任务范式结合脑电图（EEG）技术，研究了塔式起重机司机警觉性对不安全行为及任务绩效的影响。结果表明，特定 EEG 通道和时间片段的警觉性指标，与安全绩效和任务绩效之间存在显著相关性。该研究为基于警觉性监测的实时干预提供了科学依据，并为优化工作安排和确定干预周期以提升安全和效率提供了实践见解。②蔡茹莹等通过构建集成挖掘机姿态（IEP）数据集，并改进 YOLOv8 模型，探索了在动态施工现场环境中提高挖掘机姿态估计准确性与鲁棒性的方法。结果表明，使用集成数据集训练的改进 YOLOv8 模型在保持高精度的同时，展现出更好的泛化能力和实际应用效果，证明了集成多样化数据对智能安全监测的价值。

BIM 技术的应用。①张雷等基于问卷调研数据，探讨了业主信息需求对从业人员 BIM 技术集成应用意愿的影响机制。研究发现，业主信息需求显著正向影响应用意愿，且相比心理资本与技术需求的中介作用，业主信息需求的直接效应更为重要。②王超等结合高铁 G524 联络道工程案例，研究了 Dynamo 可视化编程技术在复杂结构参数化建模、自动化算量及投资管控中的应用，验证了其在赋能复杂工程投资管控与效率提升方面的价值。

人工智能技术的应用。卢锡雷等为解决工程管理信息检索与溯源困难的挑战，演示了如何基于 DeepSeek 构建本地知识库，为数智时代的企业知识管理提供了一个经济、高效的解决方案。

5　工程管理教育与专业发展

为适应工程管理领域不断变化的需求，对工程管理教育进行创新，并促进专业人才的持续发展，是保障行业高质量发展的人才基础。①严小丽、金昊通过对上海市应用型高校师生的问卷调研与访谈，剖析了智能建造背景下工程管理本科人才培养的现状与问题。研究发现，当前存在培养目标同质化、师资与课程滞后、产教融合不足等问题，并提出了针对性的对策建议。②赵旖晗针对智能建造趋势对工程管理人才提出的新要求，分析了教学现状，提出了涵盖教学理念、内容、方法等多方面的改革建议。研究以 BIM 算量课程为例阐述了具体的教学改革设计，旨在为高校工程管理专业改革、培养符合时代需求的复合型技术技能人才提供参考。③朱辰等基于霍尔三维结构模型，研究了社会主义核心价值观如何融入工程文化教育。结合中央财经大学工程管理专业的案例，研究进一步提出建立工程文化与价值观关联映射的方法，为工程教育践行核心价值观提供了指导。

综上，本书所收录的论文紧密围绕"工程管理与多学科、多领域共融发展"的主题，讨论了数智技术应用、重大工程挑战、绿色低碳转型、全过程管理、工程管理教育等多个维度的重要问题。研究成果不仅为破解工程管理领域的现存挑战提供了宝贵的思路和借鉴，也展现了工程管理学科拥抱变革、交叉融合的活力与潜力。

我们衷心感谢所有为本次年会及本书做出贡献的作者们，感谢各位审稿专家严谨细致的评审工作，同时也感谢为年会成功举办和本书顺利出版而付出辛勤努力的组织者们。本书作为中国建筑学会工程管理研究分会的重要学术平台，将继续致力于促进学术交流，凝聚行业智慧，为中国工程管理未来发展提供有价值的思想、方法和工具。

目 录

Contents

重大工程建设管理

Major Project Construction Management

基于演化博弈的重大工程复杂性适应性治理研究

罗 岚 刘智权 吕 萍 刘钰洋

（南昌大学公共政策与管理学院，南昌 330031）

【摘 要】 本文运用动态演化博弈模型分析政府与社会公众在重大工程治理中的策略选择及其行为演化结果。研究发现，政府和社会公众的行为受到感知价值、处罚感知、治理成本及风险损失分担比例等多个参数的影响。通过仿真结果，指出增加消极治理处罚、降低积极治理成本及风险分担比例等措施能够有效促进双方采取积极治理策略。同时，强调了提升主体的主观能动性和判断能力对复杂性适应性治理的重要性。研究结果能够为重大工程治理策略路径判断及策略选择提供理论依据和决策支持。

【关键词】 重大工程；复杂性；适应性治理；演化博弈

Research on the Complexity and Adaptive Governance of Major Infrastructure Engineering Based on the Evolutionary Game

Luo Lan   Liu Zhiquan   Lü Ping   Liu Yuyang

（School of Public Policy and Management, Nanchang University, Nanchang 330031）

【Abstract】 This paper uses a dynamic evolutionary game model to analyze the strategic choices of the government and the public in the governance of major projects and the results of their behavioral evolution. It is found that the behaviors of the government and the public are influenced by several parameters such as perceived value, penalty perception, governance cost and risk-loss sharing ratio. Through the simulation results, it is pointed out that measures such as increasing negative governance penalties and decreasing positive governance costs and risk-sharing ratios can effectively promote the adoption of positive governance strategies by both parties. At the same time, the importance of enhancing the subjective initiative and judgment of the subject to the adaptive governance of

基金项目：江西省社会科学"十四五"（2024年）重点项目（24GL01）；江西省自然科学基金项目（20232BAB204076，20212ACB214014）；国家自然科学基金项目（72061025）。

complexity is emphasized. The results of the study can provide theoretical basis and decision-making support for judging the path of governance strategies and strategy selection in major projects.

【Keywords】 Major Projects；Complexity；Adaptive Governance；Evolutionary Game

1 研究背景

重大工程是典型的"复杂巨系统"[1]，具有环境动态变化、参建主体异质多元和系统集成化等复杂性特性，给工程决策和项目管理带来了巨大挑战[2]。例如，跨海大桥建设史上的超级工程——港珠澳大桥工程，既涉及"一国两制"制度框架下的管理制度和工作方式问题，也涉及社会环境和文化差异问题[3]；世界海拔最高的铁路工程——青藏铁路工程，面临多年冻土、高寒缺氧、生态脆弱三大世界性工程难题[4]。作为项目世界中的"野兽"，"投资超支、工期拖延、收益未达预期"成为重大工程的国际普遍"铁律"。牛津大学赛德商学院重大工程研究团队通过对中国 95 个铁路和公路项目的统计分析发现，铁路项目的进度平均滞后 25%，75%的交通类基础设施项目成本超支 30.6%。实践界和理论界一致认为，项目复杂性增大以及对复杂性的低估是导致项目管理失败的主要原因之一[5]。因此，深刻认识复杂性已经成为破解重大工程"绩效悖论"的重要议题。

本研究聚焦于重大工程的复杂性适应性治理，运用演化博弈理论分析政府与社会公众在治理过程中的策略选择及相互影响。通过识别关键影响因素消极治理效果的感知价值、产生处罚感知价值、进行积极治理所需成本和风险损失分担比例，构建动态演化博弈模型并进行仿真，最终得到均衡点，并通过对模型仿真分析探讨复杂性特征对治理策略的影响，提出优化方案，以促进积极治理策略的实施，从而为政策制定和工程管理提供理论支持和实践指导。

2 文献综述

重大工程因其规模庞大、利益相关者众多、环境动态多变等特点，呈现出高度的复杂性[6-7]。传统的工程治理模式往往难以应对这些复杂性，因此适应性治理逐渐成为研究热点。适应性治理强调在动态环境中通过灵活调整治理策略来应对不确定性，其核心在于增强系统的学习能力、适应能力和抗风险能力，实现对项目的有效治理。

复杂系统理论、演化博弈论等理论与方法被广泛应用于分析重大工程治理中的动态行为和多主体互动。演化博弈论作为一个新兴的研究领域，结合了生态学、社会学、心理学及经济学的最新发展成果，广泛运用于商业、军事、生物学等众多方面。博弈论从有限理性的社会人出发来分析参与人的资源配置行为[9]，行为博弈论在模型中加入情绪、有限理性以及学习等因素来探讨参与者在实际中将如何行动、如何评价结果等问题，使问题比较符合实际[10]。博弈论多应用于供应链管理中，解决供应链中制造商、批发商和零售商三方有关市场定价等方面的经济管理问题；在企业创新发展中，博弈论作为一种统筹分析的手段，在企业作出重大决策以及战略调整、企业转型和扩张中的作用不可忽视，企业间的价格竞争以及产量竞争也都需要博弈论来制定战略决策[8]；而在项目管理方面，依据监理单位的监督和施工方的施工情况，建立企业信誉积累理论在工程项目管理实践方面的多方博弈模型、不完美信息博弈理论模型和重复博弈模型，继而产生如业主、监理方与承包商三者之间的三方博弈等的实践价值。

复杂工程具有多元性、不确定性、动态性等特征[11]，而博弈论是一门专业研究决策制定的数学理论，主要研究决策者在面对多方利益冲突的情景下所采取的行动和策略，适用于动态变化、系统且复杂的问题。因此，本文基于复杂性理论和适应性治理理念，提出建立博弈论动态演化模型来探讨重大工程适应性治理策略。通过结合博弈论模型与重大工程复杂性，确定其适应性指标，并对这些指标进行定性和定量分析，找出对复杂性工程治理的适应性方案。

3 理论框架

3.1 博弈主体

本文构建以政府和社会公众两方为参与主体的动态演化博弈模型。社会公众的利益诉求、认知水平和行为偏好等因素都会直接影响其对政府政策的接受程度和响应方式。因此，在制定和执行政策时，政府需要充分考虑社会公众的需求，从而获取社会公众的支持和认可。而政府方面不仅要考虑到政府政策的决议，还要考虑到项目负责人的技能等，当主体面临不确定性因素和风险时，往往会出现判断不一致，进而出现决策行动相悖的现象[9]。因此在博弈过程中，社会公众和政府之间的互动关系呈现出动态演化的特点，并且在博弈的反复进行中根据对方的策略选择和行为模式来不断调整自己的策略，最终达到自身利益的最大化。

3.2 博弈模型的构建和参数设定

3.2.1 演化博弈模型的基本假设

假设1：由于受到环境复杂性、信息不完全性和参与者思维局限性等因素的限制，重大工程利益相关者会根据自身利益最大化的原则调整策略选择，并随着时间演化最终达到稳定策略[12]。因此重大工程复杂性适应性治理的演化博弈模型符合演化博弈的基本假设，双方在非对称信息条件下进行反复博弈[13]。同时在博弈中只考虑政府和社会公众，忽略公共部门与私人部门的差异。

假设2：在演化博弈过程中，对环境的监管由政府进行，并且由政府确保信息的真实可靠性，进而共享给社会公众，使两大博弈主体在应对环境深度不确定性和管理问题复杂多样时，可根据任务、资源和环境复杂性情景制定相适应的适应性治理策略。政府在追求利益最大化的前提下，有积极治理和消极治理两种策略选择；社会公众在满足效益优先的情况下，存在着产生积极影响和消极影响两种治理结果。

假设3：当政府进行消极治理或者社会公众发生消极影响时，合理分担消极治理效果是重大工程治理成功的关键要素之一。政府和社会公众尽管所追求的社会和经济利益存在差异，但对消极治理效果及分担具有同等重要地位和要求。假设消极治理效果 L 由政府和社会公众共担，在政府和社会公众之间的分担比例为 k，政府需承担的治理损失为 kL，社会公众需承担的风险损失为 $(1-k)L$。

假设4：重大工程对社会、经济和生态具有重大而深远影响，一旦出现社会责任风险，损失影响的范围和程度比一般工程更大[14]。为加强积极治理意识，提高重大工程治理积极性，当任意一方采取消极策略，导致风险损失时，都将对其实施处罚，罚金用于补偿积极风险管理的一方[15]，一方产生积极效果，另一方产生消极效果所受处罚的感知价值为 D。

3.2.2 演化博弈模型构建

构造重大工程复杂性适应性治理演化博

弈支付矩阵，如表 1 所示。

重大工程复杂性适应性治理演化博弈
支付矩阵　　　　　　　　表 1

政府的策略	社会公众的策略	
	积极影响（y）	消极影响（$1-y$）
积极治理（x）	$-C_i,\ -C_j$	$-C_i+D_j-mkL,$ $-D_j-m(1-k)L$
消极治理（$1-x$）	$-D_i-nkL,\ -C_j+$ $D_i-n(1-k)L$	$-nL,\ -(1-k)L$

表 1 中，x、y 分别为政府和社会公众选择积极治理或产生积极影响的概率，$x,y \in [0,1]$。i、j 分别以下标形式代表政府和社会公众的相关参数。m 与 n 分别为当仅有政府进行积极治理或者仅有社会公众产生积极影响时，双方所需承担的因另一方消极治理活动效果带来的风险损失的承担系数，$m,n \in [0,1]$。k 为风险损失在政府和社会公众之间的分担比例，$k \in [0,1]$。C_i、C_j 分别为政府进行积极治理和社会公众产生积极影响活动所产生的支付成本，包括预防成本、评估成本、控制成本和治理成本等，$C_i, C_j \in (0, +\infty)$。$D_i$、$D_j$ 分别为当仅有政府进行积极治理或社会公众产生积极影响时，政府或社会公众由于消极管理行为所受处罚的感知价值，$D_i, D_j \in (0, +\infty)$。$L$ 为双方需要承担的消极治理效果的感知价值，包括经济损失、声誉损失等，$L \in (0, +\infty)$。

其中，政府选择积极治理时的期望收益为：

$$E_1 = y(-C_i) + (1-y)(-C_i+D_j-mkL) \quad (1)$$

政府选择消极治理时的期望收益为：

$$E_2 = y(-D_i-nkL) + (1-y)(-nL) \quad (2)$$

可得到政府的平均收益函数为：

$$\overline{E} = xE_1 + (1-x)E_2 \quad (3)$$

同理，社会公众产生积极影响的期望收益为：

$$U_1 = x(-C_j) + (1-x)[-C_j+D_i-n(1-k)L] \quad (4)$$

社会公众产生消极影响的期望收益为：

$$U_2 = x[-D_j-m(1-k)L] + (1-x)[-(1-k)L] \quad (5)$$

可得到社会公众的平均收益函数为：

$$\overline{U} = yU_1 + (1-y)U_2 \quad (6)$$

3.2.3　支付矩阵分析

（1）当政府采取积极治理策略，社会公众产生积极影响策略时，政府方面需付出成本 C_i，社会公众需付出成本 C_j。

（2）当政府采取积极治理策略，但社会公众产生消极影响策略时，政府支付成本为 C_i，社会公众则因产生消极影响策略而面临处罚 D_j，该罚金将用于补偿政府的损失。而产生消极治理效果的感知价值为 L，按照风险损失分担比例 k 和仅有政府积极治理时的风险损失承担系数 m，则政府需承担损失 mkL，社会公众需承担损失 $m(1-k)L$。

（3）当政府采取消极治理策略，而社会公众采取积极影响策略时，政府会因消极治理面临处罚 D_j，该罚金用于补偿社会公众的损失。社会公众需要支付风险管理成本 C_j，而消极治理效果的感知价值为 L，按照风险损失分担比例 k 和仅有社会公众产生积极影响时的风险损失承担系数 n，则政府需承担损失 nkL，社会公众需承担损失 $n(1-k)L$。

（4）当政府采用消极治理策略且社会公众也产生消极影响策略时，双方都需承担风险损失感知成本 L，按照风险损失分担比例 k，政府承担损失 kL，社会公众承担损失 $(1-k)L$。

3.3　模型构建与分析

根据非对称复制动态演化方式，可得复制动态方程：

$$F(x) = \frac{\mathrm{d}x}{\mathrm{d}t} = x(E_1 - \overline{E}) = $$
$$x(1-x)[D_j - C_i - mkL + nL + (D_i - D_j - nL)y + (m+n)kLy] \quad (7)$$

$$F(y) = \frac{dy}{dt} = y(U_1 - \overline{U}) =$$
$$y(1-y)[D_i - C_j + (D_j - D_i)x +$$
$$(m+n)(1-k)Lx +$$
$$(1-n)(1-k)L - (1-k)Lx] \qquad (8)$$

根据以上复制动态方程,可以得到以下五个均衡点: $(0, 0)$, $(0, 1)$, $(1, 0)$, $(1, 1)$, (x^*, y^*)。通过计算 $E_1 = E_2$, $U_1 = U_2$ 得:

$$x^* = \frac{D_i - C_j + (1-n)(1-k)L}{D_i - D_j + (1-m-2n)(1-k)L} \qquad (9)$$

$$y^* = \frac{D_j - C_i + nL - mkL}{D_i - D_j + nL - (m+n)kL} \qquad (10)$$

根据 Friedman 提出的分析方法,雅可比矩阵反映一个可微方程与给定点的最优线性逼近,可通过系统的雅可比矩阵的局部稳定性判断演化博弈均衡点的稳定性。分别对 $F(x)$, $F(y)$ 进行求导,得到雅可比矩阵 J,进而得到雅可比矩阵 J 的行列式 $\det(J)$ 为:

$$\det(J) = \begin{vmatrix} (1-2x)[D_j - C_i - mkL + nL + (D_i - D_j - nL)y + (m+n)kLy] & x(1-x)(D_i - D_j - nL + mkL + nkL) \\ y(1-y)[D_j - D_i + (m+n-1)(1-k)L] & (1-2y)[D_i - C_j + (D_j - D_i)x + (m+n-1)(1-k)Lx + (1-n)(1-k)L] \end{vmatrix}$$
$$= (1-2x)[D_j - C_i - mkL + nL + (D_i - D_j - nL)y + (m+n)kLy] \cdot$$
$$(1-2y)[D_i - C_j + (D_j - D_i)x + (m+n-1)(1-k)Lx + (1-n)(1-k)L] -$$
$$y(1-y)[D_j - D_i + (m+n-1)(1-k)L] \cdot$$
$$x(1-x)(D_i - D_j - nL + mkL + nkL) \qquad (11)$$

雅可比矩阵 J 的迹 $\text{tr}(J)$ 为:

$$\text{tr}(J) = (1-2x)[D_j - C_i - mkL + nL + (D_i - D_j - nL)y + (m+n)kLy] + (1-2y)[D_i - C_j + (D_j - D_i)x + (m+n-1)(1-k)Lx + (1-n)(1-k)L] \qquad (12)$$

已知当满足行列式 $\det(J) > 0$ 且迹 $\text{tr}(J) < 0$ 时,可判断系统均衡点是否为进化稳定策略,使得系统处于稳定状态。上述 5 个均衡点的稳定性分析如表 2 所示,可以看出政府和社会公众的策略选择在一定程度上具有明显的不确定性。通过改变利益相关者的策略选择受到的多种因素的影响,能够预测和解释不同策略选择对治理结果的影响,同时能够揭示潜在的合作机会和风险点,为决策者提供有价值的参考。

系统各均衡点的稳定性分析 表 2

局部均衡点	$\det(J)$	符号	$\text{tr}(J)$	符号	性质
$(0,0)$	$(D_j - C_i - mkL + nL) \cdot [D_i - C_j + (1-n)(1-k)L]$	不确定	$D_j + D_i - C_i - C_j + L + nkL - mkL - kL$	不确定	不稳定点
$(0,1)$	$[C_i - D_i - nkL] \cdot [D_i - C_j + (1-n)(1-k)L]$	不确定	$C_j - C_i - L + nL + kL$	不确定	不稳定点
$(1,0)$	$(D_j - C_i - mkL + nL) \cdot (C_j - D_j - mL + mkL)$	不确定	$C_i - C_j + mL - nL$	不确定	不稳定点
$(1, 1)$	$(C_i - D_i - nkL) \cdot (C_j - D_j - mL + mkL)$	不确定	$C_i + C_j - D_i - D_j + mkL - mL - nkL$	不确定	ESS
(x^*, y^*)	—	不确定	0	确定	鞍点

7

4　MATLAB 仿真分析

4.1　初始演化路径图

基于 MATLAB 平台，通过已有文献数据[15]，设置模型初始参数为 $x=0.6$，$y=0.4$，承担系数 $m=0.5$；承担系数 $n=0.5$；感知价值 $L=15$；分担比例 $k=0.5$；政府产生积极治理策略成本 $C_i=10$；社会公众产生积极影响策略成本 $C_j=10$；仅有政府进行消极治理所受处罚的感知价值 $D_i=5$；仅有社会公众产生消极影响所受处罚的感知价值 $D_j=5$。结合图 1 初始演化路径图可知，存在(1，1)这个 ESS 点，初值变动对曲线最终的收敛情况会产生一定的影响。对于政府和社会公众而言，进行积极治理策略的主观能动性会随时间的增加而下降。

4.2　参数敏感性分析

在初始 x，y 值不变的情况下，参数变化具体仿真结果如下：

（1）产生消极治理效果的感知价值 L 对演化结果的影响。

由图 2 可知，L 变化对 x，y 演化结果的影响存在一个临界值，在其他参数条件不变的情况下，临界值 $L=20$，当 L 大于这个临界值时，x，y 的值会随着时间的增加而逐渐收敛于 1，当 L 小于这个临界值时，x，y 的值会随着时间的增加而逐渐收敛于 0。这说明，当消极治理产生的效果感知价值较大时，会促进政府和社会公众采取积极治理策略。

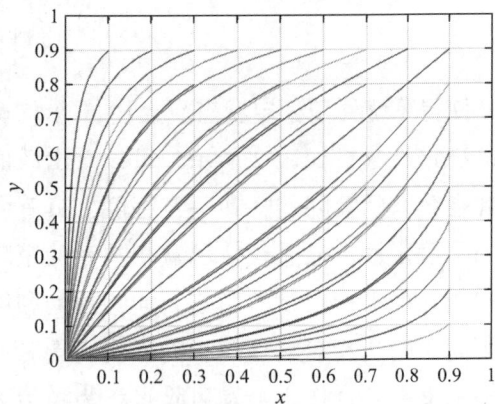

(a) 初始演化路径图

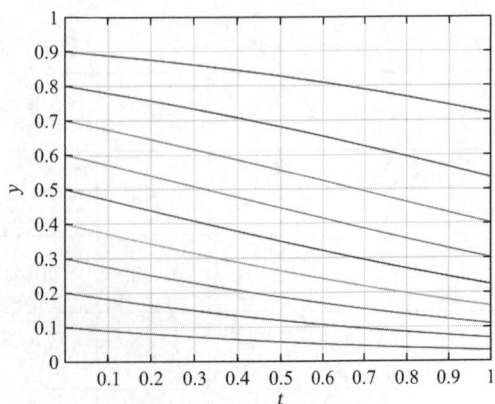

(b) y 或 x 随 t 演化路径图

图 1　初始演化路径图

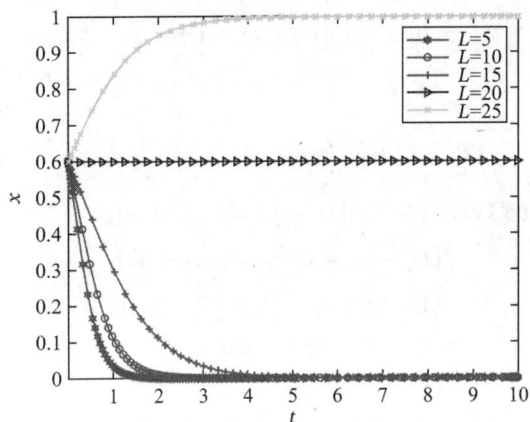

(a) L 变化对 x 演化结果的影响

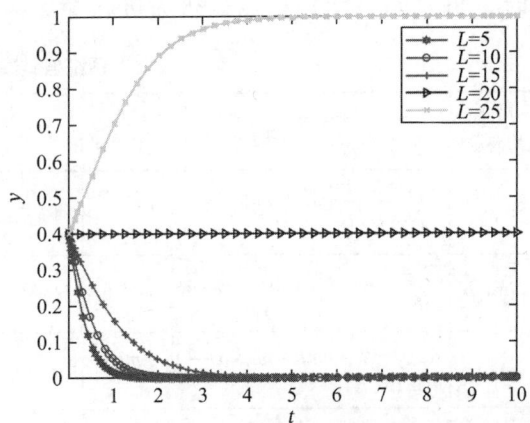

(b) L 变化对 y 演化结果的影响

图 2　L 变化对演化结果的影响

（2）产生处罚感知价值 D 对演化结果的影响。

由图 3 可知，在其他参数条件不变的情况下，存在一个参数值在 5～10 之间使得 x、y 的值在处罚感知价值超过该值时会随着时间的增加而最终趋于稳定时逐渐收敛于 1，反之则收敛于 0。这表明，当政府或者社会公众因消极治理所受到的处罚较大时，会促进政府或者社会公众采取积极治理策略。

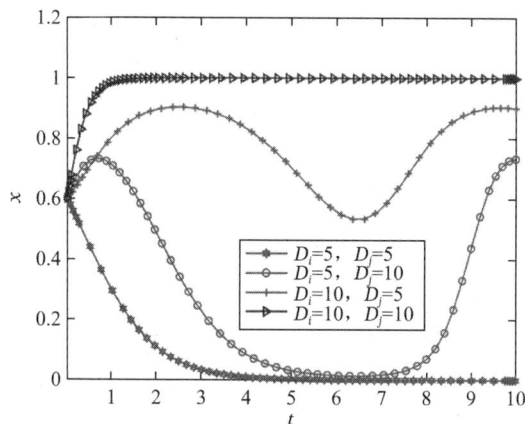

(a) D_i、D_j 变化对 x 演化结果的影响

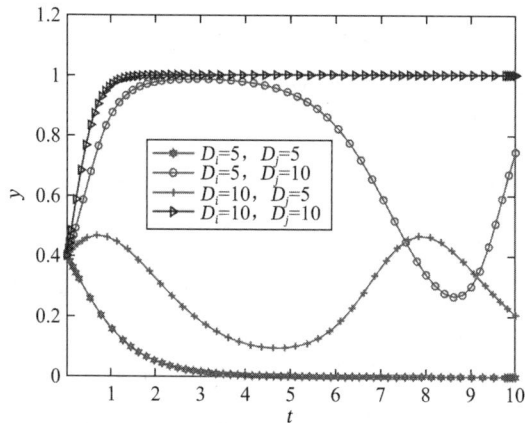

(b) D_i、D_j 变化对 y 演化结果的影响

图 3　D_i、D_j 变化对演化结果的影响

（3）进行积极治理所需成本 C 对演化结果的影响。

由图 4 可知，在其他参数条件不变的情况下，存在一个临界值位于 5～10 之间，当成本低于该值时使得 x、y 的值随着时间的增加而逐渐收敛于 1，当成本高于该值时使得 x、y 的值随着时间的增加而逐渐收敛于 0。这表明，当积极治理所需成本较低时，会促进政府或者社会公众采取积极治理策略。

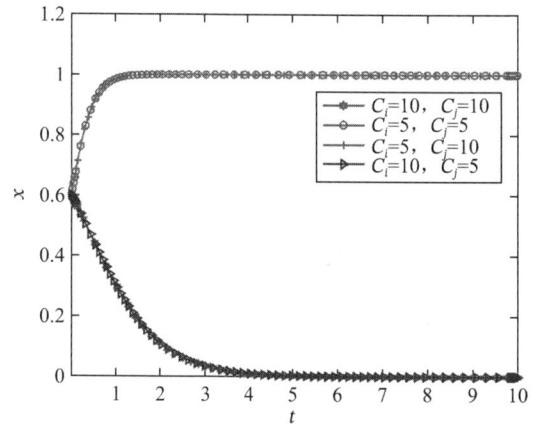

(a) C_i、C_j 变化对 x 演化结果的影响

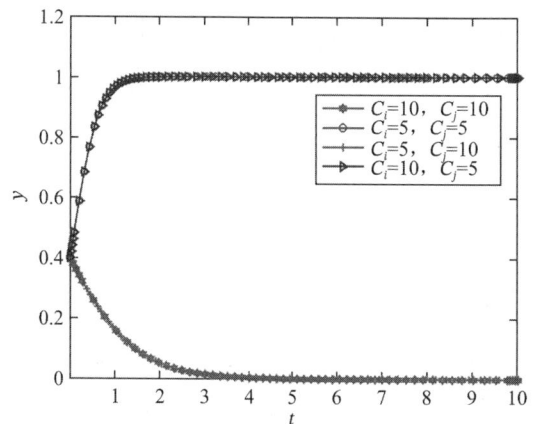

(b) C_i、C_j 变化对 y 演化结果的影响

图 4　C_i、C_j 变化对演化结果的影响

（4）风险损失分担比例 k 对演化结果的影响。

由图 5 可知，在其他参数条件不变的情况下，对于政府而言，无论风险损失分担比例为多少，其 x 值都会逐渐收敛于 0，而对于社会公众而言，存在一个临界 k 值在 0.3～0.4 之间，使得 k 值低于该值时，y 值会逐渐收敛于 1，高于该值时，y 值会逐渐收敛于 0。这表明，分担比例较低时，会促进社会公众采取积极治理策略。

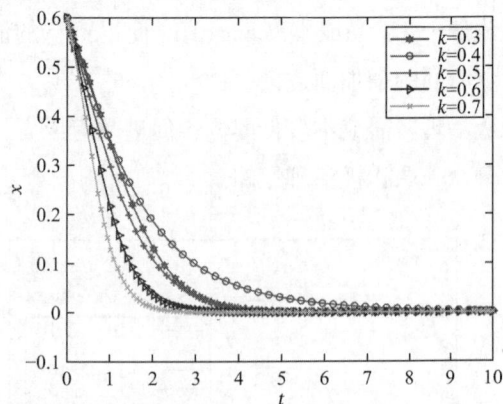

(a) k变化对 x 演化结果的影响

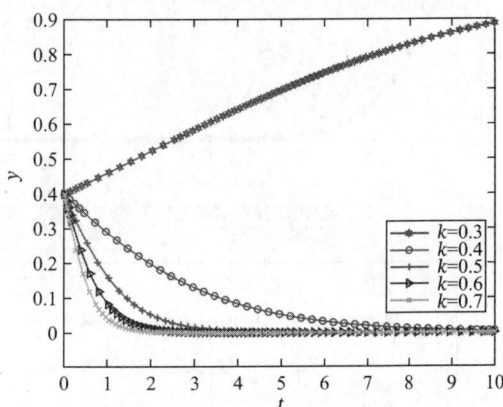

(b) k变化对 y 演化结果的影响

图5　k变化对演化结果的影响

5　结论

重大工程的系统复杂性适应性使得政府和社会公众在工程认识、收益和风险偏好等方面差异体现得更加明显，对策略价值的判断更加难以精确，存在依据对客观事实的主观感受和价值判断进行策略选择和动态调整的现象[16]。通过 MATLAB 仿真分析，可知政府和社会公众之间的演化博弈存在5个均衡点，最终会稳定到(1, 1)这个均衡点，需要不断改变产生消极治理效果的感知价值 L、产生处罚感知价值 D、进行积极治理所需成本 C 和风险损失分担比例 k 四者之间的数值，使其达到稳定策略。但由于环境不确定性等因素的影响，并且加之政府或者社会公众的避责性，使得重大基础设施工程复杂性适应性治理存在一定的偏

差，难以达到目标的均衡策略。同时，仿真结果表明，需要增加一定的消极治理处罚，适当降低积极治理成本和适当减少风险分担比例等多角度进行综合处理能有效地促进政府和社会公众采取积极治理策略。要在一定程度上提升政府和社会公众的主观能动性，增强其对环境的主观判断能力，才能进一步在复杂性适应性治理策略上做出积极影响。基于研究结果，针对重大基础设施工程复杂性适应性治理，提出以下政策建议：

（1）构建多维惩罚与全民参与治理体系。建立"质量安全连带处罚"机制，假使政府因消极治理而导致工程验收延迟或隐患排查缺位，可依照工程总投资的1%处以罚金，其中一部分充入工程风险应急基金，一部分可作为公众监督奖励。推行"安全责任追溯处罚"制度，对未落实风险防控措施的部门，进行处罚并将一定比例的处罚金额用于社区安全设施升级。同时政府也要同步搭建跨领域公众参与平台，整合重大工程的部分实时数据，允许公众在线上参与治理评价，形成"政府处罚—公众监督—社会共治"的立体约束网络。

（2）创新技术驱动与多方协同降本模式，降低积极治理门槛。在部分工程治理中强化无人机巡检、物联网传感器等技术推广，对采用数字化治理工具的项目给予设备采购价一定比例的政策性补贴。在工程地可以建立"在建工程＋社区参与"低成本模式，为当地居民提供技术培训，依据建造进度给予劳务补贴，进一步形成"技术降本＋社区赋能＋收益反哺"的治理闭环。

（3）设计差异化风险分担机制。制定"风险类型—责任主体"精准分担协议，各个风险主体分担不同的风险比例，且在不同阶段对分担比例有不同的划分，风险分担比例 k 也将根据工程复杂度动态调整。构建"环境风险—收

益共享"机制，可以在工程治理中依据一定比例让政府和社会公众同担风险、共享利益，部分利益也可用于返还进行公共设施建设，形成良性互动。

综上所述，通过运用演化博弈对政府和社会公众的策略选择和行为演化结果进行分析，揭示不同主体的行为决策动态演变机理，发现其采取积极或消极策略行为的驱动因素、变化条件和稳定结果，给政府及相关部门促进重大工程项目相关制度的完善提供借鉴，具有重要的理论意义和现实意义。

参考文献

［1］麦强, 安实, 林翰, 等. 重大工程复杂性与适应性组织: 港珠澳大桥的案例[J]. 管理科学, 2018, 31(3): 86-99.

［2］FLYVBJERG B. Reference class forecasting for Hong Kong's major roadworks projects[J]. Proceedings of the Institution of Civil Engineers-Civil Engineering, 2016, 169(6): 17-24.

［3］QIU Y, CHEN H, SHENG Z, et al. Governance of institutional complexity in megaproject organizations [J]. International Journal of Project Management, 2019, 37(3): 425-443.

［4］李永奎. 重大工程 PPP 模式适应性提升路径: 基于制度理论和复杂性视角[J]. 南京社会科学, 2017(11): 68-75, 121.

［5］LUO L, HE Q, JASELSKIS E J, et al. Construction project complexity: research trends and implications[J]. Journal of Construction Engineering and Management, 2017, 143(7): 04017019.

［6］梁茹, 盛昭瀚. 基于综合集成的重大工程复杂问题决策模式[J]. 中国软科学, 2015(11): 123-135.

［7］冯文强. 基于案例推理的重大工程项目复杂性治理策略研究[D]. 南昌: 南昌大学, 2023.

［8］李嘉豪. 企业价格竞争分析: 基于博弈论及一般均衡视角[J]. 现代商贸工业, 2019, 40(10): 103-104.

［9］王晓燕. 基于进化博弈分析的建筑工程质量监管研究[J]. 项目管理技术, 2013, 11(6): 71-74.

［10］苗军霞, 黄德春, 张长征. 基于随机演化博弈的重大工程项目主体行为博弈及仿真分析[J]. 数学的实践与认识, 2019, 49(10): 106-113.

［11］张宏军, 黄百乔, 白天. 复杂工程体系适应性机制构建与评价方法[J]. 系统工程与电子技术, 2023, 45(8): 2325-2331.

［12］李浩森, 张琳. 基于第三方监督的重大基础设施工程监管演化博弈研究[J]. 工程管理学报, 2021, 35(4): 99-104.

［13］于丹, 王斯一, 张彩虹, 等. 电厂和政府行为策略演化博弈与仿真研究: 基于农林生物质与煤耦合发电产业发展视角[J]. 北京林业大学学报(社会科学版), 2024, 23(1): 62-70.

［14］马力, 张宇弛. 基于演化博弈的重大工程项目社会责任履约决策研究[J]. 土木工程与管理学报, 2022, 39(2): 1-6.

［15］赵泽斌, 满庆鹏. 基于前景理论的重大基础设施工程风险管理行为演化博弈分析[J]. 系统管理学报, 2018, 27(1): 109-117.

［16］郑弦, 罗纯熙, 陈振颂, 等. 基于系统动力学的重大工程组织关系行为的演化博弈分析[J]. 科技管理研究, 2023, 43(13): 192-200.

实物补偿模式 F 市 220kV 北郊变电站迁建工程进度风险管理研究

陈　果[1]　陈　蕴[2]

（1. 福建亿力集团有限公司，福州　350000

2. 国网福州供电公司，福州　350000）

【摘　要】　变电站迁建工程是一项极其复杂的系统性工程，项目实施中进度问题尤为关键。本研究以 F 市 220kV 北郊变电站迁建项目为例，从项目全寿命建设管理视角、前期阶段、开工建设阶段和移交阶段等四个维度开展进度风险因素识别，梳理出 13 个二级风险指标和 39 个三级风险指标，完成进度风险指标体系建立。然后，运用工程管理前沿学科知识提出风险规避等四种策略以及应用全过程工程咨询等八项措施。最后，结合 39 个因素特点，逐一匹配风险策略和应对措施。本研究希望有助于此类项目实现管理增值。

【关键词】　实物补偿；变电站迁建；风险管理

Research on Schedule Risk Management in the Relocation and Construction Project of the 220kV Northern Suburb Substation in City F Based on the In-Kind Compensation Model

Chen Guo[1]　Chen Yun[2]

（1. Fujian Great Power Group Co., Ltd., Fuzhou　350000

2. State Grid Fuzhou Power Supply Company，Fuzhou　350000）

【Abstract】　The relocation and construction project of a substation is an extremely complex and systematic engineering endeavor, where progress issues are particularly crucial during project implementation. The research first takes the relocation project of the 220kV Northern Suburb Substation in City F as an example, and conducts an analysis of progress risk factors from four dimensions: the perspective of full-life-cycle project management, the pre-project stage, the construction initiation stage, and the handover stage. A total of 13 second-level risk indicators and 39 third-level risk indicators are identified, completing the establishment of a project progress risk indicator system. Subsequently, utilizing advanced knowledge in engineering management, three strategies such as risk avoidance and eight measures including the application of whole-process engineering consulting management are proposed. Finally, based on the characteristics of the 39 factors, risk strategies and response measures are matched one by one, aiming to contribute to value-added management in such projects.

【Keywords】 In-Kind Compensation；Substation Relocation and Construction；Risk Management

1 引言

近年来，随着城镇化建设大步迈进，地方政府出于盘活城郊土地资源考虑，对原地处城郊的电网产权大型输变电设施（本文指 110kV 及以上变电站）实施异地迁建，如山东威海 220kV 凤林变电站、广东佛山虫雷 220kV 变电站等越来越多输变电设施因影响城市土地整体开发利用而进行异地迁建。根据电网公司电力设施迁改管理办法，电力设施搬迁工程一般以资金补偿或实物补偿方式实施，原则上采用"拆一还一，功能还建"的模式。现阶段，各地政府与电网公司协商以实物补偿模式组织迁建工作，该模式由市政府责成所属城投集团作为建设单位，按照"先建后拆""以地换地、以电站换电站"的原则开展，电网公司全程参与技术经济监督指导等。

实物补偿模式下变电站迁建项目需要同时遵循电网迁改业务管理办法、电网基建项目管理办法，并按照地方财政投资项目管理流程开展立项、承发包、建设管理等工作，形成"一个项目，两套流程"运作模式，参建单位多，审批环节复杂[1]。加之，变电站迁建项目作为电网基建项目中难度最大的类型，特别是对 220kV 等级变电站实施整站迁建，契合了"急、难、险、重、新"特点，是个极其复杂的系统

工程[2]。而现阶段关于电网工程研究多集中于新建变电站领域，对于大型变电站迁建项目研究较少涉及。尽管部分地市有成功迁建此类大型变电站经验，但由于信息割裂，没有查询到可供借鉴的成熟模式。项目实施中尽管参建各方都付出极大努力，然而项目进度与政府迫切进行土地收储间仍然存在一定距离。本研究希望提前梳理出此类项目全过程进度风险因素并提出应对措施，做到"谋定而后动"，实现项目管理增值。

2 风险识别与风险模型建立

2.1 项目概况

F 市 220kV 北郊变电站始建于 1988 年 8 月，现有主变规模 2×180MVA，占地 60 亩，220kV 进线线路 8 回、110kV 出线数 8 回、10kV 出线数 17 回。根据 F 市政府与电网公司达成的迁改协议，由城投集团作为建设单位以实物补偿模式在异地新建一座 220kV 新北郊变电站（远景 4×240MVA，本期 2×240MVA），并在原址附近新建一座 110kV 变电站（远景 3×63MVA，本期 2×63MVA）保障现有配网负荷用户电力供应。同时，项目需迁建 220kV 线路 8 回；110kV 线路迁改 10 回，架空共计 11km，电缆共计 4.8km，10kV 线路迁改 10 回，电缆共计 15.02km。整个变电站迁建项目投资概算

超 5 亿元，实施难度高，是个极其复杂的系统工程。项目资金由 F 市财政统筹安排，在项目实施过程中按照平行发包模式进行，依法选择可研设计、施工图设计、施工、监理等实施单位。

综合分析项目建设管理模式，对比传统电网基建项目存在诸多特点。一是管理上，项目建设单位由电网公司转变为地方城投集团，建设单位面临着专业管理能力不足，实施此类项目经验缺乏等困难。二是技术上，220kV 变电站作为电网的核心部分，承担着地市级电网运行的重要作用。对运行中 220kV 变电站进行迁建，需要充分考虑建设过程中的供电安全。三是组织上，地方政府和电网公司隶属于不同行政序列，而现阶段又没有成熟的模式可供参考借鉴。诸如在供应商选择、线路走廊路线规划等问题上双方需要协商确定，以上不同于财政投资项目以行政指令方式干预。四是经济上，诸如新建变电站设备选项档次、工程计费计价办法、新建变电站建设规模等都决定着项目成本和后期电网安全，同样双方在协商中存在着诸多模糊地带，以上均不同程度地制约了项目建设进度。

2.2 风险识别

本研究邀请 F 市供电公司、城投集团等项目各方工程师，依据电网公司和地方财政投资项目建设管理办法等资料，首先应用"头脑风暴法"，按照项目"前期准备阶段""开工建设阶段"和"竣工移交阶段"，以及"项目全寿命建设管理视角"等四个维度鼓励团队成员大胆假设（图 1），在首轮进度风险因素讨论中尽可能多地识别出项目进度风险因素[3]。随后，研究应用"德尔菲法"，经过 3 轮询证，识别出项目全过程中"管理风险"等 13 个二级进度风险指标，"迁建方与电网沟通渠

道狭隘、机制不足"等 39 个三级进度风险指标，据此建立项目进度风险体系。并对二级指标以字母 Y 为编号进行排序，针对项目 4 个维度内的 39 个三级指标分别以字母 A 到 D 为编号进行排序。项目进度风险指标体系如图 1 所示。最后，选用 DEMATEL 法识别出"迁建方与电网沟通渠道狭隘和机制不足"等 15 个关键风险因素，为后期团队针对性地进行资源支持提供重要依据。整个过程实现了项目进度风险因素识别"由粗到细"，以及"定性和定量"分析相结合。

3 风险应对策略和措施建议

风险识别和风险评价是为了更好地采取相应的防范措施实现工程项目的按时交付。而风险应对是风险管理中极为重要的环节，也是实现进度全面控制的重要组成部分[4]。电网工程项目常用的风险防范策略主要有四种，分别为风险规避、风险转移、风险控制和风险自留[5]。同时，参考电力企业创新管理经验和优秀工程项目管理经验并结合迁改工程特点，本文提出应用 BIM 技术和全过程工程咨询管理模式等 8 项措施以期增强迁建项目整体进度风险管控能力。

3.1 管理措施——导入全过程工程咨询模式

实物补偿模式下变电站迁建工程，城投集团在项目建设管理过程中不可避免地面临着专业管理能力不足、电力项目经验缺乏等问题。导入全过程工程咨询管理模式，由咨询公司发挥现有电网基建项目建设经验和人脉优势，帮助城投集团充分了解项目实际情况和迁建风险，提供从项目规划到验收的全方位服务，有效地弥补迁改申请方专业管理能力不足和管理负荷过大等问题，确保工程进展的顺畅与高效。

```
                                                    ┌─ A1迁建方与电网沟通渠道狭隘与机制不足
                                        ┌─ Y1管理风险 ─┼─ A2迁建方专业决策能力不足和机制缺乏
                                        │             └─ A3迁改方决策流程复杂，程序漫长
                          ┌─ 项目全寿命建设管理 │             ┌─ A4预付款比例不足及进度款支付不及时
                          │   视角进度风险    ─┼─ Y2资金风险 ─┼─ A5迁建项目支付目录属于超常规目录
                          │                  │             └─ A6项目计费计价标准不一致
                          │                  │             ┌─ A7主要决策领导和项目骨干调整频繁
                          │                  └─ Y3政策风险 ─┼─ A8地方与电网关于迁改项目政策变化
                          │                                └─ A9迁改协议中原则性问题协商困难
                          │                                ┌─ B1涉及相关部门通过性协议签订难
                          │                   ┌─ Y4迁改方案编审风险 ┼─ B2迁改方案审核周期长、意见多
                          │                   │                   └─ B3建设单位设计提资难，决策慢
                          ├─ 前期准备阶段进度风险 ┼─ Y5采购风险 ─┬─ B4迁建项目采购环境和流程特殊
                          │                   │             ┼─ B5采购结果可能存在分歧
                          │                   │             └─ B6采购形式面临后期审计风险
变电站迁建              │                   └─ Y6开工条件风险 ┬─ B7相关许可文件通过协议办理困难
项目进度 ─────────────────┤                                  ┼─ B8施工界面地上物征收清障困难
风险模型                 │                                  └─ B9周边居民阻拦社评难通过
                          │                   ┌─ Y7施工管理风险 ┬─ C1主要物资生产和运输到位不及时
                          │                   │               ┼─ C2现场施工协调能力不足
                          │                   │               └─ C3现场作业人员少，机械化程度低
                          │                   ┼─ Y8施工图变更风险 ┬─ C4前期勘察不足，施工图深度不足
                          │                   │                 ┼─ C5施工图发生重大变更
                          ├─ 开工建设阶段进度风险 ┤                 └─ C6施工图交底不到位
                          │                   ┼─ Y9全过程验收风险 ┬─ C7双方验收范围和标准不一致
                          │                   │                 ┼─ C8验收组织工作未能科学衔接
                          │                   │                 └─ C9双方组成的验收专家组难以形成共识
                          │                   └─ Y10线路切换风险 ┬─ C10多回路停电计划排期困难
                          │                                    ┼─ C11多回路切换如何有序割接困难
                          │                                    └─ C12专线用户电源点变更协商难
                          │                   ┌─ Y11产权移交风险 ┬─ D1产权登记变更困难
                          │                   │                ┼─ D2固定资产台账建卡不规范
                          │                   │                └─ D3固定资产庞大核算困难
                          └─ 竣工移交阶段进度风险 ┼─ Y12档案移交风险 ┬─ D4档案保存不完整
                                              │                ┼─ D5档案保存不规范
                                              │                └─ D6档案体量大、梳理困难
                                              └─ Y13实物移交风险 ┬─ D7新设备质量状态和后期维保
                                                               ┼─ D8旧变电站配套非生产类物资归属
                                                               └─ D9旧变电站生产设施处置和资产评估
```

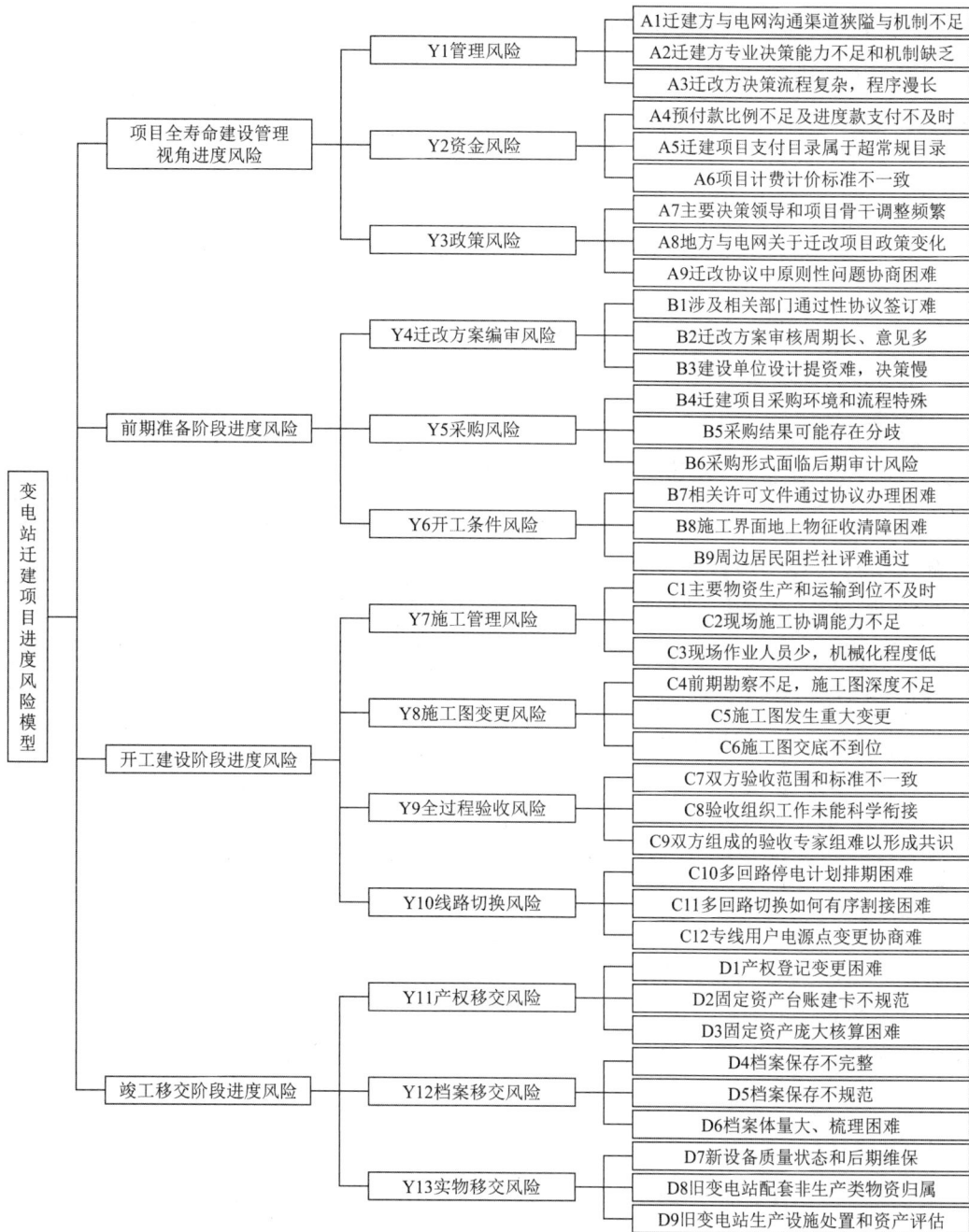

图 1　变电站迁建项目进度风险指标体系图

3.2　技术措施——应用 BIM 技术

BIM 技术是伴随信息化技术不断发展形成的一种数字信息技术，可用于设计、施工、竣工验收等全过程管理[6]。其以建设工程项目的各项信息参数为基础，通过建立三维的建筑模型、仿真模拟建筑物，具有信息完备性、可视化、协调性、模拟性和优化性等多方面优点。在变电站迁建项目中，能够很好地发挥其预排预演作用，实现项目多方案必选和项目管理信息扁平化，提高项目管理质效。

3.3　政治措施——开展党建联创工作

党建联创作为创新的党建工作模式，为推

进不同单位、部门间的协同合作日益发挥高效的作用。为确保迁建各方沟通的顺畅与合作的紧密，并考虑变电站迁建项目作为事关区域发展的大事，建议以党建联创为纽带，形成电网公司与市政府等参建各方合力。通过"党建联创＋变电站迁建"模式，减少央企和地方政府间的沟通障碍。

3.4　组织措施——成立项目建设指挥部

地方财政投资建设项目在决策流程上存在明显的机制繁琐和耗时过长等问题，而面对如变电站搬迁此类时间紧、难度高、风险大的项目，往往迟滞了建设单位的决策效率。建议在项目可研批复后，由市委、市政府授权设立项目建设指挥部，打破原有项目决策模式，实现建设单位决策集约。建设指挥部可由市政府、城投集团、财政局等关键部门的分管领导以及技术领域的专家组成，形成一个高效、专业的决策核心。

3.5　思想措施——实施"正心正念"管理理念

项目建设管理团队面对工程投资巨大、实施周期长、利益相关方众多等诸多挑战，亟须树立"功在当代，利在千秋"的全局观、"功成不必在我"的政绩观、"干就要干好"的事业观。这些要求参建各方不仅着眼于眼前的得失，更要深谋远虑，充分考虑项目的长远效益和对社会的积极贡献。同时，要求建设团队以"舍我其谁"的担当和具备"愚公移山"一样的坚定信念，在实现项目价值交付的征途中，不断接受挑战、克服难题，实现个人价值提升。

3.6　激励措施——落实差异化激励机制

为了充分激发这些团队成员的工作热情，确保项目的顺利实施。建议实施差异化激励机制，从多个维度对团队成员进行精准激励。首先，我们可以根据前面的进度风险因素评价结果，对承担不同关键度的进度风险防范人员在绩效考核、奖金分配、职务晋升和荣誉表彰等方面给予充分倾斜。如应用 DEMATEL 法识别出的 15 项关键风险因素，建议对承担此类因素应对的成员给予更多的激励，实现多劳多得。

3.7　教育措施——开展标准化规范化培训

针对实施中进度款申请困难和后期移交出现的固定资产台账建卡不规范、档案保存不完整不规范等问题，建议邀请电网建设、财务、电力档案及法规等领域的专家对项目前期的基建项目档案存储规范、电力资产建账要求以及常见基建项目合同条款进行交底。提前培训和交底能够帮助各参建单位明确归档工作的具体要求和标准，为后续的资料收集、整理和归档奠定坚实的基础。

3.8　量化措施——量化进度目标执行管控

量化管理，简而言之，就是从目标出发，借助科学和量化的方法，对组织体系进行精心设计，并为具体工作设定标准。特别是变电站整站迁建工程，由于诸多外部不确定因素的干扰，实施科学的、量化的管理策略对于确保项目进度目标的实现显得尤为关键。针对变电站整站迁建项目的进度风险管理，首先，通过详尽的任务分解，将整体项目细化为多个具体任务单元，并为每个单元设定清晰、明确的进度目标和执行周期。其次，在项目执行过程中，利用网络计划图来清晰展示任务之间的逻辑和顺序，借助 S 形曲线法实时掌控进度偏差，并通过前锋线分析法动态跟踪关键路径上的任务进展。最后，采用挣值法（EVM）对进度与成本绩效进行全面评估。

4 进度风险应对策略和措施选择

建设工程进度风险防范，只采取一种策略和措施的情况是很少见的，更多的是根据风险特点采用多种策略和措施组合，更有效地避免风险的发生或减少风险所带来的损失。基于前面变电站迁建项目进度风险识别和评价结果，结合风险特点和影响，对各个进度风险因素进行研究，首先是对四种风险策略进行选择，再针对性地匹配应对措施实现风险规避或控制的目的。

如针对变电站迁建后期多回路输电走廊如何有序割接的问题（编号 C11），现阶段 F 市 220kV 北郊变电站包含 220kV 进线数 8 回、110kV 出线数 8 回、10kV 出线数 17 回，割接复杂。在新建变电站建成具备受电条件后，如何有序地进行线路割接工作，成为项目收管的核心任务。同时线路在割接过程中需要停电进行，而停电条件受到诸多因素制约，一是 220kV 电压等级迁改工程停电施工，原则上应先列入电网公司年度停电计划，而该政策现多针对单回路迁改，如此多回路停电作业，尚没有先例可循；二是线路割接现场施工窗口期极为有限，

要避开"政治保供期"，即每年两会、国庆假期，也要避免"迎峰度夏"等电力需求高峰期和考虑自然天气因素，所以理想作业时间短暂；三是在割接过程中将出现3座变电站，即现220kV变电站、新建 220kV 变电站和新建 110kV 变电站同时带载运行，需要对多条 220kV、110kV 以及 10kV 重要用户专线进行有序割接，整个过程将会有上百种方案，非常复杂，如何寻求最优割接方案，是个极其复杂的问题。

经过分析，该风险因素是客观存在的，不可避免的，所以首先选择控制策略和自留策略，再选择应用全过程工程咨询技术、BIM 技术以及严格量化项目进度目标管理等 3 项措施进行应对。按照这个思路我们对 39 个进度风险因素逐一进行分析，并提出应对策略和措施。

为方便简洁展示，将 4 种风险策略分别用字母代替，即风险规避 S1、转移 S2、控制 S3、自留 S4。同理，将 8 种风险应对措施分别表示为管理措施 K1、技术措施 K2、政治措施 K3、组织措施 K4、思想措施 K5、激励措施 K6、教育措施 K7 和量化措施 K8，项目风险因素应对策略和措施如表 1 所示。

项目风险因素应对策略和措施表　　　　　　　　　　　表 1

风险因素	是否关键	风险策略	风险措施	风险因素	是否关键	风险策略	风险措施
A1	—	S2\S3	K3\K3	C1	关键	S2\S3	K1\K6\K8
A2	关键	S2	K1\K6	C2	关键	S3\S4	K2\K6\K8
A3	—	S4\S4	K1\K4	C3	关键	S3\S4	K6
A4	—	S4\S4	K4\K7	C4	—	S3\S4	K1\K2\K6
A5	—	S4\S4	K1\K3\K4	C5	关键	S3\S4	K1\K2\K6
A6	—	S4\S4	K1\K3\K4	C6	—	S3\S4	K1\K2\K6\K7
A7	关键	S1\S3\S4	K4\K6	C7	—	S3\S4	K1\K2\K6
A8	关键	S3\S4	K3\K4\K5\K6	C8	—	S3\S4	K1\K2\K6\K8
A9	关键	S3\S4	K1\K4\K3\K5\K6	C9	—	S3\S4	K1\K3\K5\K7
B1	关键	S2\S3\S4	K1\K4\K5\K6	C10	—	S3\S4	K1\K2\K3\K4\K8
B2	—	S2\S3	K1\K2\K4\K5\K8	C11	—	S3\S4	K1\K2\K6
B3	—	S2\S3	K1\K4\K8	C12	—	S2\S3	K3\K5

续表

风险因素	是否关键	风险策略	风险措施	风险因素	是否关键	风险策略	风险措施
B4	—	S3\S4	K1\K4	D1	—	S3	K1\K4
B5	—	S3\S4	K1\K3\K4\K5	D2	—	S2\S3	K1\K7
B6	关键	S1\S2\S3\S4	K1\K3\K4\K5\K6\K7	D3	关键	S2\S3	K1\K6\K7
B7	—	S2\S3	K1\K3\K4	D4	关键	S2\S3	K1\K6\K7
B8	—	S2\S3	K3\K5	D5	关键	S2\S3	K1\K6\K7
B9	关键	S2\S3	K3\K5	D6	关键	S2\S3	K1\K6\K7
				D7	—	S3\S4	K1
				D8	—	S3\S4	K1\K2\K3\K4
				D9	—	S3\S4	K1\K2\K3\K4

5　结束语

本文围绕变电站迁建工程进度风险管理，建立项目进度风险指标体系，并提出应对策略和应对措施，形成了项目进度风险应对的总体思路。随着城镇化建设不断迈进，更多早期在市郊建成的大型输变电设施将面临异地迁建的任务，希望本文的研究结果能够为同类项目的管理发挥一定参考借鉴作用。

参考文献

［1］ 胡丹. 电力设施迁改项目风险管控研究[J]. 石家庄铁道大学学报(自然科学版), 2017, 30(S1): 267-269.

［2］ 陆宗武. 我国电力工程项目代建制模式的选择研究[J]. 重庆科技学院学报(社会科学版), 2009(12): 100-104.

［3］ 和莉娟. 贵州电网 SF 变电站建设项目风险管理研究[D]. 贵州: 贵州大学, 2023.

［4］ HERROELEN W. Project management with dynamic scheduling-baseline scheduling, risk analysis and project control[J]. Interfaces, 2013, 43(1): 107-108.

［5］ 杨永军, 强建民. 工程项目风险管理及其应对策略综述[J]. 科技视界, 2014(26): 135, 272.

［6］ 梁国斌, 陈丁难. BIM 技术在电力工程施工管理中的应用[J]. 技术经济与管理, 2020(9): 132-135.

项目咨询与全过程管理

Project Consulting & Whole-process Management

"评定分离"制度下工程项目围标合谋行为研究

林　婧　邢　睿

（大连理工大学建设工程学部，大连　116024）

【摘　要】　针对招标人权责错位问题，各地推行"评定分离"制度，实践表明其能减少围标行为、提高工程效率。然而，其减少围标合谋的机理尚未明确。本文基于合谋与博弈理论，构建"评定分离"制度下的围标合谋单种群演化模型，分析投标人动机。与传统制度对比发现，"评定分离"制度通过改变合谋中标概率减少围标行为，长期可避免围标，优化市场环境，减少腐败。在深入分析我国"评定分离"制度实践背景与实施经验的基础上，以围标合谋单种群演化博弈结果为依托，提出了我国"评定分离"办法制定与推行的建议，以支撑我国工程项目高质量、高效率地开展。

【关键词】　招标投标；评定分离；围标；合谋；博弈论

A Study on Bid-Rigging Behavior under "Evaluate Separation" System in Construction Projects

Lin Jing　Xing Rui

（Faculty of Infrastructure Engineering，Dalian University of Technology，Dalian　116024）

【Abstract】　In response to the issue of misalignment between the rights and responsibilities of tenderees, various regions have implemented the bid "evaluate separation" system. Practice has shown that this system can effectively reduce bid-rigging behaviors and improve project efficiency. However, the mechanism by which it reduces bid-rigging collusion remains unclear. This paper, based on collusion and game theory, constructs a single-population evolutionary game model of bid-rigging collusion under the bid "evaluate separation" system to analyze the motivations of bidders. Compared with the traditional system, the bid "evaluate separation" system reduces bid-rigging behaviors by altering the probability of collusion winning bids, and in the long term, it can prevent bid-rigging, optimize the market environment, and reduce corruption. Building on an in-depth analysis of the practical background and implementation experience of China's bid "evaluate separation" system, and relying on the results of the single-population evolutionary game model of bid-rigging collusion, this paper proposes recommendations for the formulation and implementation of China's bid "evaluate separation" measures to support the high-quality and efficient development of engineering projects.

【Keywords】 Bidding；Evaluate Separation；Bid-Rigging；Collusion；Game Theory

1 引言

近年来，随着我国工程建设行业的高速发展，项目招标投标中围标现象层出不穷。尽管我国在借鉴 FIDIC 合同条件等国外先进经验的基础上设立了一系列法律法规，但实践中仍存在招标人权责不对等问题，导致围标行为屡禁不止。为此，部分地区开始推行"评定分离"制度[1]。

"评定分离"制度通过分离评标与定标权，突出招标人择优权，防范合谋中标、虚假招标等问题[2-4]。然而尽管"评定分离"将定标权交还给了招标方，但在实践中招标人定标能力存在显著差异，部分主体难以有效行使择优权。同时，缺乏监管也会导致招标人的权力滥用，从而产生极大的廉洁风险[5]。信用体系的不完善也使得招标人难以获取投标企业完整的信用记录。因此"评定分离"制度需要更完善的决策机制、监管机制、市场信用体系和财税信用体系的支持。通过改革，"评定分离"制度在一定程度上能优化评标结果，向利于招标人科学开展履约管理的方向发展[6]。

自 2011 年起，深圳率先开展"定性评审、评标公开、评定分离"改革；多个省级区域如江苏、四川、湖南、湖北及浙江跟进相关政策[7]。深圳、厦门的经验表明，"评定分离"制度能有效减少围标行为，保障工程有序实施。现有研究多定性讨论其优缺点及适用范围，但缺乏从合谋角度量化分析其减少围标行为的机理。本文基于合谋与演化博弈理论，建立"评定分离"制度下的围标合谋单种群演化博弈模型，与传统"评定合一"制度对比分析，为制定与推行"评定分离"制度与办法提供建议。

2 我国"评定分离"制度的提出

2.1 社会背景

在工程项目招标投标监管中，项目常因低价中标转包或围标投诉无法如期开工[8]。此外，我国工程建设行业正处于从低价向高质转型的阶段，招标人不再满足于传统的低价定标，而希望在价格合理的情况下进行择优。因此，行政监管和招标人两方都在积极探索"评定分离"制度的可行性。

对行政监管部门而言，招标人负责制有以下优势：①减少合谋投诉。传统制度下，标价主导评标，招标人缺乏择优权，易引发围标合谋。招标人负责制降低合谋动机，减少投诉，减轻监管压力。②提升工程效率。传统制度下，"职业投标人"志在转包，影响进度。招标人负责制将诚信与履约纳入评标，降低"职业投标人"中标概率，推动项目如期开工。对招标人而言，该制度满足其权责对等下的"择优"需求[9]。

2.2 政策背景

住房和城乡建设部于 2019 年 12 月发布了《住房和城乡建设部关于进一步加强房屋建筑和市政基础设施工程招标投标监管的指导意

见》（建市规〔2019〕11 号），其中第四条就已经提到了探索推进"评定分离"方法，旨在规范招标投标活动，保护各方权益，提高经济效益和项目质量。"评定分离"突出招标人主体地位，符合市场规律，使其能根据项目实际自主选择方案并承担主体责任[10]。随着诚信体系完善，多省市试行该制度。

2020 年 6 月，河南省支持洛阳市探索"评定分离"等改革措施。2020 年 12 月，安徽省选择部分工程开展试点，2021 年 3 月在政府投资项目中推行。四川省同期决定全省推行。浙江省 2021 年 3 月鼓励勘察、设计等领域采用"评定分离"，探索施工、工程总承包改革[11]。江苏省 2021 年 4 月明确国有资金投资项目推行"评定分离"。河北省 2021 年 4 月要求政府投资项目全部实施"评定分离"。山东省 2021 年 8 月要求在全省推行。天津市滨海新区 2022 年 4 月实施"评定分离"导则。

综上所述，招标人是工程建设项目的责任主体，也应享有选择合法中标人的自主权。"评定分离"制度的提出既为了满足招标人权责对等的需求，同时也符合我国现阶段的市场交易规律。

3 我国现行"评定分离"办法概述

尽管招标人负责制有诸多优势，但也可能增加廉洁风险。此外，小散招标人因实力、技术能力或内控机制不足，难以科学组建定标委员会，公平行使定标权[12]。因此，各省市在招标人负责制基础上差异化推行"评定分离"，以适应本地项目需求。"评定分离"改革首先在改革先行区深圳市开展，给各地摸索、出台"评定分离"办法提供了重要范本。在充分吸收先行城市改革经验后，厦门市结合本地实际出台了相关政策，并在全市试行。本文基于实地调研，深入分析深圳与厦门的"评定分离"办法，为演化博弈模型的假设与参数设定提供支撑。

3.1 深圳市"评定分离"办法概述

2011 年 9 月，深圳市住房和城乡建设局率先提出了建设工程试行"评定分离"改革。2015 年 8 月，在总结 4 年建设工程"评定分离"改革经验后，深圳市颁布了《关于建设工程招标投标改革的若干规定》，标志着深圳"评定分离"改革的成熟和完善。评标采用定性评审，评标委员会提出意见但不打分、不确定中标人[13]；定标由招标人组织定标委员会按方案执行，主要采用票决定标法。采用票决定标法的，定标委员会成员应当遵循择优与价格竞争的原则。对 3000 万元以下工程施工和 200 万元以下服务招标，采用直接抽签法确定中标人。

2020 年，深圳市发布补充文件，进一步规范评标和定标过程，明确招标人和评标专家的责任。政策引入两级评审方式，合理设定评审要素，由专家推荐中标候选人；定标阶段要求招标人制定明确的定标规则和择优因素。同时实行建设工程项目管理人员实名制，监督机构应当对项目进行现场检查，依法查处违法、违规行为，并纳入信用管理系统。该政策得到市场主体广泛认可，修正了原有"评定分离"政策，明确了责任分工，避免了定标环节的形式化和主观性问题，为其他城市提供了经验借鉴[14]。

3.2 厦门市"评定分离"办法概述

在深入借鉴深圳市改革经验的基础上，厦门市通过系统调研，确立了"专家评审、结果公示、自主定标、中标公开"的实施路径，并配套建立了完善的制度体系和操作规范。2020 年，经厦门市政府同意，厦门市住房和城乡建设局印发《厦门市建设工程招标投标"评定分离"办法（试行）》，开始试行招标投标"评定分离"。厦门市住房和城乡建设局受市政府委托,负责全市招标投标"评定分离"工作,范围涵盖建设、交通和水利等领域。厦门市评标与深圳市相同,都采用定性评审,定标方法有票决定标法、票决抽签定标法、票决低价定标法,主要采用票决最低价定标法。对单项合同估算价在3000万元以下的施工总承包工程,采用发布公告至投标截止不少于10日、无须编制技术文件的简易程序,缩短招标时间,提高招标效率。同时,成立市建设工程招标投标"评定分离"领导小组,加强对"评定分离"工作的组织领导和监督管理。

3.3 两地"评定分离"政策的比较分析

深圳和厦门作为我国"评定分离"改革的先行试点城市,在政策设计上既遵循了统一的核心原则,又结合本地实际进行了创新探索。两地都采用了项目规模分级管理策略,对3000万元以下的中小型项目设置简易程序。在监督管理体系方面,两地都建立了完善的监督机制。在具体实施层面,深圳市主要采用票决定标法。而厦门则创新性地发展出票决低价定标法,在保证质量的前提下兼顾经济效益,同时强化了信用信息在定标决策中的应用。

4 基于演化博弈理论的"评定分离"制度下围标合谋行为分析

围标合谋涉及投标人种群的对称博弈,投标人可选择合谋或常规投标。首先构建单种群演化博弈的支付矩阵,其次通过复制动态方程研究策略演化,最后分析演化稳定策略并提出决策建议。假设"评定分离"包含初评与终评两阶段,初评筛选满足基本要求的承包商。由于各投标人中标概率相同,竞争力主要取决于过往诚信履约情况。

4.1 模型假设

(1)假设投标人数量为n($n < 200$),其中m参与围标合谋。由于"评定分离"适用于大型公开招标项目,因此假设投标人数量远大于围标单位数量。

(2)考虑到有限理性下个体利益最大化的目标,假设围标团体的平均收益大于单独投标单位的平均收益,且围标团体的人均收益为项目总盈利除以围标单位数量。假设最终中标价为b元($b > 10000n$),项目总成本为c元($0.05b < c < 0.5b$),则项目总盈利为$b - c$。

(3)假设合谋中标概率为p,单独投标的中标概率为p'。由于招标人在初评中仅筛选满足基本要求的投标人,合谋中标基础概率主要取决于围标合谋单位数量$\frac{1}{n-m+1}$。

(4)不论是否中标,假设监管部门查处围标合谋的概率为q,惩罚金额为$F = \frac{b}{100}$。

(5)假设投标人声誉影响下次中标概率:被查处或中标后概率减半;常规投标履约后概率增至1.5倍。

(6)假设本次项目合谋期望收益为H,单独投标期望收益为L。假设下次投标项目与当次投标项目相似,下次投标项目因本次投标策略所获得的超额收益或损失的收益计入本次投标期望收益中。

因此,构建招标单位和投标单位间的博弈得益矩阵,如表1所示。

博弈得益矩阵　　　　表1

投标人行为	合谋	不合谋
合谋	H, H	H, L
不合谋	L, H	L, L

4.2 复制动态分析

假设投标人以概率x选择合谋,则有:

$$\mu_1 = xH + (1-x)H = H \tag{1}$$

$$\mu_2 = xL + (1-x)L = L \tag{2}$$

$$\overline{\mu} = x\mu_1 + (1-x)\mu_2 = xH + (1-x)L \tag{3}$$

因此，该博弈中投标人的复制动态方程可表示如下：

$$H = \frac{\dfrac{(1-q)(b-c)+q(b-c-F)}{n-m+1}+\left(1-\dfrac{1}{n-m+1}\right)q(-F')}{2m} = \frac{b-c}{2m(n-m+1)} - \frac{Fq}{2m} \tag{5}$$

单独投标期望收益为：

$$L = \frac{3}{2n}(b-c) \tag{6}$$

则求解复制动态方程均衡解所需的公式如下：

$$\begin{aligned} H - L &= \frac{b-c}{2m(n-m+1)} - \frac{Fq}{2m} - \frac{3}{2n}(b-c) \\ &= \frac{b-c}{2m}\left[\frac{1}{(n-m+1)} - \frac{3m}{n}\right] - \frac{qb}{200m} \end{aligned} \tag{7}$$

当 $H-L<0$ 时（图 1），均衡解趋向于 $x_1^*=0$，即投标人趋向于选择单独投标。

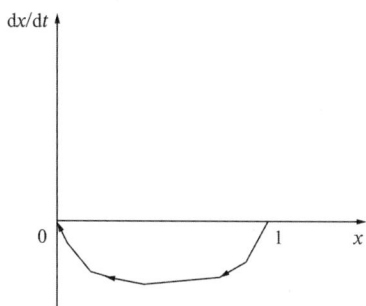

图 1　复制动态相位图（情形 1）

当 $H-L>0$ 时（图 2），均衡解趋向于 $x_2^*=1$，即投标人趋向于选择合谋。

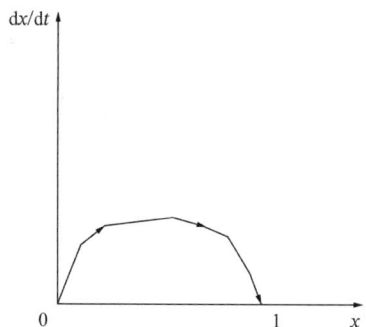

图 2　复制动态相位图（情形 2）

$$F(x) = \frac{\mathrm{d}x}{\mathrm{d}t} = x(\mu_1 - \overline{\mu}) = x(1-x)(H-L) \tag{4}$$

令 $\dfrac{\mathrm{d}x}{\mathrm{d}t}=0$，则有 $x_1^*=0$，$x_2^*=1$。由模型假设可得，合谋期望收益为：

4.3　结果分析

根据模型参数 n、m、b、c、q 的取值范围可得，投标人数量远大于围标单位数量，则有 $n > \dfrac{m(m-1)}{m-\frac{1}{3}}$，即 $H-L<0$，投标人趋向于选择单独投标。也就是说，在该单种群演化博弈中，无论初始状态如何，最终都将稳定在单独投标策略。只要工程建设市场竞争充分，监管单位行使查处权力，在合适项目规模与复杂度的招标中就能保证招标人"择优"需求的充分满足，从而改善建设工程市场营商环境。

5　"评定分离"与"评定合一"的对比分析

假设"评定合一"同样包含初评、终评两阶段，初评阶段将选出最有竞争力的 5 家承包商。"评定合一"将每家承包商报价视为独立的单一报价。由于假设各投标人的中标概率相同，即各投标人的履约能力等综合实力相同，其中标的竞争力主要在于报价。因此，在初评和终评中均为价低者中标。考虑到围标合谋单位在实践中存在低价中标，而后转包获得收益的情况，假设合谋团体依靠初始报价必然进入终评。其余假设与评定分离情况保持一致。

5.1　"评定合一"制度下的围标合谋单种群演化模型

（1）合谋投标人的围标行为模型

根据上述假设，当合谋投标人数量少于 5

家时（$m<5$），参与围标的投标人进入终评的概率 $p_1=1$，不参与围标的投标人进入终评的概率 $p_1'=\frac{(5-m)}{(n-m)}$；参与围标的投标人终评中标的概率 $p_2=\frac{m}{5}$，不参与围标的投标人终评中标

的概率 $p_2'=\frac{1}{5}$。当合谋投标人数量大于等于 5 家时（$m\geqslant5$），参与围标的投标人中标概率为 1，不参与围标的投标人中标概率为 0。因此，

当 $m<5$ 时：

$$H=\frac{\frac{m}{5}[(1-q)(b-c)+q(b-c-F)]+(1-\frac{m}{5})q(-F')}{m} \tag{8}$$

$$L=\frac{5-m}{5\times(n-m)}(b-c) \tag{9}$$

当 $m\geqslant5$ 时：

$$H=\frac{q(b-c-F)+(1-q)(b-c)}{m} \tag{10}$$

$$L=0 \tag{11}$$

假设投标人以概率 x 选择合谋，根据博弈得益矩阵与复制动态方程，对博弈的均衡状态进行讨论：

首先，当投标人能够找到至少 4 家围标合谋单位时，$H-h>0$，此时均衡解趋向于选择围标合谋。

其次，当围标单位数量不足 5 家时，仅在 $H-h<0$ 时，均衡解趋向于选择常规投标。也就是说，查处力度非常大 $[$ 即 $qF>\frac{m(n-5)}{5(n-m)}(b-c)]$ 时，投标人才可能趋向于常规投标。

（2）招标人利益分析

由于投标人围标合谋以短期利益最大化为动机，长期趋向合谋策略，招标人可能面临以下情况：①中标价远高于期望价格（合谋单位较多时），项目流标，增加时间与资金成本；②中标价远低于期望价格（合谋单位较少时），中标单位转包，增加时间与资金成本；③中标价略低于期望价格，中标人通过变更与索赔获利，增加时间与资金成本。因此，在假定评定合一情境中，招标人"择优"的需求难以被满足。

5.2 围标合谋演化模型对比分析

首先，在"评定分离"和"评定合一"中，监管单位的查处能力均为投标人行为策略的

重要影响因素。在监管单位查处能力提高的情况下，"评定分离"与"评定合一"制度下均能引导投标人减少围标行为。深圳和厦门两地都建立了相应的监督机构，然而，监管单位的查处能力在现实中是受到限制的，并不能无限制地短期提高。

其次，相较于"评定合一"，"评定分离"能够降低投标人围标合谋行为，促进市场公平竞争。深圳、厦门两地的实践表明定性评审客观上提高了围标的实施门槛，但需配套监管才能有效抑制围标。

最后，"评定分离"能够满足招标人的择优需求，保障招标人的主体地位与利益。结合深圳市在定标阶段对择优因素的相关规定，"评定分离"能够使项目在招标投标阶段后更顺利地开展。

6 "评定分离"办法制定与推行的建议

6.1 "评定分离"办法的制定

（1）平衡招标人择优需求和定标能力

我国部分省市采取了在所有项目中推行"评定分离"的办法，未能充分考虑差异化的招标人择优需求与定标能力现状。在"评定分离"办法制定中，要避免"一刀切"式的强制推行。对某些工程项目，可以考虑允许招标人根据自身定标能力自主选择是否采用"评定分离"，并对专业力量不足的单位提供专家支持。

（2）建立招标人廉洁监管体系

"评定分离"办法中应明确招标人要完善

决策机制，建立健全的内部控制程序和决策约束机制，防范廉洁风险，同时对定标委员会人员的保密性和廉洁性提出更高要求。

（3）结合本地市场信用与财税体系现状

要建立完善的建设市场信用体系和财税信用体系，为招标人精准定标，选择优质企业提供基础保障。

6.2 "评定分离"办法的推行

（1）试点先行

我国现有实践中推行"评定分离"政策均为在部分地区或项目中推行"评定分离"办法（试行）。待总结相关项目经验教训后，完善"评定分离"办法（试行），而后推行正式办法。

（2）清标、定标辅助机构与相关职业人员

考虑到招标人定标能力的差异化，职业化的"评定分离"清标、定标辅助机构与相关职业人员可能是招标投标市场必不可少的组成部分。建立相关资质要求与技术能力评估办法，对引导招标投标市场中"评定分离"办法的推行具有重要意义。

（3）建立完善的异议和投诉处理制度

"评定分离"对招标人廉洁的要求较高，可能在推行中遇到阻力，收到异议与投诉。因此，推行过程中应建立完善的异议与投诉处理制度。

7　结论

本文在文献综述与现场调研的基础上，将博弈论与合谋理论用于分析"评定分离"中的投标人围标合谋行为。在与"评定合一"的博弈演化模型的对比分析后可得，"评定分离"能够引导投标人自主减少围标合谋行为，从而实现工程建设市场的高效有序运转。此外，本文针对"评定分离"的重难点提出了一系列"评定分离"办法制定与推行的建议，作为未来"评定分离"实施的科学依据。未来研究与实践可以基于实证数据进一步完善博弈模型假设，分析中小项目中应用"评定分离"的优劣，从而提高我国工程项目效率与质量。

参考文献

［1］温才福，杨清清. 工程建设项目"评定分离"制度的实践探索[J]. 招标采购管理，2020(9): 43-45.

［2］赵星远. 关于"评定分离"的争议[J]. 施工企业管理，2021(7): 56-57.

［3］李朝政. 评定分离办法在建设工程招标投标中的应用探索[J]. 城市建设理论研究(电子版)，2023(2): 74-76.

［4］张志军. 评定分离"热"中的冷思考[J]. 招标与投标，2015(1): 4-9.

［5］朱振. 基于实务操作视角的评定分离机制探究[J]. 中国招标，2021(7): 37, 43.

［6］戴冉. "评定分离"制度执行成效及问题研究[J]. 中国招标，2023(4): 110-112.

［7］杨韦佳. 浅析"评定分离"的本土化发展[J]. 经济师，2021(2): 38-39.

［8］李雪梅. 浅谈工程招标投标中存在的问题及主要对策[J]. 黑龙江交通科技，2021, 44 (4): 197-198.

［9］陈勃. 关于采取"评定分离"方式确定中标人的思考: 以江苏省的相关实践为例[J]. 招标与投标，2018, 6(9): 34-36.

［10］杨娜娜. 浅谈建设工程招标投标活动"评定分离"推行难点[J]. 江西建材，2021(12): 340-341, 344.

［11］浙江省人民政府. 浙江省人民政府关于进一步加强工程建设项目招标投标领域依法治理的意见[R]. 2021.

［12］余廷亮. 工程项目招标投标中"评定分离"制度的改革与探索[J]. 建设监理，2019(7): 38-40.

［13］郑创佳. 浅议深圳市现行评标定标方法[J]. 建筑工程技术与设计，2017(10): 5383-5384.

［14］欧阳群，胡益民，唐艺，等. "评定分离"常态化下的问题研究及解决思路[J]. 中国招标，2023(9): 96-98.

幕墙施工技术与质量安全管理研究——以松山湖科学城生物医药项目为例

吴雨松[1]　陈梓柯[2]　吴　林[1]　贾立哲[2,3]

（1. 东莞松山湖科学城发展集团有限公司，东莞　523781；

2. 南昌理工学院建筑工程学院，南昌　330046；

3. 哈尔滨工业大学土木工程学院，哈尔滨　150090）

【摘　要】　随着建筑行业的发展，幕墙施工技术和质量管理逐渐成为影响工程质量与安全的重要因素。本研究探讨幕墙施工技术的优化和项目科学管理，以广东东莞松山湖科学城生物医药项目的幕墙工程作为研究对象，该项目工程规模较大，气候条件严苛，涉及的技术与管理难度较高。通过对幕墙工程中脚手架关键构件的计算分析，提出材料选用和施工技术方案，全面探讨施工过程中质量控制、安全保障及应急管理的实施措施。研究结果表明，该项目在关键构件设计、施工技术及质量安全管理方面存在一定的创新性，有助于提升建筑行业的施工效率与安全性，也对推动行业的技术进步与可持续发展具有积极的意义。

【关键词】　幕墙施工；施工技术；质量控制；安全管理

Research on Curtain Wall Construction Technology and Quality Safety Management: A Case Study of the Biomedical Project in Songshan Lake Science City

Wu Yusong[1]　　Chen Zike[2]　　Wu Lin[1]　　Jia Lizhe[2,3]

（1. Dongguan Songshan Lake Science City Development Group Co., Ltd., Dongguan　523781；

2. School of Civil Engineering, Nanchang Institute of Technology, Nanchang　330046；

3. School of Civil Engineering, Harbin Institute of Technology, Harbin　150090）

【Abstract】　With the ongoing advancement of the construction industry, the technology and quality management of curtain wall systems have increasingly become critical factors influencing project quality and safety. This study explores the optimization of curtain wall construction techniques alongside the implementation of scientific project management. Taking the curtain wall component of the biomedical project at Songshan Lake Science City in Dongguan, Guangdong Province, as a case study, the research addresses challenges associated with the project's large scale and its exposure to harsh climatic conditions, which render the construction processes complex. By analyzing the key components of the scaffold system used in the curtain wall construction, this study proposes optimized material selection and technical schemes for construction. It also comprehensively discusses measures for quality control, safety assurance, and emergency management throughout the construction process. The findings demonstrate that the project incorporates notable innovations in key construction design, technological methods, and quality and safety management practices. These advancements contribute to improving construction efficiency and safety within the industry and hold significant implications for promoting technological progress and sustainable development in construction practices.

【Keywords】 Curtain Wall Construction；Construction Technology；Quality Control；Safety Management

随着建筑行业的技术革新与城市化进程的推进，幕墙系统以其高度的技术集成性与建筑美学价值，成为现代建筑外立面设计与建造的核心构成[1]。既有研究中，韩忠康等[2]针对复杂城市环境下超高层建筑施工特点，对幕墙施工技术的普适性应用展开探讨。在质量管理领域，郑洪超[3]、张添宗[4]及段继佑[5]等学者聚焦于材料检验、打胶工艺控制等单一工序的质量优化策略，形成了针对性技术措施；安全管理方面，林骏[6]围绕施工安全事故诱因提出高空作业风险防范要点，徐国海[7]则基于现场管理实践分析安全检查制度的构建与实施路径，为幕墙工程的基础安全保障提供了理论支撑。然而，幕墙工程的复杂性亦随建筑规模扩大与功能需求提升而显著增加，施工技术的多元性、材料性能的严苛要求以及质量安全管理的系统性挑战，成为行业关注的焦点[8]。

本文以松山湖科学城生物医药项目为

例，聚焦项目所在区域气候环境严苛与项目规模大的特性，通过脚手架关键构件的力学分析、多形式幕墙施工工艺的协同优化，以及质量安全管理体系的本土化适配，突破单一技术环节的研究局限，构建覆盖设计计算、施工实施和过程管控的全链条技术框架，为复杂条件下幕墙工程的高质量建设提供了系统性解决方案。

1 项目概况

1.1 项目简介

松山湖科学城生物医药项目如图1所示，该幕墙工程规模宏大，建筑物较高，施工环境复杂，涉及周边建筑的影响、地质条件的限制以及气候因素的干扰等，这对施工技术的适应性和管理的精细化程度提出了严苛要求。

本项目位于广东省东莞市，涵盖1～5号工厂幕墙工程，主体结构为混凝土框架-剪力墙结构,抗震设防烈度6度,设计使用年限50年。幕墙最高达60m,形式包括框架式玻璃幕墙、铝板幕墙、百叶等。

图1　松山湖科学城生物医药项目

1.2　地区气候特征

项目所在地处珠江三角洲北部、北回归线以南的南海沿岸区域,全年气候温和湿润,具有夏长冬短、雨热同期的典型季风特征,年均降水量丰沛且日照充足,干湿季界限分明。雨季集中于5～9月,其中6～9月为台风型暴雨集中期,台风影响时段横跨5～12月,并伴随复杂的天气系统交互作用。地区气候特征决定了幕墙工程在设计中必须考虑多台风多暴雨的地区特性,着重进行关键构件的受力分析;在施工中采取防风防水技术措施,须使用强化材料耐候性与结构密封性,并制定应急预案以确保施工质量与安全管理。

1.3　幕墙材料

玻璃幕墙为框架结构,主要采用8mm厚钢化在线Low-E玻璃、10mm厚钢化在线Low-E玻璃＋2mm厚铝单板背板、10mm厚钢化在线Low-E玻璃。所有玻璃原片采用钢化玻璃以杜绝自爆,中空玻璃采用双道密封结构,Low-E膜在特定位置设置,且所有玻璃进行倒棱磨边处理,这些措施提升了玻璃的安全性、节能性和美观性。玻璃幕墙典型节点如图2所示。

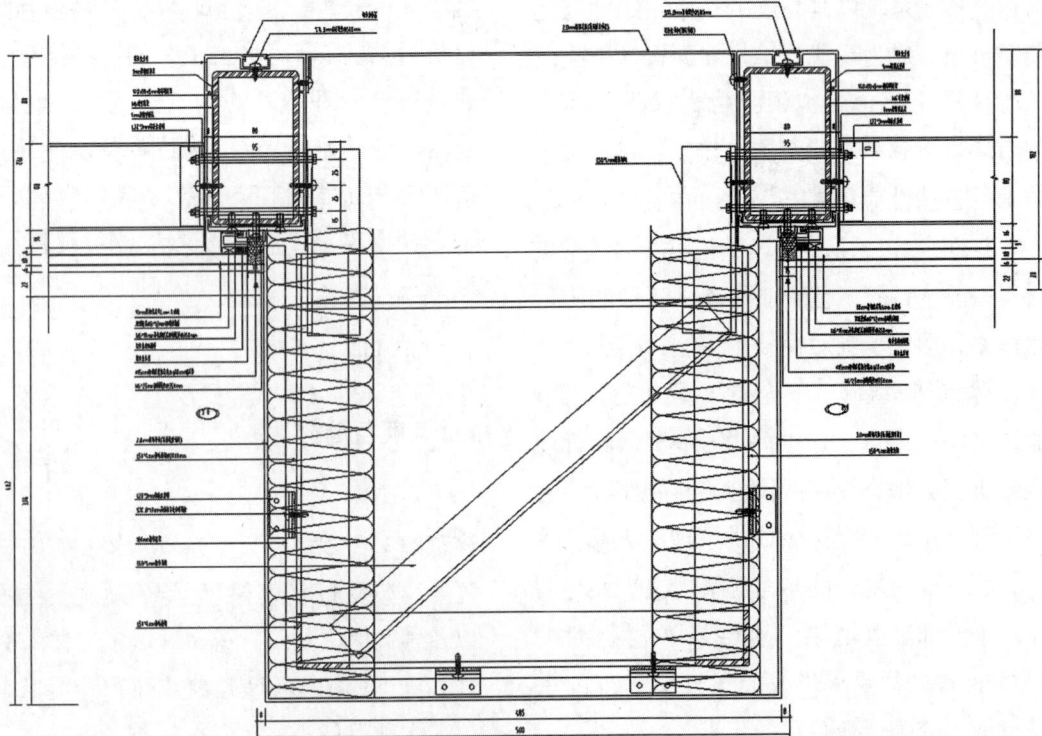

图2　玻璃幕墙典型节点图

铝板幕墙的铝板基材为3003-H24，室外外露部位铝板选用铝单板，表面氟碳喷涂处理，三涂两烤，平均涂层厚度大于40μm，其他部位单层铝板表面粉末喷涂处理。选材确保了铝板在室外环境下具有良好的耐候性，能长期保持美观和性能稳定。同时，针对不同部位采用差异化表面处理方式，既满足了功能需求，又兼顾了成本效益。铝板幕墙典型节点如图3所示。

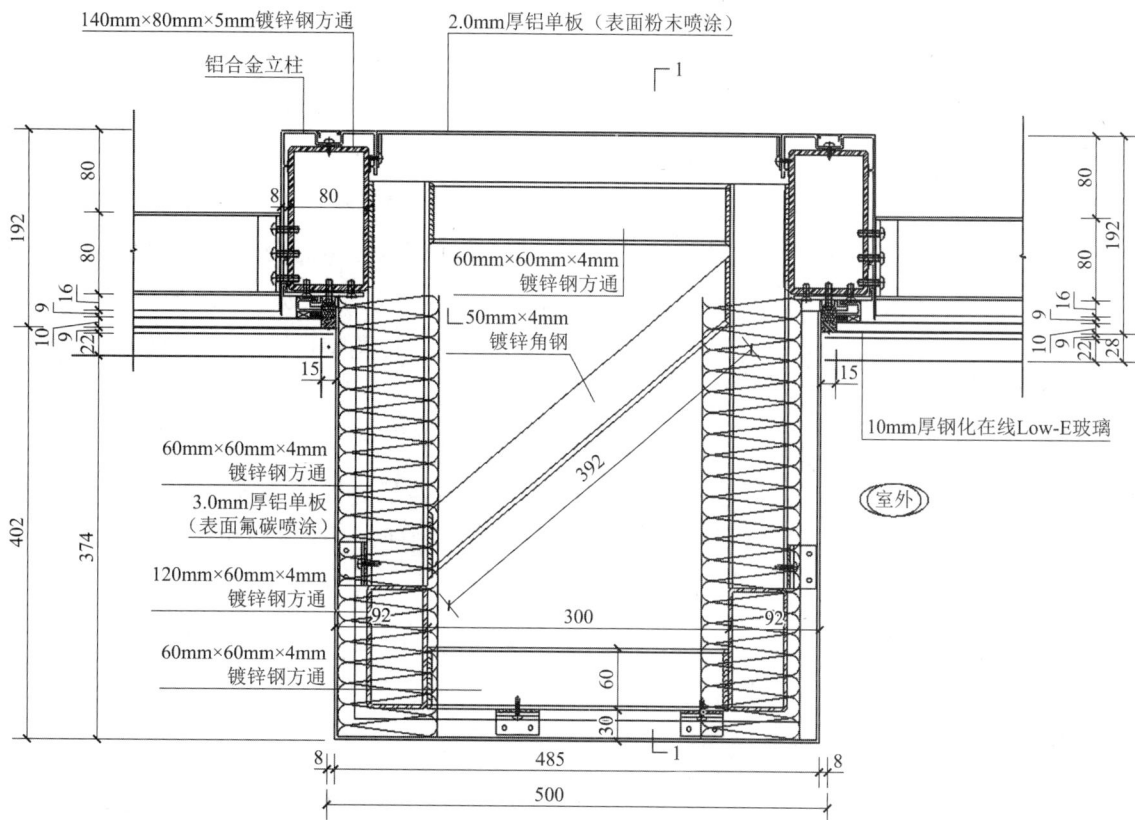

图3 铝板幕墙典型节点图

2 幕墙施工准备与关键构件计算

2.1 测量放线

测量放线是幕墙施工中的关键步骤，对施工质量和精度具有直接影响。本项目采用全站仪和水准仪对建筑外轮廓、玻璃幕墙和埋件进行精密测量，确保施工精度。特别是在玻璃幕墙施工中，由于其对立面平整度和垂直度的严格要求，测量精度高于铝板幕墙。为此，采用激光测距仪辅助测量，并在关键节点进行双重验证，以确保每块玻璃单元的准确安装。

施工前，首先确定基准测量层和基准测量线，并与土建单位复核轴线和水准点。幕墙轴线应与主体结构主轴线平行或垂直，以避免产生阴阳角不正或装饰面不平行等问题。使用高精度激光水准仪、经纬仪、钢卷尺、吊锤等工具，确保幕墙垂直偏差控制在1～2mm。对于超过7m高的幕墙，至少进行两次复核，保证精度。根据该地区气候条件，测量放线应在风力小于4级的条件下进行，若误差较大，应及时调整，并通过缝隙或边框位置调整，确保精度。

2.2 脚手架关键构件计算

结合规范[9-10]针对落地式和悬挑式扣件钢管脚手架进行受力计算，分析钢筋网片、立杆、连墙件等构件的承载能力、变形控制及连接强度。

钢筋网片脚手板的承载能力在幕墙施工中至关重要，钢筋网片计算简图如图 4 所示，钢筋网片弯矩图如图 5 所示，钢筋网片剪力图如图 6 所示，钢筋网片变形图如图 7 所示。钢筋网片最大弯矩 $M_{max} = 0.01$kN·m，所使用的 $\phi 8$ 钢筋抗弯强度为 95.24N/mm^2 < 205.0N/mm^2，挠度为 0.04mm ≤ 2mm，符合规范要求，确保其在作业过程中不发生过度变形。

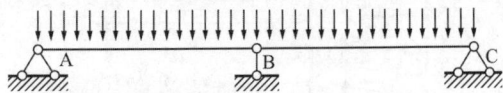

图 4　钢筋网片计算简图

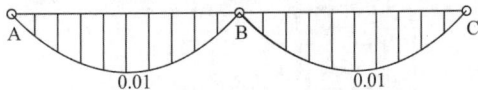

图 5　钢筋网片弯矩图（kN·m）

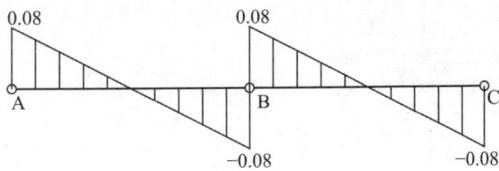

图 6　钢筋网片剪力图（kN）

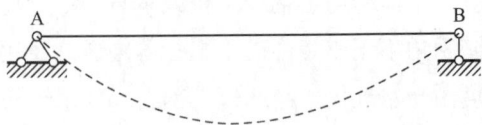

图 7　钢筋网片变形图（mm）

立杆作为脚手架的主要承重构件，其稳定性直接关系到整个脚手架的安全。其稳定性验算公式如下：

$$\sigma = \gamma_0 [N/(\varphi A) + M_{wd}/W] \qquad (1)$$

式中，σ 为立杆稳定性；γ_0 为结构重要性系数；N 为立杆轴向力设计值；φ 为轴心受压构件的稳定系数，数值为 0.188；A 为立杆截面面积；M_{wd} 为风荷载作用下立杆段的弯矩设计值；W 为立杆的截面模量。

落地式脚手架立杆稳定性验算结果为 $\sigma = 185.96$N/mm^2，悬挑式脚手架为 $\sigma = 176.13$N/mm^2，均满足设计要求，能够有效抵抗风荷载及其他外部作用力，保障脚手架整体结构的安全性。

连墙件是确保脚手架与主体结构稳定连接的关键部件。通过风荷载基本风压标准值、连墙件覆盖面积及其约束脚手架平面外变形所产生的轴向力，计算连墙件的轴向力。楼板连墙件示意图如图 8 所示，连墙件示意图如图 9 所示。

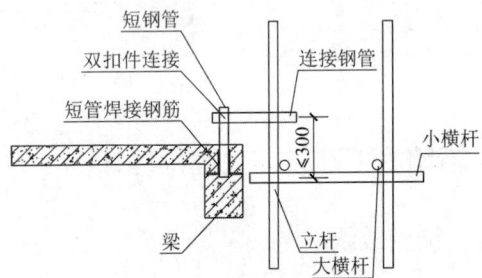

图 8　楼板连墙件示意图

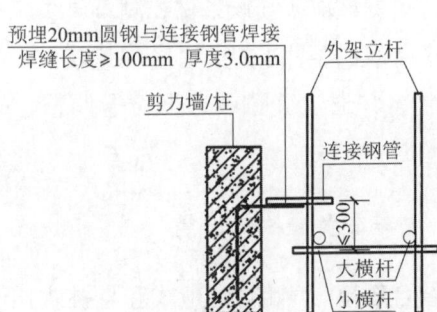

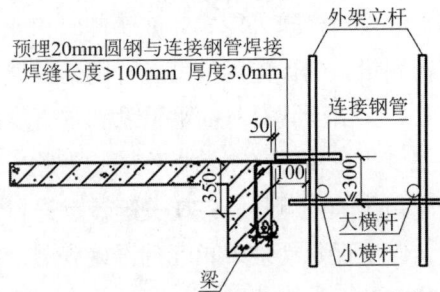

图 9　连墙件示意图

连墙件承载力验算所用公式如下：

$$N_l = N_{lw} + N_0 \quad (2)$$

式中，N_l 为连墙件的轴向力计算值；N_0 为连墙件约束脚手架平面外变形所产生的轴向力；N_{lw} 为风荷载产生的连墙件轴向力设计值。

对接焊缝强度验算公式如下：

$$\sigma = N/l_w t \leqslant f_t \text{ 或 } f_c \quad (3)$$

式中，σ 为对接焊缝的计算应力；N 为连墙件的轴向拉力；l_w 为焊缝的计算长度；t 为连墙件的焊缝厚度；f_t 或 f_c 为对接焊缝的抗拉或抗压强度。

层高为 6m 时，落地式连墙件的轴向力分别为 $N_{lw} = 4.85\text{kN}$、$N_l = 7.85\text{kN}$，悬挑式为 $N_{lw} = 4.61\text{kN}$、$N_l = 7.61\text{kN}$，均采用双扣件与墙体连接，N_l 均小于双扣件的抗滑力 12.0kN，且焊接连接处的 σ 小于 185.0N/mm²。层高超过 6m 时，按 9.4m 计算，落地式连墙件的轴向力为 $N_{lw} = 7.60\text{kN}$、$N_l = 10.60\text{kN}$，悬挑式为 $N_{lw} = 7.22\text{kN}$、$N_l = 10.22\text{kN}$。结果表明设计计算满足要求，确保连墙件能够有效传递荷载，增强脚手架与主体结构的连接稳定性。

以上计算与技术分析确保了脚手架在施工过程中具备足够的安全性与稳定性，能够有效支撑幕墙施工及其他操作，保障施工人员的安全并确保施工顺利进行。

3 幕墙施工技术与流程

3.1 埋件安装

埋件是幕墙系统稳定的基础，本项目包括主楼和裙楼的预埋，主要集中于玻璃幕墙区域，并与混凝土浇筑同步进行。当前置埋件存在较大偏差时，采取增设后置埋件调整，所有埋件与主体钢筋可靠连接，锚筋锚固长度严格按照规范要求执行。施工流程包括预埋件的检查、定位、固定和复查，以及后置埋件的定位测量、打孔和锚栓植入。采用自动焊接设备进行连续焊接，以减少人工误差并提高质量与效率。对于偏差较大的埋件，采用化学锚栓固定后置埋件，并通过抗拔试验确保满足设计要求。该工艺确保幕墙与主体结构的牢固连接，有效传递幕墙荷载，保障其在风荷载、地震等外力作用下的稳定性。

3.2 铝板幕墙施工

铝板幕墙因其轻便、耐用和美观而广泛应用。本项目的施工流程包括支座定位、立柱安装、横梁安装和铝板安装等关键环节。支座连接件通过放线精准定位，先点焊后加焊，确保连接强度并做好防腐处理。立柱安装前，严格检查构件质量，按编号就位，完成后进行三维调整与验收。横梁安装前，确保材料质量和安装精度。铝板安装时，制定详细计划并检查铝板尺寸与表面质量，安装过程中严格控制四边缝隙，采用双层密封胶条与结构胶提高防水性能与耐久性。每个环节的精确配合确保了幕墙的稳定性与外观质量，延长使用寿命并提升建筑整体品质。

3.3 玻璃幕墙施工

玻璃幕墙作为现代建筑外立面的重要元素，要求具备美观性、结构安全性及功能性。施工流程包括埋件复核、龙骨安装、保温与避雷处理以及玻璃安装等环节。龙骨安装采用满焊工艺，确保焊接质量符合规范，焊接后进行超声波检测，确保无缺陷。玻璃安装前，复核尺寸，确保与幕墙框架一致。安装过程中，玻璃通过专用吊装设备进行精确定位，并使用结构胶固定，确保玻璃与框架紧密结合。所有玻璃接缝处使用高性能密封胶进行封闭，以增强防水效果。完成安装后，进行淋水试验，确保幕墙系统具备优异的防水性能，符合建筑规范要求。

通过精确的施工控制，玻璃幕墙确保了美观性、结构安全性及防水性能的高标准，满足了建筑功能需求，提升了外立面整体品质。

4 幕墙施工质量与安全管理控制措施

4.1 管理目标与组织体系

本工程质量与安全管理目标为：幕墙各分部及分项工程一次验收合格率达到100%，力争创建广东省优良样板工程。为实现目标，项目建立了以项目经理为核心的质量与安全管理组织体系，明确各级人员职责，形成覆盖施工全过程的管理网络。该管理体系包括质量与安全管理制度、标准化控制流程与应急响应机制，确保从施工准备、过程控制到竣工验收的有序实施，落实"全员参与、全过程管理、全方位覆盖"的管理方针。

4.2 施工全过程控制

在施工准备阶段，编制详细的施工组织设计、质量安全计划及创优方案，确保施工符合要求。技术负责人组织分级技术交底与岗位培训，严格执行持证上岗制度。施工过程中，重点工序与关键节点编制作业指导书，专人监督，确保标准化施工。施工现场实行三级安全教育，专职安全员巡查关键风险点，确保现场安全。

建立目标明确、职责清晰的质量与安全管理体系，强化全方位的施工管理控制，本项目将确保幕墙工程高质量、安全顺利完成，满足设计要求并取得优良的项目成果。

4.3 质量管理控制措施

在幕墙施工中，为保证精确测量与放线，采用了全站仪、激光水准仪等高精度仪器进行建筑外轮廓、玻璃幕墙及埋件的测量，确保误差控制在规范要求内，特别是在玻璃幕墙施工中，要求平整度和垂直度严格符合设计标准。所有测量数据经过二次验证，确保每块玻璃单元准确安装，避免结构偏差。

对于脚手架，严格按照相关规范进行钢筋网片、立杆及连墙件等构件的承载能力与稳定性计算与验证，确保其符合设计要求，保障安全。所有铝板与玻璃在安装前进行尺寸和表面质量检查，确保与幕墙框架精确配合。

施工各工序由专人负责并严格执行作业指导书，确保工艺标准化与施工质量可控。所有技术文件、质量记录及检测报告均完整归档，确保可追溯性。隐蔽工程通过签证流程验收，确保符合设计要求，并实现关键数据与检测结果的电子化管理，便于后期检查与质量回溯。

4.4 安全管理控制措施

对于高空作业及脚手架搭设等高风险作业，严格遵守安全操作规程。脚手架搭设前进行结构计算与模拟评估，确保其稳定性与承载力符合安全标准，特别需重点关注悬挑式脚手架风荷载的影响。施工过程中，通过监控和传感器实时监测脚手架变形，及时调整确保安全。

施工现场设有严格的安全防护设施，包括临边防护和高空防坠落装置，确保作业人员安全。脚手架按设计规范搭设，定期检查并及时修复隐患。临时用电系统由专职电工负责，严格执行三相四线制配电，确保电气设备安全。同时，建立安全监控系统，实时监控高风险作业区域，一旦出现异常立即报警并启动应急措施。现场设置应急救援点，配备必要的救援设备，确保事故发生时能迅速响应并处理。

施工人员接受全面安全培训，检查并保证特种作业人员持证上岗。项目制定应急预案，特别针对高处坠落、火灾等重大风险，定期组织安全演练，确保应急处置机制有效。高危作业如吊装、焊接等需制定专项安全方案并严格执行。实施"日查、周查、月查"的安全检查制度，及时发现并消除隐患。

5　结论

本研究以松山湖科学城生物医药项目为例，系统分析该项目幕墙工程的施工技术与管理措施，涵盖施工准备、构件设计计算、流程组织及质量安全管控等关键环节，研究结论如下：

（1）技术实施层面。针对项目所在地台风暴雨频发的气候特征及幕墙规模大的特性，采用8mm钢化Low-E玻璃、3003-H24氟碳喷涂铝单板等高性能材料，通过双道密封结构、倒棱磨边处理提升玻璃安全性与节能性，差异化表面处理兼顾铝板耐候性与成本效益。基于规范，对落地式和悬挑式脚手架的钢筋网片、立杆和连墙件进行精细化力学验算，确保支撑体系在极端气候下的安全性，为复杂环境下幕墙构件选型与结构设计提供量化依据。

（2）施工流程管控层面。建立标准化流程，通过全站仪双重验证、自动焊接设备应用及超声波探伤检测，实现玻璃幕墙平整度与埋件定位精度的精准控制。针对铝板幕墙支座定位、横梁安装等关键环节，采用三维调整验收与双层密封工艺，保障幕墙防水性能与外观质量，形成多形式幕墙施工的协同技术体系，有效提升复杂项目的工序衔接效率与建造精度。

（3）质量安全管理层面。构建"目标导向—过程控制—应急保障"的全周期管理体系，建

立项目经理负责制的组织架构，通过分级技术交底、持证上岗制度确保施工标准落地。质量控制环节强化材料进场验收、隐蔽工程抗拔试验及电子化档案管理，实现可追溯性；安全管理依托传感器实时监测脚手架变形、三级安全检查及专项应急预案，重点解决悬挑式脚手架风荷载作用下的稳定性问题，形成适应台风区的系统性安全保障机制。

参考文献

[1] 张晓东, 王耀东. 关于现代高层建筑幕墙施工技术关键的分析与思考[J]. 陶瓷, 2022(11): 24-26.

[2] 韩忠康, 李龙. 复杂城市环境下超高层高效施工关键技术研究与应用[J]. 建筑结构, 2023, 53(S2): 1854-1857.

[3] 郑洪超. 建筑幕墙装饰工程施工质量控制措施[J]. 石材, 2024(9): 15-17.

[4] 张添宗. 建筑玻璃幕墙打胶质量控制和管理对策[J]. 中国建筑金属结构, 2024, 23(8): 190-192.

[5] 段继佑. 建筑幕墙施工技术及其质量控制探讨[J]. 建材发展导向, 2023, 21(4): 57-59.

[6] 林骏. 建筑幕墙施工安全事故防范探讨[J]. 建筑安全, 2020, 35(12): 56-58.

[7] 徐国海. 建筑幕墙装饰工程施工现场安全管理策略分析[J]. 房地产世界, 2023(12): 70-72.

[8] 张文. 建筑玻璃幕墙施工技术难点与应对措施[J]. 石材, 2024(3): 28-30.

[9] 中华人民共和国住房和城乡建设部. 建筑施工脚手架安全技术统一标准: GB 51210—2016[S]. 北京: 中国建筑工业出版社, 2016.

[10] 中国建筑科学研究院. 建筑施工扣件式钢管脚手架安全技术规范: JGJ 130—2011[S]. 北京: 中国建筑工业出版社, 2011.

保山市隆阳区某危岩体稳定性分析与防治对策

梁　伟[1]　徐世光[2,3]

（1. 黄冈职业技术学院建筑学院，黄冈　438002；

2. 昆明理工大学公共安全与应急管理学院，昆明　650093；

3. 云南地矿工程勘察集团有限公司，昆明　650011）

【摘　要】　高陡边坡危岩体具有位置险峻、隐蔽性强等特点，危岩体易崩落，安全隐患大。本文以保山市隆阳区的 2 处危岩体为研究对象，该危岩体具备发生崩塌、滑塌等地质灾害的条件。在研究危岩体所处工程地质条件和周边复杂环境条件的基础上，分析了该危岩体的形成机制和形态特征，采用赤平极射投影法对该区几处主要危岩单体的稳定状况进行了定性与定量分析评价，并对危岩体进行了稳定性检算，预测了其发展趋势，同时对于危岩体的整治，提出了极具可行性的解决方案。

【关键词】　危岩体；稳定性分析；评估

Stability Analysis and Prevention of Potential Unstable Rock Mass in Baoshan Longyang District

Liang Wei[1]　Xu Shiguang[2,3]

（1. School of Architecture，Huanggang Vocational and Technical College，Huanggang　438002；

2. School of Public Safety and Emergency Management，

Kunming University of Science and Technology，Kunming　650093；

3. Yunnan Geological and Mineral Engineering Survey Group，Kunming　650011）

【Abstract】　The potential unstable rock mass of high and steep slope has the characteristics of precipitous location and strong concealment. The potential unstable rock mass is easy to collapse and has great potential safety hazards. This paper takes two potential unstable rock mass in Longyang District of Baoshan City as the research object, which have the conditions for geological disasters such as collapse and collapse. The engineering geological conditions and surrounding complex environmental conditions of the potential unstable rock mass are fully investigated. By analyzing the formation mechanism and stability of the potential unstable rock mass, the stability calculation is carried out by the stereographic projection method, and the stability calculation is carried out for the potential unstable rock mass. The development trend is predicted, and the feasible suggestions are put forward for the treatment scheme of and potential unstable rock mass.

【Keywords】 Potential Unstable Rock Mass；Stability Analysis；Evaluation

1 引言

危岩体是指陡峭边坡上被多组结构面切割，在重力、风化应力、地震作用和渗透压力等外力作用下可能与母岩分离而坠落失稳的岩石块体。危岩的形成、失稳与运动属于边坡地貌动力过程演化的一种重要形式，其破坏失稳具有突发性、致灾性及毁灭性的特点。

近年来，保山市隆阳区附近村庄危险岩石的坍塌事故时有发生。这种情况表明，从母岩中脱离的岩层在其陡峭的岩层中已经不稳定，有可能在某一时刻出现大范围的坍塌，对周边居民的生命财产安全构成了极大的威胁。

危岩体在地震、极端气候等多重诱发因素影响下，崩塌落石是最为常见的灾害类型之一，特别是山区地方，对周边村民安全造成严重威胁，由于工程地质环境的特殊性，工程地质灾害危险性较大，不仅直接造成了巨大的人员和经济损失，同时还诱发了大量的崩塌、滑坡等次生山地灾害，地震触发形成的大量危岩体成为巨大潜在的隐患。以保山市隆阳区某潜在危岩体为例，充分调研危岩体工程地质条件和周边复杂环境条件，分析总结了高边坡危岩体的整治方案及施工技术，确保周边村民的生命安全。

2 危岩体特征及成因分析

2.1 危岩体基本特征

两处危岩体分别为危岩体 W1 和 W2，相距约 10m，总方量约 230m³。岩石结构断裂，由节理和分层构造所构成，在节理的根劈力下，产生了一条宽 3～5cm 的大缝。危岩单体呈不规则块状，岩性为三叠系中统河湾街组（T₂h）白云岩，块状构造，坚硬，溶蚀现象弱发育。两处危岩体均立于斜坡的边缘，斜坡坡度较陡，平均坡度约 36°，坡向 280°。W1 近似椭圆形，上宽，下窄，中间截面为椭圆，周长约 16m，底长约 12m，高约 4.5m，体积约 90m³；W2 近似不规则长方体，长约 8m，高约 3.6m，周长 38m，宽 8m，体积约 140m³，一旦危岩体崩落，将严重威胁其下部上杆塘小组村民的生命财产安全。危岩体威胁人员：12 户 42 人，目前大部分村民已经搬离，但仍有部分村民居住。

2.2 危岩体成因分析

危岩体的形成是多方面因素综合影响的结果，既有内在原因也有外在因素作用。保山市隆阳区潜在不稳定危岩体形成的内在因素包括地形地貌、地层岩性和岩体结构等；外因归纳起来主要是降雨的作用、人类活动。

2.2.1 内因

（1）地形地貌是影响危岩体发育的决定因素之一，适宜的坡度和较大的高差是产生危岩体甚至崩塌的基本地形条件。研究区山高坡陡，基岩出露部分坡度高达 60°。从地形地貌特征来看，该区经过复杂而强烈的构造运动，最终形成了高差较大的峡谷地貌。

（2）地层岩性和岩体结构是形成危岩的重要内在因素之一，当岸坡结构是上硬下软的层状斜坡时，地震地质灾害易于发生，该区属于三叠系中统河湾街组（T_2h）白云岩，坡体中上部局部发育缓慢，倾坡外的结构面、坡体表层卸荷并产生一定深度的卸荷裂隙，降低了斜坡中上部岩体的稳定性。

2.2.2 外因

（1）降雨是危岩体崩塌的主要诱发因素之一，研究区雨量充沛，降雨过程长，多暴雨。可以使雨水大量渗入岩体，部分雨水沿节理、裂隙入渗到岩体内部带，动水压力增加进一步加速坡体蠕动变形的发展。随着雨水的冲刷、岩体的风化、裂隙贯通和张开程度的增加，在强降雨引发下，危岩体产生崩塌的可能性较大。

（2）人类活动也对该危岩体有一定的影响。在山顶开垦并垒筑耕地平台，改变原有地貌特征，增加了前部的重量。此外，平台的开垦也影响了原来地表水的汇聚特征，平台更易积水并加剧其沿某些裂缝向岩体深部入渗，进而使该区稳定性变差。

3 危险岩石的稳定分析及评估

3.1 危岩体稳定性分析计算方法

危岩体的稳定是由节理断裂所决定的，它的结构特点导致其可以发生平面滑动、楔形滑动和倾覆坍塌。

依据《建筑边坡工程技术规范》GB 50330—

2013 第 5 章，首先应用赤平极射线对危岩体进行了稳定性分析，对于不稳定的建筑物，则用平面滑动方法进行了稳定性分析；通过楔形滑动方法，对不同构造面结合而成的楔形块体进行了稳定分析，并进行了倾倒崩落稳定分析。在进行稳定分析时，必须同时兼顾连续的降水和地震作用。

3.2 赤平极射投影法进行稳定性分析

危岩体 W1、W2 节理裂隙延伸较长、裂隙发育较宽，岩层产状 200°∠20°，主要发育两组节理：①节理面产状 70°∠38°，节理面平直光滑，密度 2 条/m，延伸长度大于 5m；②节理面产状 120°∠80°，节理面平直光滑，密度 3～4 条/m，岩体多呈碎裂结构。危岩体赤平投影如图 1 和表 1 所示。从赤平投影图（图 1）中可以看出，岩层面与 2 组节理共同切割坡体，形成 3 种不同的块体，其中 J1 与坡面倾向相一致，且倾角与坡角相当，不利于斜坡稳定，现状下稳定性差。

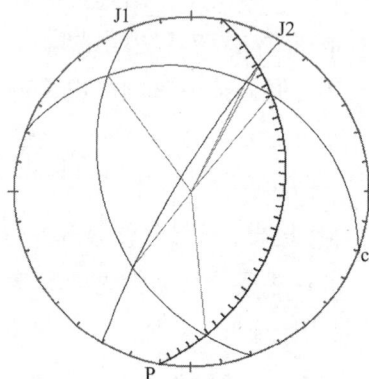

图 1 危岩体赤平投影

危岩体赤平投影分析表   表 1

编号	结构面名称	倾向	倾角	组合交棱线	倾向	倾角
P	坡面	280°	35°	P-c	219°	19°
c	层面	200°	20°	P-J1	334°	23°
J1	节理 1	70°	38°	P-J2	208°	12°
J2	节理 2	120°	80°	c-J1	165°	17°
				c-J2	206°	20°
				J1-J2	190°	62°

3.3　危岩体稳定性检算

3.3.1　计算模型的确定

工作区所分布的 2 处危岩体中，均为滑塌式破坏。计算模型参见图 2。

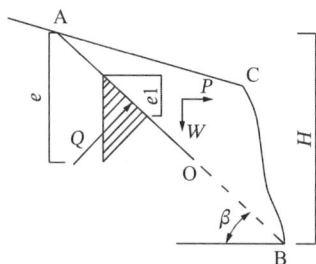

图 2　滑塌式危岩体计算模型

3.3.2　计算参数的确定

工作区岩体以三叠系中统河湾街组（T_2h）白云岩为主，计算参数的选择考虑到各节理裂隙的贯通程度、充填以及裂隙间结合情况，各参数已进行了折减。

天然状态下岩体重度取 27.3kN/m³，岩体内摩擦角 φ_0 取 35°，岩体黏聚力 C_0 取 180kPa，危岩体结构面黏聚力 C_1 取 60kPa，内摩擦角 φ_1 取 28°；饱和状态下岩体重度取 27.4kN/m³，岩体内摩擦角 φ_0 取 33°，岩体黏聚力 C_0 取 160kPa，危岩体结构面黏聚力 C_1 取 40kPa，内摩擦角 φ_1 取 26°；地震水平系数取 0.1；裂隙水重度 γ_w 取 10。

3.3.3　危岩体稳定性检算

滑塌式：

工况 1 计算公式：

$$K = \frac{W\cos\beta \cdot \tan\varphi + c\dfrac{H}{\sin\beta}}{W\sin\beta} \quad (1)$$

工况 2 计算公式：

$$K = \frac{(W\cos\beta - Q) \cdot \tan\varphi + c\dfrac{H}{\sin\beta}}{W\sin\beta} \quad (2)$$

工况 3 计算公式：

$$K = \frac{(W\cos\beta - P\sin\beta) \cdot \tan\varphi + c\dfrac{H}{\sin\beta}}{W\sin\beta + p\cos\beta} \quad (3)$$

$$Q = \frac{1}{2}\gamma_w\left(\frac{2}{3}e\right)^2 = \frac{1}{9}\gamma_w e^2 \text{（暴雨状态下）} \quad (4)$$

$$P = \xi W \quad (5)$$

$$C = \frac{(H-e)C_0 + eC_1}{H} \quad (6)$$

$$\varphi = \frac{(H-e)\varphi_0 + e\varphi_1}{H} \quad (7)$$

式中：W——单位长度危岩体自重（kN）；P——单位长度危岩体承受的水平地震作用（kN）；β——破裂面倾角（°）；H——危岩体高度（m）；C、φ——分别为破裂面的等效黏聚力（kPa）和内摩擦角（°）；C_0、φ_0——分别为危岩体的黏聚力（kPa）和内摩擦角（°）；C_1、φ_1——分别为危岩体结构面的黏聚力（kPa）和内摩擦角（°）；e——裂隙深度（m）；Q——裂隙水压力（kN），暴雨期间取 2/3 裂隙深度；ξ——水平地震系数；γ_w——裂隙水重度。

3.3.4　计算结果

各危岩体稳定性计算见表 2。

危岩体 W1、W2 稳定性计算结果　表 2

失稳模式	滑塌式					
危岩体	W1			W2		
工况	工况1	工况2	工况3	工况1	工况2	工况3
危岩体高度（m）	4.5	4.5	4.5	3.6	3.6	3.6
危岩体长度（m）	12	12	12	8	8	8
危岩体周长（m）	16	16	16	38	38	38
裂隙深度（m）	10	10	10	8	8	8
体积（m³）	90	90	90	140	140	140
重度（kN/m³）	27.3	27.3	27.3	27.3	27.3	27.3
破裂面倾角（°）	65	65	65	65	65	65
岩体黏聚力（kPa）	180	160	180	180	160	180
岩体内摩擦角（°）	35	33	35	35	33	35
结构面黏聚力（kPa）	60	40	60	60	40	60
结构面内摩擦角（°）	28	26	28	28	26	28

续表

失稳模式	滑塌式					
危岩体	W1			W2		
工况	工况1	工况2	工况3	工况1	工况2	工况3
等效黏聚力（kPa）	92	72	92	92	72	92
等效内摩擦角（°）	29.8	27.8	29.8	29.8	27.8	29.8
总静水压力（kN）		537.78			537.78	
地震作用（kN）			300.3			300.3
稳定性系数	1.39	1.01	1.07	1.3	1.08	1.06
稳定性评价	稳定	欠稳定	欠稳定	稳定	欠稳定	欠稳定

3.3.5　稳定性检算结果综合评价

工作区危岩陡壁为三叠系中统河湾街组（T_2h）地层，岩性主要为白云岩，由于岩体差异风化影响，多在陡壁上形成凹岩腔，在节理裂隙控制作用下，陡壁多有危岩体形成，工程地质性质较差。结合现场节理裂隙统计并对各危岩体作定性分析判断，2 处危岩体现在均处于欠稳定状态，但多有解体岩块掉落，除危岩体集中分布地带外，陡壁其他地带亦有掉石现象。根据各岩体失稳形式及在自重、暴雨、地震组合工况下对各危岩体进行整体稳定性计算可知，W1、W2 在地震工况下和暴雨工况下为欠稳定，在地震工况下为基本稳定状态。判定结构与现场根据节理裂隙发育情况分析判断一致。

各危岩体整体沿最不利结构面进行稳定性计算结果为稳定状态，由于受节理组合切割，各危岩体多为块体状，较为破碎，危岩体下部多有块石沿临空面崩落，从陡壁脚堆积岩块以及危岩体下部新鲜崩落痕迹可判断，解体块石块径最大 2.0m 左右，一般为 0.3～0.8m。陡壁危岩体分布地带以外地区，亦有小块石崩落迹象，崩落块石块径一般为 0.2～0.5m。

综合分析工作区陡壁分布的各危岩体，天然状态下危岩体整体均为稳定状态，在暴雨、

地震等外力作用下，有整体崩落的可能；在节理切割加剧、岩体风化等作用下，危岩体多有解体，时常有块石崩落迹象。鉴于陡壁下侧为勐古村，集中分布有村民，威胁对象较多，对危岩体进行地质灾害防治工作十分必要。

3.4　危岩体主要动力学参数计算

3.4.1　运动形式

根据岩块从陡崖上崩落到坡下的运动形式的差异，把落石分为 5 个类型，即直立式、跳跃式、直落跳跃式、滑落式、滚落式。勘察区为陡壁状，危岩体多分布于陡壁上部。因此，根据各危岩体的分布位置、坡脚地形以及运动轨迹、沿线地形坡度等判断，危岩体 W1、W2 为滑落式。

3.4.2　运动计算

1. 落石速度计算公式

岩块从陡崖上坠落至坡脚时的速度为：

$$V = \varepsilon\sqrt{H} \tag{8}$$

$$\varepsilon = \mu\sqrt{2g} \tag{9}$$

$$\mu = \sqrt{1 - k \cdot \cot\alpha} \tag{10}$$

式中：α——陡坡坡角；k——石块沿山坡运动所受阻力特性系数，2 号危岩体计算时取 0.6，6 号危岩体取 0.7，3 号危岩体取 1.5；H——石块坠落高度；g——重力加速度。

2. 落石撞击斜面后的运动最大水平偏离距离

落石运动最常见的形式是滚动和跳跃，落石撞击斜面后将产生偏离，其最大水平偏离距离为：

$$l_{\max} = \frac{V_0^2(\tan\alpha - \cot\beta)^2}{2g\tan\alpha(1 + \cot^2\beta)} \tag{11}$$

$$\beta = \frac{200 + 2\alpha\left(1 - \frac{\alpha}{45}\right)}{\sqrt{V_0}} \tag{12}$$

$$V_0 = (1 - \lambda)V \cdot \frac{\cos\varphi}{\cos\gamma} \tag{13}$$

$$\tan \gamma = \frac{\rho}{1-\lambda} \cdot \tan \varphi \qquad (14)$$

式中：V_0——石块落至O点时的反射速度；V——石块落至O点时的速度；β——石块反射速度V_0的方向与纵坐标的夹角（°）；α——陡坡坡角（°）；γ——反射角（°）；φ——入射角，通常采用山坡坡度角α；ρ——恢复系数，此处取0.7；λ——瞬间摩擦系数，此处取0.1。

根据可研推荐方案，W1、W2危岩体采用清除危岩方案。通过上述公式计算，结果见表3。

危岩体破坏后运动计算结果　　　　　　　　表3

编号	危岩体高度（m）	平均坡度（°）	落地时速度（m/s）	最大水平偏移（m）	弹跳最远距离（m）	弹跳最大高度（m）	冲击能（kJ）	冲击力（kN）
W1	4.5	36	15	1.4	7	2.0	80.87	10.89
W2	3.6	36	10	1.0	5	1.8	67.56	9.34

4　危岩体的发展趋势及危害

保山市隆阳区危岩体所在斜坡地形较陡，岩性为白云岩，受降雨的影响较大，雨水进入岩石裂隙内部，不断地加剧裂隙的发育，部分雨水渗入地下，使支撑危岩体下方的岩土体软化，随着裂隙发育的不断加深，风化继续深入，岩土体不断软化，在现状条件下稳定性较差的危岩体W1、W2将更加危险。一旦危岩体崩落，将携带巨大的动能，对下部村民的生命财产造成威胁（图3）。

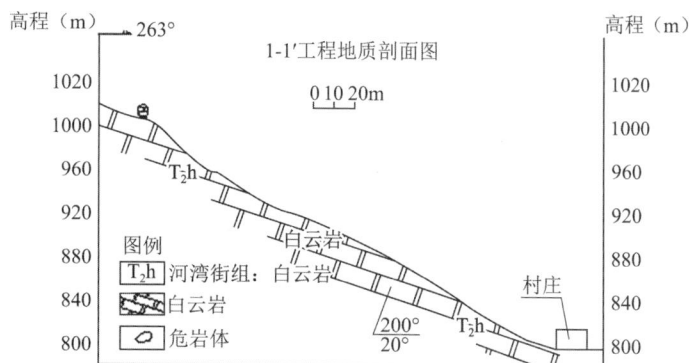

图3　危岩体工程地质剖面图

5　防治工程方案

本次危岩体采用清除＋主动防护的方法进行。

该危岩体目前采用主动防护网，防止危岩体脱落后对下方居民产生威胁，后期采用清除方式。

采用手持式风钻的方式对危岩体进行清除作业，将危岩体破碎成10～30cm的碎石，在危岩体旁边设置3个堆场，堆放约230m³的碎石。危岩体至堆场的距离80～130m，考虑综合运距100m，每方石渣的运输单价按200元计算，且石渣在堆场内堆放的费用包含在运输费用内。

手持式风钻便于操作，堆场位置也较理想。1号堆场位于危岩体W1的右侧，长8m，宽5m，按高1m、退台1m后堆放第2层1m的方式，可堆放72m³；2号堆场位于危岩体W1的右上方，长约7m，宽约6m，按高1m、退台1m后堆放第2层1m的堆放方式，可堆放77m³；3号堆场位于危岩体的最右方，长10m，宽7m，按高1m、退台1m后堆放第2层（高1m）的堆放方式，可堆放130m³。3个堆场可堆放约270m³，满足堆放要求。

6 结语

该危岩体岩性为三叠系中统白云岩，岩体中构造裂隙发育，现状不稳定，方量较大，所处地形较陡，严重威胁下方居民的生命财产安全。

（1）危岩体稳定性的定性分析和定量分析结果表明，隆阳区危岩体在天然状态下处于极限平衡状态，在暴雨和地震影响下，有可能发生失稳破坏，可能演化为崩塌危害，需对危岩体进行治理。

（2）保山市隆阳区潜在不稳定危岩体结构和物理力学性质复杂，为保证危岩体的稳定性，提出了采用人工清除和主动防护等方法的综合治理方案。

参考文献

［1］宁国英. 灵空山某处危岩体稳定性分析与评价[J]. 山西建筑, 2013, 39(18): 70-71.

［2］李凌峰. 地质灾害治理工程在城市内的实施实践[J]. 建筑安全, 2019, 34(3): 9-13.

［3］宋国壮, 张玉芳. 拉林铁路隧道洞口高位高陡危岩体发育类型及风险评估[J]. 铁道建筑, 2021, 61(1): 88-92.

［4］李万遂. 激光扫描在阿尔塔什右岸高边坡稳定性分析中的应用[J]. 水利与建筑工程学报, 2011, 9(2): 66-72.

［5］刘玉洁. 龙沟湾崩塌危岩体稳定性验算与综合评价[J]. 公路交通科技（应用技术版）, 2011(8): 130-134.

［6］王剑, 白文胜. 老鹰岩危岩体地质灾害分析及治理[J]. 勘察科学技术, 2021(5): 30-34.

［7］王凯, 王龙. 住宅小区后山崩塌成因机制及稳定性评价[J]. 长春工程学院学报（自然科学版）, 2012, 13(2): 84-86.

［8］刘冲平, 钟华, 柳景华, 等. 金沙江上游某特大型危岩体失稳模式分区与稳定性评价[J]. 资源环境与工程, 2022, 36(1): 65-69.

动态协同视角下的政府投资项目竣工结算管理优化研究

宋　毅[1]　乔晓冉[2]

（1. 中国民航大学，天津　300300；2. 浙江江南工程管理股份有限公司，杭州　310000）

【摘　要】　新时代背景下，政府投资项目竣工结算管理面临制度性缺陷、技术性短板与协调性不足等突出问题。本文聚焦建设单位管理结算痛点，基于动态协同理论，提出"制度—合同—模式—全员—跟踪"五位一体优化框架。研究发现，通过制定标准结算制度、精细合同条款、跨部门协作等策略，可有效破解结算争议频发、效率低下等问题，为建设单位实现结算管理高效化、精准化、透明化提供系统性解决方案，助力建筑行业数字化转型与可持续发展。

【关键词】　政府投资项目；建设单位；竣工结算；动态协同；管理优化；可持续发展

Optimization Research on Completion Settlement Management of Government Investment Projects from a Dynamic Collaborative Perspective

Song Yi[1]　Qiao Xiaoran[2]

（1. Civil Aviation University of China，Tianjin　300300；

2. Zhejiang Jiangnan Engineering Management Co. ，Ltd. ，Hangzhou　310000）

【Abstract】　In the context of the new era, the completion settlement management of government investment projects faces prominent issues such as institutional deficiencies, technical shortcomings, and insufficient coordination. Focusing on the pain points in settlement management for construction units, this study proposes a five-in-one optimization framework—"institutional, contractual, mode, all members and tracking"—based on policy-driven and dynamic collaborative theories. The research finds that strategies including establishing standardized settlement systems, refining contractual clauses, and enhancing cross-departmental collaboration can effectively resolve frequent settlement disputes and inefficiencies. This study provides a systematic solution for construction units to achieve efficient, precise, and transparent settlement management, thereby supporting the digital transformation and sustainable development of the construction industry.

【Keywords】Government Investment Projects；Construction Units；Completion Settlement；Dynamic Collaboration；Management Optimization；Sustainable Development

1 引言

1.1 研究背景

新时代，我国经济由高速增长转向高质量发展阶段，工程建设领域也面临着转型升级的迫切需求。竣工结算作为政府投资项目管理的重要环节，直接影响工程投资效益与建设单位的可持续发展。其管理水平不仅影响项目的整体效益，还关乎建设单位的资金流转、成本控制以及未来发展规划。然而，当前政府投资项目竣工结算管理存在诸多问题，严重影响了项目的顺利推进和资源的有效利用。

从政策环境来看，国家对工程建设领域的监管日益严格，出台了一系列政策法规，对竣工结算的时效性、准确性、合规性等提出了更高要求。但在实际执行过程中，建设单位普遍面临结算周期超期、成本控制失当、信息协同不畅等突出问题，直接影响项目投资效益的实现。

1.2 政策法规的刚性约束

新时代，国家为推动工程建设领域的健康发展，颁布了一系列政策法规，如《政府投资条例》《行政事业性国有资产管理条例》《保障中小企业款项支付条例》《工程造价改革工作方案》《"十四五"建筑业发展规划》《关于完善建设工程价款结算有关办法的通知》，以及《建设工程工程量清单计价标准》GB/T 50500—

2024 等。这些文件对竣工结算管理提出了严格且细致的标准和要求。

一方面，明确强调了竣工结算的效率和准确性。高效的结算工作能够加快资金回笼，提高资金使用效率；准确的结算结果则是保障各方权益的基础。另一方面，着重要求结算过程必须严格控制在概算范围内，这对建设单位的预算管理和成本控制能力提出了更高要求。同时，政策法规还突出了结算过程的合规性和透明度，以确保工程项目财务健康和可持续发展。合规性要求结算流程严格遵循相关法律法规，杜绝违规操作；透明度则保障了各方对结算过程和结果的知情权，增强了市场信任。

1.3 技术赋能的创新管理

新时代，高质量发展理念贯穿于政府投资项目投资控制的各个环节。从项目前期的规划设计到施工过程中的成本控制，再到最终的竣工结算，都需要以高质量发展为指引。在结算管理中，这意味着要运用先进的管理理念和技术手段，提高结算工作的质量和效率。

例如，通过信息化管理系统实现结算数据的实时共享和动态更新，提高数据的准确性和及时性，大数据技术在此过程中发挥着关键作用；引入全过程造价管理理念，从项目立项开始就对造价进行全程监控，利用 BIM 5D 技术，构建可视化的项目管理平台，从根本上控制项目成本，确保结算结果的真实性和可靠性。同时，注重人才培养和团队建设，提高结算管理人员的专业素养和综合能力，借助人工智能技术，提高结算工作效率与准确率，以满足新时代对竣工结算管理的需求。

1.4 协调治理的深化路径

财政资金使用需满足透明化与审计要求。在结算阶段，根据决算和资产管理的办法与要求，对结算数据进行细致分类，为决算和资产管理工作顺利开展奠定坚实基础。为了更好地实现结算工作与决算、资产管理工作的融合连接，在结算过程中，应建立与决算和资产管理部门的实时沟通机制。结算人员及时向决算人员反馈结算进展与关键数据，便于决算人员提前了解项目成本情况，为决算编制做好准备。同时，与资产管理部门共享结算中的资产信息，使资产管理部门能够同步掌握资产动态。

通过结算—决算—资产管理全生命周期管理的核心闭环，不仅能提升项目管理效率，更能强化财政资金使用的规范性、透明度和资产价值的可持续性，为项目的长效运营提供坚实保障。

尽管已有研究从不同角度对政府投资项目竣工结算管理进行了探讨，但针对当前复杂环境下建设单位面临的实际痛点，还缺乏系统性的解决方案。因此，深入研究政府投资项目竣工结算管理的优化策略具有重要的现实意义。本文结合新时代政策导向与高质量发展理念，系统分析政府投资项目竣工结算管理的痛点，提出针对性优化路径，为建筑业提质增效提供理论支撑与实践参考。

2 建设单位竣工结算管理现状与问题

2.1 制度性缺陷

2.1.1 制度缺失与执行脱节

建设单位管理层对结算制度的战略价值认识不足，将结算视为项目收尾的简单环节。在制度制定过程中，未充分征求一线人员意见，导致制度操作性脱离实际。结算管理制度常以红头文件形式下发，缺乏配套实施的细则或操作指南，使执行层难以理解和运用。此外，对于新型承包模式（如 EPC 总承包），仍沿用传统施工总承包的结算条款，未作出专门规定，容易引发结算争议。

2.1.2 监督与奖惩机制虚化

建设单位担心严格处罚影响与施工单位的合作关系，对战略合作单位尤为宽容。对内，结算质量未与绩效考核直接挂钩，考核指标虚化，仅要求按时完成结算，未设定资料合格率、争议率等量化标准，且内部追责机制缺失。对外，对施工单位重复提交错误资料的行为仅作出口头警告，缺乏实质性约束和合同违约规定。

2.2 技术性短板

2.2.1 全周期资料管理粗放

建设单位和施工单位在结算资料管理方面普遍存在意识淡薄的问题，缺乏全周期资料管控的理念，认为结算资料可在竣工后集中整理补齐，对 BIM、物联网等新技术应用不足，仍依赖纸质文档传递信息。实践中表现为表格版本混乱，施工单位的工程量计算表与建设单位模板计量口径不一致；关键证据缺失，如土方工程未留存原始标高测量记录；电子文档管理失控，同一份变更单存在多个修订版本，且电子版与蓝图不一致。

2.2.2 人为干扰突出

建设单位结算管理中，存在领导干预的情况，要求对特定分包单位的争议事项特事特办，突破制度底线。审核人员能力参差不齐，缺乏交叉复核机制，过度依赖个人判断。关键岗位长期未轮岗，廉洁风险突出，施工单位通过不正当利益输送影响审核进度和力度，给建设单位造成经济损失和不良社会影响。

2.3 协调性不足

2.3.1 流程职责模糊

施工单位提交结算资料时面临多口管理，需同时向监理、造价咨询、建设单位多头报送，且各方要求不一。建设单位对第三方咨询单位的管理边界模糊，默认其承担全流程审核，导致审核环节出现真空地带，如设计变更的造价影响评估，设计单位与造价单位均推诿责任。同时，紧急变更的结算流程缺失，后期补签手续易引发争议。

2.3.2 跨部门协作低效

建设单位、施工单位及造价咨询机构在项目管理过程中，各自采用独立的信息系统。这些系统的数据格式与接口不兼容，导致结算资料需要重复录入，版本管理混乱不堪。此外，缺乏一个常态化的沟通平台，使问题反馈主要依赖于临时会议或口头传达，沟通效率低下。部门或单位间的责任边界模糊，推诿责任的现象频发，进一步加剧了管理难题。更为严重的是，项目缺乏一个统一的协同平台，多数工作流程仍依赖于传统的纸质会签，跨部门协作效率低下，严重影响了项目的整体进度和管理效果。

3 基于动态协同的竣工结算管理优化建议

3.1 制度创新：标准化与动态化并重

完善的结算管理制度是确保结算工作有序开展的基础。建设单位应在结算工作开展之初，制定科学、细致的结算管理制度。该制度除包含传统施工总承包模式外，针对EPC等新型模式建立专项结算条款，明确风险分担机制，实现"一类项目一类规格"；还需明确各类结算资料的提交流程，包括资料提交要求以及接收审核部门等，确保资料流转顺畅。同时，规范资料的填写要求，统一设计报送资料的表格格式，并对各类表格的填写规范、审核标准作出详细说明，使资料填写和审核有章可循，具有可操作性。建立"资料质量—争议控制—效率提升"三维考核体系，将考核指标与绩效考核挂钩，明确奖惩措施、绩效奖金关联等，结算管理纳入全员绩效考核。通过完善的管理制度有助于规范各方行为，减少人为因素导致的结算错误和延误，提高结算工作的效率与质量，如图1所示。

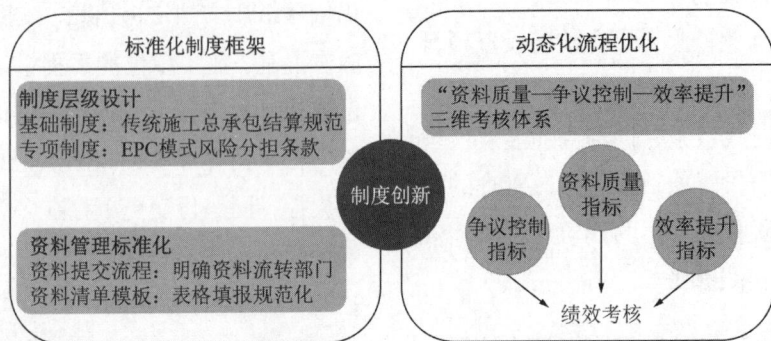

图1 制度创新：标准化与动态化并重

3.2 合同治理：精细化条款设计

合同管理是竣工结算的核心基础。在招标策划阶段，建设单位应组织监理、设计、造价、审计等多领域专业人员，全面分析项目风险，充分吸纳各方意见，精心打磨合同条款。特别是涉及价款调整、变更索赔等关键内容，要明确约定风险范围、调整方法和程序，并将完善的合同模板纳入招标文件同步发布，既能缩短合同签订周期，又能确保合同条款与招标文件的一致性，有效避免潜在的合同纠纷。同时，结合项目情况，对结算争议问题提前预判，并将争议解决条款提前明确，以减少合同纠纷，为后续结算工作奠定坚实基础，如图2所示。

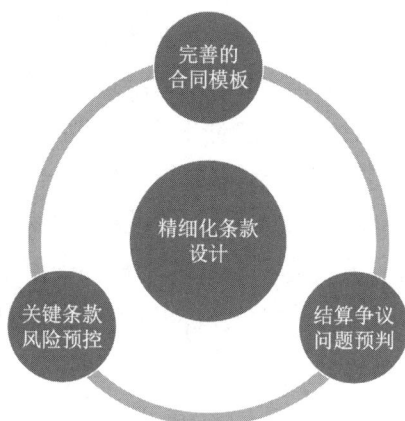

图2　合同治理：精细化条款设计

3.3　模式适配：动态结算策略选择

不同类型的建筑工程具有各自特点，需要根据实际情况选择合适的结算模式。当前，竣工图结算模式和"施工图＋变洽签"结算模式在建筑工程中应用较为广泛。

竣工图结算模式的优点在于能够直观呈现工程的最终状态，为结算提供清晰、明确的依据，有助于结算人员准确计算实际工程量；在竣工图准确规范的前提下，无须追溯施工过程中的细节变化，可以直接依据竣工图进行工程量计算和费用核算，显著提升了结算效率并缩短了结算周期；双方主要依据竣工图内容进行结算审核，关注点集中，对于竣工图中明确的工程内容，双方更容易达成一致意见，从而减少了结算争议；通过

竣工图可以全面掌握工程规模和内容，从宏观上有效控制工程总造价，避免因局部失误导致的造价偏差。然而，缺点是该模式高度依赖竣工图准确性，若竣工图存在错误或疏漏，例如隐蔽工程记录不完整或变更标注失误，将导致工程量计算出现偏差，进而影响结算结果；对施工过程中成本的动态监控不足，难以及时发现投资超支问题并采取相应措施；对于施工过程中出现的大量变更，竣工图可能无法全面且详细地反映其对工程造价的影响，这容易导致变更费用计算的不准确或遗漏；竣工图对施工过程中质量问题及处理情况的记录有限，当质量问题发生时，不利于准确追溯责任方和确定费用承担方式。

"施工图＋变洽签"结算模式的优点是能够精确反映施工过程变化，通过详尽记录施工过程中的变更、洽商及签证事宜，全面揭示了工程从规划到实际竣工的动态演变过程，确保了结算工作能够精确地反映实际的工程投资；施工过程中每一项变更、洽商及签证均与投资变动紧密相连，便于及时发现并控制投资超支问题，从而实现有效的成本管理；在发生质量问题或纠纷时，详尽的施工过程记录能够准确追溯责任，明确各方应承担的责任，以保障各方的合法权益。然而，缺点是该模式存在结算流程烦琐复杂的问题，需要收集、整理和审核大量的施工图、变更、洽商及签证等资料，结算过程烦琐，耗时较长，从而影响结算效率；资料管理难度大，众多的资料需要妥善管理和保存，否则容易出现资料遗失、损坏或混乱等问题，进而影响结算工作的顺利开展；变更、洽商及签证等资料可能存在表述模糊、签字盖章不完整、审批流程不规范等问题，容易在结算阶段引发双方争议，增加结算难度和投资，还可能

导致结算工作延误，如图 3 所示。

图 3　模式适配：动态结算策略选择

在新时代财政资金监管越加严格的背景下，确保结算过程的合规性与可审计性尤为重要。"施工图 + 变洽签"结算模式能够精准反映施工过程变化、有效实现过程成本控制以及便于责任追溯，更符合新时代对结算工作的高质量要求，因此推荐采用该模式。

3.4　全员参与：意识提升与协同机制优化

竣工结算管理并非单一部门的工作，需要建设单位全体人员的共同参与和配合。建设单位应通过培训、宣传等方式，提升全员对竣工结算管理重要性的认识。培训内容可以包括结算管理制度、合同条款解读、结算流程、BIM 技术及相关法律法规等方面的知识，使其了解自己在结算工作中的职责和作用。

成立跨部门结算工作组，建立标段工程责任人制度，每个标段指定专人负责，确保责任落实到人。以定期召开专题会的形式建立有效的沟通机制，及时解决结算过程中出现的问题。强化各部门之间的沟通协作，打破部门壁垒，形成全员参与、协同管理的良好氛围。各部门间配合高效，才能确保结算管理工作的顺利推进，如图 4 所示。

图 4　全员参与：意识提升与协同机制优化

3.5　动态跟踪：全流程风险预控

通过信息化平台实时监控结算进度。当发现本单位、部门任务的开始工作时间可能受到影响时，通过结算专题会或向主管领导反馈等形式进行通报，督促前序工作及时完成，以确保下一项工作能够按时开展。结算管理部门作为结算工作的统筹协调部门，在整个结算流程里扮演着极为关键的角色，负责对整体结算进展进行及时跟踪，对各环节过程中出现的问题，及时与负责部门进行沟通，积极推动结算工作的进展，如图 5 所示。

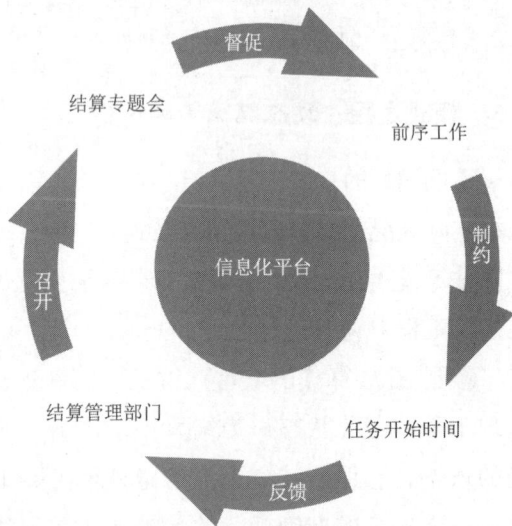

图 5　结算过程动态跟踪流程

对争议问题采用分级调解机制。结算过程中出现的争议问题，结算管理部门积极组织各方进行协商解决，当施工单位对结算审核结果存在异议时，结算管理部门组织审核单位、施工单位等相关方召开协调会议，听取各方意见，依据合同和相关法规进行调解。若争议无法通过协商解决，及时向上级领导汇报，以寻求其他解决问题的思路，如图6所示。

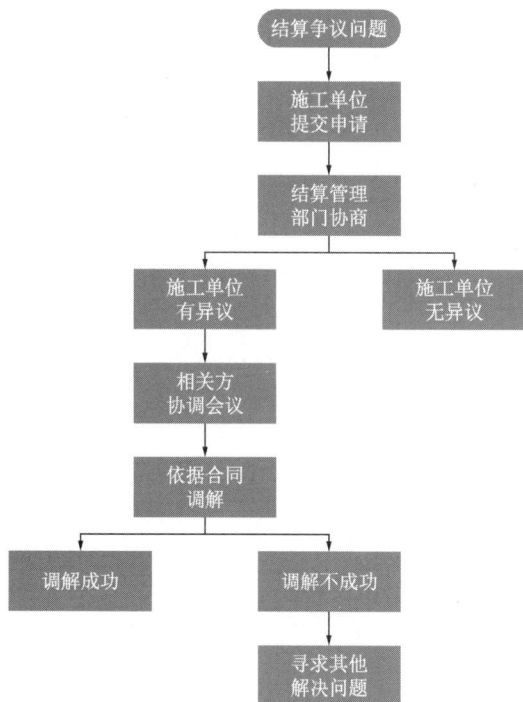

图6　争议问题分级调解机制

4　总结与展望

在新时代发展背景下，建设单位竣工结算管理工作面临着新的挑战与机遇。通过深入理解政策要求，把握管理要点，积极开展实践探索，建设单位需着眼于高效化、精准化、透明化、智能化四方面，不断优化竣工结算管理工作，提高工程投资效益，促进自身可持续发展。

未来，竣工结算管理将从传统的"事后对账"模式，逐步转向"全过程动态结算 + 智能风控"的新模式，这将成为建筑业数字化转型的重要突破口。随着工程建设行业的不断发展，新技术、新理念将不断涌现，如全过程造价管理（全过程工程咨询模式）、区块链技术的应用、BIM + 结算的深度融合、AI 与大数据驱动的智能结算，以及绿色建筑与碳

核算影响结算等。建设单位应持续关注行业动态，积极引入先进的管理技术，创新管理方法，进一步提升竣工结算管理水平。同时，加强与各方的沟通协作，共同推动工程建设领域高质量发展，为经济社会发展作出更大贡献。

参考文献

[1] 史富文, 王敏, 王书鹏. 新形势下工程项目建设标准高质量发展研究[J]. 工程建设标准化, 2025(1): 67-72, 76.

[2] 雷智豪. 政府投资项目竣工结算争议诱发因素研究[J]. 建筑经济, 2024, 45(5): 100-104.

[3] 韩继龙. 高校基建修缮工程结算管理流程优化研究[J]. 建筑经济, 2025, 46(1): 47-51.

[4] 张颖楚. 高校基建项目结算难点及对策分析: 以某高校文体中心为例[J]. 建筑经济, 2023, 44(S1): 60-62.

[5] 孙凌志, 王克青, 贾壮普. 建设项目过程结算管理研究[J]. 建筑经济, 2022, 43(3): 53-58.

[6] 杨静, 王消伍. BIM 在工程造价管理中的应用[J]. 工业建筑, 2023, 53(S2): 783-784, 810.

[7] 邓芮. BIM 技术在建筑工程造价管理中的运用: 评《BIM 建筑工程造价》[J]. 中国油脂, 2023, 48(8): 157.

[8] 胡靖堂, 太艳斌, 太树刚. 工程项目成本管理及风险控制: 以昆明某教学楼为例[J]. 云南大学学报（自然科学版）, 2023, 45(S1): 398-406.

[9] 侯小霞. 建筑工程造价预结算与建筑施工成本管理[J]. 建筑结构, 2023, 53(9): 174.

[10] 宋阳. 工程全过程造价服务的主要任务和措施[J]. 建筑结构, 2023, 53(8): 159.

[11] 刘杨. 建筑工程造价的动态管理控制[J]. 建筑结构, 2023, 53(5): 155.

[12] 田志超, 陈文海. 新时代全过程工程造价咨询服务发展路径与策略研究[J]. 建筑经济, 2022, 43(9): 5-10.

[13] 纪传印. 信息技术在建筑工程结算审计中的应用[J]. 建筑科学, 2025, 41(1): 188.

［14］熊芸，李大伟. 首钢建设项目结算全过程精益管控体系的构建与实施[J]. 财务与会计，2023(19): 21-25.

［15］李雪，刘光凤. 财政投资评审视角下施工过程结算影响因素研究[J]. 建筑经济, 2023, 44(9): 37-44.

［16］李艳花. 高校基建工程竣工结算资料风险管控探析：基于内部审计视角[J]. 会计之友，2019(13): 32-34.

全过程管理视角下工程项目成本优化路径探索

刘青华

（南昌大学公共政策与管理学院，南昌　330038）

【摘　要】　本文聚焦于工程项目成本管理，对全过程管理在成本优化中的运用加以研讨。经由剖析成本管理的基础理念、全过程管理的实际操作以及影响成本优化的核心要素，同时联系实际案例，归结当下工程项目成本管理的重点问题并给出优化的途径。研究指出合理的成本管理能够提高工程效益，增强企业的竞争实力。

【关键词】　成本管理；全过程管理；成本优化；影响因素

Exploration of Project Cost Optimization Path from the Perspective of Whole Process Management

Liu Qinghua

（School of Public Policy and Management，Nanchang University，Nanchang　330038）

【Abstract】　This paper focuses on the exploration of project cost management and discusses the application of whole process management in cost optimization. By analyzing the basic concepts of cost management, the practical operation of whole process management, and the key factors affecting cost optimization, and combining with actual cases, the key issues in current project cost management are summarized, and optimization approaches are proposed. The research indicates that reasonable cost management can improve project efficiency and enhance the competitiveness of enterprises.

【Keywords】　Cost Management ；Whole Process Management ；Cost Optimization ；Influencing Factor

1　引言

工程项目成本管理属于项目管理的关键构成部分，与工程的经济效益以及可持续发展直接相关联。在往昔的管理模式当中，工程项目通常会遭遇成本把控不严格、资源耗费、预算超额等状况。全过程管理作为一类具有系统性、精细化特征的管理手段能够在项目的每个阶段展开动态监督与优化，实现成本的有效控制。本文立足于全过程管理的视角研讨工程项目成本优化的渠道，期望给行业带来可行的管理构想和实践参考。

2　工程项目成本管理的理论基础

2.1　成本管理的基本概念与内涵

在工程项目中，成本管理不仅仅是对资金支出的控制，更是保障项目成功的核心因素之一。成本管理的基本概念涵盖了对项目资源（如人力、物资、设备等）的精确规划、预算、监控和控制，以确保项目能够在既定的预算范围内完成，并且达到预期的质量与进度目标。成本管理的内涵是多层次的，不仅仅局限于直接的费用控制，如材料和人工成本的管理，还包括了隐性成本的有效识别与控制。例如，质量控制中的质量成本、因工期延误而产生的额外费用等。成功的成本管理要注重整个项目生命周期的成本控制，从设计阶段的预算估算，到施工阶段的费用监控，再到运维阶段的成本节约，形成闭环管理，确保每一环节都能最大化其资源效益，避免浪费。

2.2　全过程管理在工程项目中的应用

全过程管理（Total Project Management）是指在项目生命周期的每个阶段，全面、系统地管理各项资源，确保项目目标的实现。在工程项目中，全过程管理的应用贯穿于项目的决策、设计、施工、竣工验收以及后期运维等各个环节，保证各阶段工作协调一致，避免信息孤岛与资源浪费。在设计阶段，通过优化设计方案，合理配置资源，避免低效或过度地设计方案，从而减少不必要的成本支出；在施工阶

段，借助先进的技术和设备，合理安排工期，降低工程中不可控的风险因素，避免因质量问题、工期延误等带来的额外费用；在运维阶段，通过建立有效的设施管理机制，及时发现潜在问题，实施预防性维护，避免维修成本的激增。全过程管理不仅仅是对各阶段单独进行管理，更强调各环节之间的协同与资源的高效配置，使得项目的成本始终处于合理可控范围内。

2.3　工程项目成本优化的关键影响因素

工程项目的成本优化不仅仅依赖于单一的管理策略，而是受到多种因素的共同影响。首先，项目的规模与技术方案的选择对成本有着至关重要的影响。在项目初期，规模的规划与技术方案的设计直接决定了项目的总体投资额与后续的施工难度。其次，施工过程中组织管理、技术的运用以及人员素质对成本的影响不容忽视。高效的施工组织与科学的技术手段可以大大提高工作效率，减少人力和材料的浪费，从而降低成本。另外，市场环境因素，如原材料价格波动、人工成本上升等，也会对项目成本产生较大的影响。合理的采购与供应链管理能够有效减少材料和劳动力的支出，降低项目总成本。最后，风险管理机制的引入同样是成本优化的重要一环。通过提前识别并量化项目风险，制定应对策略，可以有效避免突发事件对项目成本造成的负面影响，确保项目在预算范围内顺利完成。因此，工程项目成本优化需要在多方面因素的综合作用下，灵活运用管理手段，进行动态调整，以实现项目成本效益的最大化。

3　工程项目成本管理的现状与问题分析

3.1　当前工程项目成本管理的模式与特点

目标成本管理模式，以预先设定的成本目

标作为引导,在项目推进的过程中,把总目标细化至各个部门与阶段,依此进行成本控制与考核,目标明确,增强成本管理的针对性与效率。作业成本管理模式,聚焦于项目作业流程解析各项作业,精确辨别成本动因来计算成本从而优化流程,剔除不增值作业以削减成本,其优点在于成本核算精确,能够深度发掘降本的潜力。责任成本管理模式,将成本管理责任落实到具体的责任中心,明晰各中心的控制职责与考核准则,借此激发各方的积极主动性,达成成本的有效控制,具有责任清晰、激励性突出的特点。

3.2 工程项目成本管理存在的主要问题

在工程项目成本管理中,当下存在的问题相对显著,成本管理的意识较为薄弱,部分项目团队成员认为成本管理仅仅和财务部门有关联,自己开展工作时欠缺成本控制的主动性,使得施工现场出现材料随意堆积、设备闲置等,资源浪费的情况屡屡发生。成本管理的体系不够完善,众多企业虽然制定了相关制度,然而,在实际执行过程中,由于缺少有效的监督考核机制,制度往往变成一种形式并且管理流程存在缺陷,部门之间的信息交流不通畅,致使成本管理出现脱节以及重复劳动的状况。成本控制的手段滞后,一些企业仍然依靠传统的成本核算与事后剖析,难以针对项目的整个过程进行动态监控以及实时预警,无法适应繁杂多变的项目环境。另外,工程项目的参与方数量众多,各方之间缺少有效的沟通与协作,在项目变更、索赔等方面,容易产生分歧进而造成成本的上升。

3.3 成本管理不善对项目整体效益的影响

成本管理不佳负面作用明显,从成本角度来看,成本控制不当导致项目实际成本超出预算,利润空间遭到压缩。例如,在施工过程中

设计频繁变更并且未对变更成本加以管控,会极大程度地抬高项目成本。在质量方面,为降低成本而使用劣质材料,或者简化工艺容易造成工程质量不达标,后期,维修成本上升,还有可能引发安全事故损害企业的名誉。工期延误也是经常出现的后果,成本管理不善,导致资源调配不合理,施工进度受到阻碍,工期延长,不但增加人工、设备租赁等直接成本,还有可能因为违约而面临高额的罚款。另外,由于长期成本超支、质量问题频繁出现,企业在市场中难以获取客户的信任,业务量降低,市场份额缩减,严重影响企业的可持续发展,削弱其在市场中的竞争力。

4 全过程管理视角下的工程项目成本优化路径

4.1 项目策划阶段的成本优化

建立全面的成本数据库是优化的基础,这一数据库应涵盖项目设计、施工、运营等各个阶段的成本信息,并结合历史项目的数据进行分析,从而为项目的成本估算提供有力支持。此外,利用先进的 BIM 技术对设计方案进行经济性模拟,能够直观地分析不同设计对项目成本和工期的影响,帮助决策者选择最具经济性和可行性的设计方案,避免后期出现不必要的成本增加。在此基础上,结合价值工程与限额设计,推行分阶段的成本估算与控制体系,从而确保项目各阶段的设计与施工保持在合理的预算范围内。最终,风险量化管理机制的引入,可以进一步帮助识别和评估潜在风险,并通过蒙特卡洛模拟等技术,量化风险对项目成本的影响,为项目的预算控制提供精确的风险预警,确保项目能够有效应对不确定因素。

4.2 施工阶段的成本优化

在全过程管理视角下,施工阶段的成本优

化，是实现工程项目经济效益最大化的关键环节。通过引入物联网技术，构建施工方案评估平台，能够实现施工现场多维数据的实时采集与智能分析，全面提升方案决策的科学性与可操作性。平台借助传感器网络获取施工进度、能耗、质量等信息，结合机器学习技术进行深度建模，模拟不同施工方案在多种条件下的执行效果，从而精准预测成本变化趋势与潜在风险，辅助施工单位制定最优组织方案。在供应链协同方面，通过建立供应商分级管理体系与实施 VMI 库存管理模式，有效提升供应保障能力与库存周转效率，显著降低了项目物资成本支出。同时，区块链技术在材料溯源中的应用也增强了供应链透明度，确保了材料采购的真实性与责任可追溯性。在成本动态监控层面，借助 BIM、GIS 与物联网融合构建的数字孪生模型，实现了人力、设备、材料等资源消耗的实时感知与偏差预警，推动项目管理者及时调整计划与资源配置，有效避免超支现象，确保施工成本始终处于可控状态。

4.3 采购与供应链管理

构建科学的战略采购体系，借助供应商能力评估矩阵对产品质量、供货稳定性、价格水平、交货效率与售后保障等多个维度进行综合打分，有助于企业在项目不同阶段做出精准的采购决策。其次，混合采购模式的实施，在集中采购中通过长期框架协议降低通用物资成本，在分散采购中灵活应对突发需求与个性化物资配置，形成互补机制。此外，通过签订固定价格或设定调价机制的长期协议，企业可有效规避原材料价格大幅波动带来的财务风险。物流方面，通过遗传算法优化运输路径、推行多式联运组合、建立区域配送中心等措施，有效提升运输效率与物资响应速度，降低整体物流费用。与此同时，深化与供应商的协作，通

过反向研发、设计协同与成本共担机制，不仅提升了产品创新能力，也增强了供应链的弹性与稳定性，实现了成本控制与价值创造的双重目标。

4.4 人工与机械费用的优化策略

首先，通过部署施工机器人，实现了人机协同作业的高效模式。例如，在混凝土浇筑、墙面喷涂和地面打磨等环节，施工机器人能精准完成高精度、重复性的任务，极大地提高了施工质量与效率，减少人工成本的同时，也避免了人为因素导致的质量问题。此外，构建劳动力技能图谱系统，能够合理安排工人与机器人协同作业，提高了人力资源的匹配效率。通过对工人技能的分类和分级，针对不同施工任务灵活调配机器人与工人的协同作业，进一步降低了人工成本，提升了生产力。在设备管理方面，设备全生命周期管理策略的实施，有效降低了机械设备的运营成本。通过建立设备健康度评估模型，结合预测性维护技术，提前识别设备潜在故障，避免了因设备故障造成的高昂维修费用。同时，设备共享平台的构建，实现了设备资源的共享与优化配置，提高了设备的利用率，降低了设备采购和租赁成本。

4.5 竣工验收与运维阶段的成本优化

部署物联网监测系统，能够实现对关键设施的实时数据采集与监控，通过安装传感器，采集设备的温度、压力、能耗等数据，将其传输至中央管理平台，确保及时发现设备故障隐患，减少了设备停机损失和不必要的维修开支。例如，某商业综合体通过对空调系统进行实时监测，成功避免了设备故障，降低了维护成本。其次，采用数字孪生技术建立设施健康度模型，可以通过虚拟模拟，精确预测设备的运行状态，从而实现主动维护、降低故障率并

延长设备使用寿命。此外，运用大数据分析优化能源消耗，建立能源管理中心，对能源流转进行精细化管理，达到节能减排的目标。例如，某钢铁企业通过实时监控能源使用情况，实现了能源消耗降低 20%。这些策略的实施，不仅优化了运维管理，提升了资产效能，还为企业带来了显著的成本节约，推动了项目的可持续发展。

4.6 案例分析

在项目的全生命周期中，成本优化对于项目的成功实施和经济效益的实现起着至关重要的作用。从项目策划阶段的成本数据库建立、设计方案经济性模拟，到施工阶段的物联网应用、供应链协同管理，再到采购与供应链管理的战略采购体系构建、人工与机械费用的优化以及竣工验收与运维阶段的实时监测和能源管理，每一个环节都蕴含着成本优化的关键要素。通过科学合理的成本优化策略，能够在保证项目质量和进度的前提下，最大程度地降低项目成本，提高项目的整体效益。

以中交一航局三公司长兴岛恒力项目为例，该项目是从公开报告中获取的实际案例。中交一航局三公司长兴岛项目部承建的恒力项目，总造价约 11 亿元，需在 2022 年 4 月至 2023 年 12 月底，建成 6 个油气化工泊位、5 个通用泊位等多项工程。项目面临工期紧、任务重的挑战，但项目团队通过一系列有效的成本优化举措，实现了全过程的成本控制。在前期策划阶段，面对钢材价格高位运行，且项目泊位及跨世耀河桥工程需打设灌注桩 231 根，计划采购钢护筒约 1860t 的情况，项目团队利用大连周边地区的属地优势，通过公司集中采购获得了较低的供货价格；同时依据施工进度分批次采购，在钢材降价后，以低于投标价 1200 元/t 的价格锁价，成功降低采购成本 86 万元。在施工实施阶段，大型设备租赁选择实力强、信誉好的租赁商，采用团购租赁方式以市场价 8 折租赁设备。借助"指挥官"系统信息化管理发现设备使用不连续造成租赁成本浪费后，与租赁单位协商，达成共担成本共识，明确包月设备中途停用不计算租赁费用，并对设备进退场方式适度宽松调整。严格落实"限额领料"制度，按施工预算和物资消耗定额计算物资需用量，有效控制物资消耗。在技术管控层面，针对海上钢平台搭设难度高的问题，采用陆上大型履带吊代替传统小型履带吊上桥工艺，节约钢平台搭设数量，减少成本支出 90 万元；针对预制梁板型号多、场地受限的难题，预制团队研制可伸缩式预制梁板台座装置和通用组合模板，减少台座布设和模板加工数量，节约成本 113 万元。通过这些措施，该项目在成本优化方面取得了显著成效。

5 结语

本文针对工程项目成本管理的全过程管理模式展开研究，剖析其在成本优化中的关键效用。研究显示科学恰当的成本管理体系能够切实控制工程造价，提高项目经济收益。未来应当进一步强化信息化手段的运用完备管理机制，提升全过程管理的精准程度和执行能力，以达成工程项目的高品质发展。

参考文献

[1] 赵洪岩, 李秋凤, 王浩. BIM 在施工成本管理中的应用[J]. 建筑经济, 2020, 41(1): 91-94.

[2] 刘开云. 建设项目工程造价全过程控制方法研究[J]. 建筑经济, 2022, 43(12): 63-68.

[3] 杨青, 武高宁, 王丽珍. 大数据: 数据驱动下的工程项目管理新视角[J]. 系统工程理论与实践,

2017, 37(3): 710-719.

［4］李冬伟, 秦会林. 基于价值工程视角的铁路施工企业项目管理[J]. 企业经济, 2021, 40(5): 88-93.

［5］贺晓东, 何亮. 基于运筹学下全过程工程咨询项目管理综合调控模型分析[J]. 公路, 2021, 66(3): 201-205.

［6］邱海, 李媛. 浙江交投集团闭环式全面预算管理体系的构建[J]. 财务与会计, 2017(14): 10-13.

［7］KASTRATI M S X, KRASNIQI M S R. Airborne geophysical survey in Kosova[J]. 材料科学与工程: 中英文 A 版, 2015.

［8］CAO H P, ZHOU Z C, ZHANG Z H. Development and application of the amphibious modulized skid-mounted CTU[J]. 石油机械, 2012, 40(11): 126-129.

绿色低碳建造与管理

Green and Low-carbon Construction & Management

基于 CiteSpace 的绿色低碳建筑与管理研究热点及趋势分析

苗泽惠　赵慧琳

（吉林建筑大学，长春　130118）

【摘　要】　在全球气候治理和"双碳"目标的背景下，绿色低碳建筑已成为学术界和实践领域的重要研究方向。本研究基于文献计量方法，通过 CiteSpace 软件对 2015—2024 年 CNKI 和 WOS 数据库中的 1543 篇中英文文献进行系统性分析，梳理了绿色低碳建筑与管理领域的研究热点及研究前沿。研究发现，该领域的研究热点聚焦于技术驱动类（如节能减排、全生命周期评估、绿色建材）、管理驱动类（如碳排放管理、能源效率、成本控制）和交叉融合类（如可持续发展、政策协同）。研究前沿呈现出技术发展、标准体系建立等多维角度，未来研究应重点关注交叉学科融合、数字化转型以及本土化创新，以突破技术-成本悖论等现实挑战，为建筑行业实现碳中和目标提供理论支撑和实践路径。

【关键词】　绿色低碳建筑；知识图谱；碳排放；CiteSpace

Hot Spots and Trend Analysis of Green and Low-Carbon Building and Management Research Based on CiteSpace

Miao Zehui　Zhao Huilin

（Jilin University of Architecture，Changchun　130118）

【Abstract】　Against the background of global climate governance and the "double carbon" goal, green and low-carbon building has become an important research direction in the academic and practical fields. Based on the literature measurement method, this study systematically analyzes 1543 Chinese and English literatures in the CNKI and WOS databases in 2015—2024 through CiteSpace software, and sorts out the research hotspots and research frontiers in the field of green and low-carbon building and management. The study found that the research hotspots in this field focus on technology-driven categories (such as energy saving and emission reduction, whole life cycle assessment, green building materials), management-driven categories (such as carbon emission management, energy efficiency, cost control) and cross-integration categories (such as sustainable development and policy coordination). The frontier of research presents multi-dimensional perspectives such as technological development and standard system establishment. Future research should focus on interdisciplinary integration, digital transformation and local innovation, so as to break through practical challenges such as the technology-cost paradox, and provide theoretical support and practical path for the construction industry to achieve the goal of carbon neutrality.

【Keywords】 Green and Low-Carbon Building; Knowledge Atlas; Carbon Emissions; CiteSpace

1 引言

当前全球气候治理背景下，"双碳"目标的实现亟需建筑行业从传统高耗能模式向绿色低碳转型。据国际能源署（IEA）统计，建筑领域碳排放占全球总量的38%，其中既包括建筑运行阶段的能源消耗，也涵盖建筑材料生产、施工及拆除等全生命周期的碳排放。绿色低碳建筑是在相关问题导向下形成的新型建造理念，旨在解决建筑业的资源环境问题，推动行业绿色低碳转型并实现高质量发展，在社会高度重视绿色发展的背景下意义更为突出[1]。在"双碳"目标下，绿色低碳建筑成为降低能耗以及减少碳排放的关键举措，越来越受到学者的广泛关注。绿色低碳建筑领域不断融入新的技术和管理理念，旨在减少能源消耗，保护生态资源，为我国绿色低碳建筑领域的可持续发展作出贡献。

西方发达国家自1969年提出并开始绿色建造的相关研究工作，目前取得了比较丰硕的成果，涉及领域相对广泛，研究视角涵盖建筑设计、材料科学、能源管理等多个维度。相比之下，我国的绿色建筑研究起步较晚，发展需求迫切导致比较注重技术与实践[2]。

近年来，关于绿色低碳建筑与管理领域的研究不断涌现。然而，现有研究多局限于单一技术或管理视角，缺乏对该领域知识结构的系统性梳理。本研究基于文献计量方法，追踪近十年国内外研究动态，旨在梳理绿色低碳建筑与管理领域的研究热点与未来趋势，揭示绿色低碳建筑领域的研究现状与知识结构，帮助学者更清晰地把握其理论框架与发展方向，识别当前研究中的不足，为政策制定者、企业管理者提供决策参考，提出未来研究的重点方向，如交叉学科融合、数字化转型等，以推动建筑行业绿色低碳转型，助力"双碳"目标的实现。

2 数据来源与研究方法

在数据来源方面，选择CNKI和WOS作为主要的文献数据库。在CNKI中，以"绿色低碳建筑与管理"为主题词，同样在WOS中以"Green and Low-Carbon Building and Management"为主题词进行检索，剔除无作者信息及不相关文献，共筛选出中文文献694篇、外文文献849篇，共1543篇高质量文献，采用定量的研究方法进行分析。借助CiteSpace可视化分析软件提取该领域的发文量、关键词可视化图谱，探究该领域研究热点及趋势等，见图1研究流程。

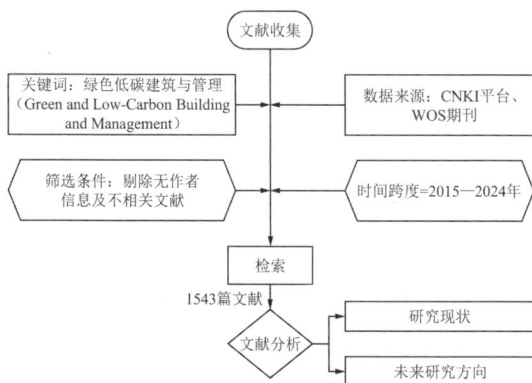

图1　研究流程

3　研究热点及趋势分析

3.1　发文量时序图分析

将筛选后的国内外文献导入 CiteSpace 软件中进行统计，以年份作为横坐标，发文数量作为纵坐标，绘制出绿色低碳建筑与管理领域的发文量时序图（图2），分析 2015—2024 年国内外在绿色低碳建筑与管理领域的研究热点及趋势。在 CNKI 数据库中，对该领域的研究大致分为两个阶段，2015—2019 年，该领域的发文量处在较为平稳的阶段，2020—2024 年，发文量呈快速增长的趋势，表明近几年的研究已然意识到高品质绿色低碳建筑与管理的重要性，同样，在 WOS 期刊数据库中，发文量呈现逐步增长的趋势。

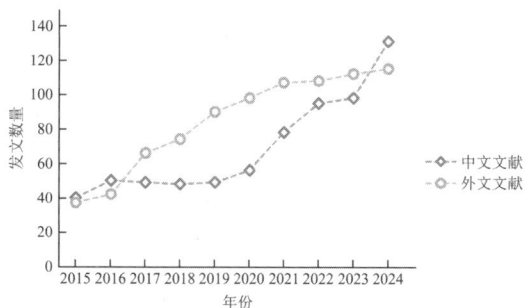

图2　发文量时序图

3.2　绿色低碳建筑与管理领域主题词共现聚类分析

关键词是检测和识别特定领域前沿和热点的有力工具，关键词共现聚类网络显示了该领域的研究热点和不同研究主题之间的关联。首先在 CiteSpace 软件中先后导入 WOS 和 CNKI 的数据，网络节点为关键词，一年作为时间切片，导出中英文关键词共现聚类网络图谱，见图3英文文献关键词共现聚类网络，共有 162 个节点，1112 条连线，以及图4中文文献关键词共现聚类网络，共有 142 个节点，294 条连线。

图3　英文文献关键词共现聚类网络

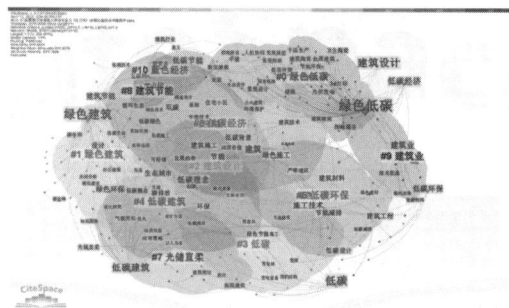

图4　中文文献关键词共现聚类网络

本研究通过关键词共现聚类分析，将该领域国内外研究热点归纳为三类主题：技术、管理与交叉融合三类研究主题。在热点关键词中删去学科的名称和常用词汇如"建筑""绿色低碳建筑"以后，按照主题词分类导出整理为关键词研究热点信息表（表1）。

关键词研究热点信息表　　表1

主题分类	关键词	频次
技术驱动类	节能减排	106
	全生命周期评估	82
	建筑材料	47
管理驱动类	碳排放	147
	能源效率	142
	成本控制	72
交叉融合类	可持续发展	143
	绿色环保	63
	政策协同	49

3.2.1　技术驱动类主题

从技术驱动类主题来看，国内外研究聚焦于节能减排技术、全生命周期评估、建筑材料技术等方面的研究，频次分别为106、82、47。国内外的研究趋势都已从单一节能技术向多技术集成转变，且研究重心由设计阶段向运维阶段延伸。

节能减排方面，通过研究多种绿色低碳技术，如碳捕获与封存技术（CCS）、可再生能源技术等提升资源利用效率。Wahhaj Ahmed 等[3]采用了基于建筑信息模型（BIM）的改造框架，对湿热气候下的建筑提出三级能源改造方案，降低建筑能耗的使用。

全生命周期评估方面，通过对建筑全生命周期各阶段的碳排放进行核算、评估和比较，为采取低碳措施提供依据[4]。同时，结合大数据分析、人工智能等新兴技术，不断优化评估模型，提高评估的准确性和效率。丁超等[5]采用全生命周期评价（LCA）方法构建了UHPC碳排放定量分析模型，结果表明钢-UHPC桥面板的年均碳排放量下降了35.76%，具有巨大的碳减排潜力。

建筑材料方面，绿色建筑施工过程中普遍使用的新型建筑材料，主要包括生态水泥，以及具有高隔热、隔声、保温功能的绿色玻璃。

Slyvester Yew Wang Chai 等[6]利用工业废弃物开发出性能优于传统石灰砂浆且能利用二氧化碳的建筑材料。未来，绿色建材应重点开发复合材料，弥补单一材料的缺陷。

3.2.2　管理驱动类主题

从管理驱动类主题来看，国内外研究聚焦碳排放、能源效率、成本控制等方面，出现频次分别为147、142、72。

碳排放管理方面，唐晓灵等[7]通过训练好的PSO-LSTM模型在低碳、基准、高碳三种情景下，分别对建筑碳排放峰值进行预测。国内外通过构建国家级政策框架，建立绿色金融体系（绿色信贷、债券、保险等）支持碳排放管理。

能源效率管理方面，魏长祺等[8]针对光伏建筑一体化社区的产消失衡问题，以建筑光伏的就地消纳和社区综合能源系统的低碳经济调度为重点开展能源共享，对交互运行下的社区综合能源系统进行数学分析。同时，应建立能源效率数据库（如建筑物性能、设备系统能效数据库等）辅助决策；制定行动计划，助力"双碳"目标的实现。近年来，能源效率已从低能耗建筑转变为零能耗建筑，甚至更高。由此可见，能源效率是实现绿色建筑的最重要驱动力。

成本控制方面，Diana 等[9]为建筑能源需求和建筑成本的计算性能驱动设计优化提出了一种新的自动化工作流程。此外，国内文献多注重研究绿色建筑的增量成本与碳排放之间的多目标优化，实现成本与环境的平衡，提高资源的利用效率。

3.2.3　交叉融合类主题

从交叉融合类主题来看，研究聚焦于可持续发展、绿色环保、政策协同等领域，研究频次分别为143、63、49。滕佳颖等[10]为推动绿色建筑可持续发展，用结构方程模型和 AMOS 软件构建驱动结构方程模型，揭示其关键路径与因素、探究驱动机理，结果表明市场开发环境和生态价值是绿色建筑可持续发展关键。欧盟"循环经济行动计划"要求新建建筑中 30% 材料为再生资源，并通过碳交易机制激励企业，国内雄安新区试点"建筑垃圾资源化率 ≥ 90%"政策，推动预制构件重复利用，参与建立以"以人为本"的理念推动绿色建造，注重资源高效利用、废弃物和碳排放减少，建立绿色建造评价框架体系。总体研究范畴从单体建筑扩展至城市群系统，且更注重多主体（政府-企业-公众）协同机制设计。

4　研究前沿分析

关键词突现是指在特定时间段内被引用频次显著增加，反映了研究热点的变迁，预示新兴研究方向。本研究分别选取 WOS 数据库和 CNKI 数据库中排名前八的突现关键词，生成了 WOS 数据库研究前沿（图 5）和 CNKI 数据库研究前沿（图 6）。该领域研究前沿将从研究演进多维轨迹、关键突破和理论创新、现存挑战和突破路径、未来研究方向进行分析。

排名前八的关键词具有最强的引用激增

关键词	年份	强度	开始	结束	2015—2024年
Green Buildings（绿色建筑）	2015	4.43	2015	2016	
Projects（项目）	2017	3.77	2017	2018	
Simulation（模拟）	2017	3.31	2017	2018	
Thermal Comfort（热舒适）	2019	5.39	2019	2021	
Selection（选择）	2015	3.74	2019	2020	
Quality（质量）	2018	3.34	2021	2022	
Circular Economy（循环经济）	2022	5.74	2022	2024	
Decision Making（决策制定）	2022	3.82	2022	2024	

图 5　WOS 数据库研究前沿

排名前八的关键词具有最强的引用激增

关键词	年份	强度	开始	结束	2015—2024年
环保	2015	2.59	2015	2017	
节能减排	2016	2.83	2016	2017	
低碳经济	2015	2.58	2016	2017	
生态城市	2018	3.3	2018	2019	
绿色环保	2019	4	2019	2022	
低碳概念	2017	2.33	2019	2021	
节能技术	2019	2.01	2019	2021	
绿色	2019	2.05	2021	2024	

图 6　CNKI 数据库研究前沿

4.1　研究演进的多维轨迹

从技术发展维度来看，过去十年见证了绿色低碳建筑与管理技术从单一节能向系统集成的跨越式发展。研究经历了从早期（2015—2017 年）以"环保"（强度 2.59）、"低碳经济"（强度 2.58）为代表的理念启蒙，技术探索主要集中在被动式设计策略和单体设备能效提升，如 Chen 等[11]系统分析了绿色建筑评价工具中被动式设计策略的应用，并提出了基于多参数研究的优化方法，为早期被动式技术标准化提供了理论框架。随着技术进步，研究重点转向主动式能源管理系统，包括建筑光伏一体化（BIPV）、相变储能材料等创新技术的应用。近期则更强调技术系统的协同优化，Barber 等[12]综述了基于优化算法的建筑能源系统设计工具，强调多目标优化（如能耗、经济性、舒适性）在智能建筑中的应用，提出了跨学科协同设计框架。同时，国内外的研究尺度也从单体建筑（"绿色建筑"，强度 4.43）扩展到城市系统（"生态城市"，强度 3.3），研究方法从定性分析转向定量模拟（"模拟"，强度 3.31），学科交叉日益深化，如"节能技术"（强度 2.01）与材料科学的融合。

标准体系维度也有所变化，早期标准主要关注能耗和碳排放等硬性指标，目前逐步发展为涵盖室内环境质量、资源循环利用、生态效益等综合指标的评价体系。

4.2 关键突破和理论创新

传统 PMV-PPD 模型正在被自适应"热舒适"（突现强度 5.39）理论补充和完善，表明个性化舒适需求催生分区调控技术的发展和心理适应机制在热舒适评价中的重要性日益凸显。林晓钰等[13]分析深圳市炎热夏季环境中合院形态对建筑户外空间热环境、湿环境和风环境的影响差异，结合生理等效温度计算热舒适度，为当代岭南湿热气候地区建筑合院空间的热舒适改善提供参考。

同时，建筑领域"循环经济"（突现强度 5.74）正在形成独特的理论框架，如"建筑材料护照"制度的建立与完善、建筑拆解与资源化技术的标准化体系构建、建筑废弃物跨行业循环利用的商业模式创新。Singh 等[14]调查区块链技术在循环经济驱动的建筑材料供应链中的关键成功因素，使用模糊 DEMATEL 算法对收集到的数据进行分析，为在坚持循环经济标准的同时采用区块链技术的组织提供了宝贵建议。

4.3 现存挑战及突破路径

未来研究面临技术-成本悖论的问题，具体表现为低碳技术增量成本回收周期普遍超过市场预期，全生命周期成本核算体系尚未形成行业共识，绿色溢价的市场接受度存在显著地域差异。针对以上问题，需要构建更加有效的政策激励机制，如完善绿色金融产品体系、降低技术应用资金门槛、建立碳排放交易与绿色

建筑的联动机制、推动政府采购向低碳建筑产品和服务倾斜。

4.4 未来研究方向

未来该领域应该注重交叉学科融合、数字化转型，如 AI 技术在能耗预测、故障诊断等方面的应用，孙澄等[15]通过建构高预测性能代理模型优化设计方案，获取了更高质量的优化结果与更低的运行成本。还要注重本土化创新，如进行地域气候特征与绿色技术的适配性研究、地方材料与现代建造工艺的融合创新、传统文化要素在绿色建筑设计中的现代表达等。这些方向的确立，既源于"选择"（强度 3.74）等突现词揭示的技术选择困境，也得益于"决策制定"（强度 3.82）指明的系统性决策方向。最终，构建兼顾全球标准与本地实践的综合研究框架，将是实现建筑领域碳中和目标的关键所在。

5 结论

本文使用 CiteSpace 软件，以 WOS 和 CNKI 数据库作为主要的数据来源，对 2015—2024 年近十年国内外相关文献进行分析，系统梳理了绿色低碳建筑与管理领域的热点与研究前沿，旨在提供全景式理论框架。

结果表明，国内外研究热点主要聚焦于三方面，技术驱动类研究注重节能减排、全生命周期评估和绿色建材的创新；管理驱动类研究强调碳排放管理、能源效率和成本控制的协同优化；交叉融合类研究则关注可持续发展、政策协同等多主体协作机制。研究前沿表明该领域的演进轨迹呈现多维发展，从早期被动式设计到主动式能源系统，循环经济理论、自适应热舒适模型等关键突破为领域发展提供了新视角。技术-成本悖论、全生命周期核算体系缺失等问题亟待解决，未来需通过政策激励机

制、数字化转型和本土化创新推动领域发展。未来研究需着力构建技术—管理—政策跨学科融合的动态模型，强化数字技术在碳足迹追踪中的应用，推动本土化创新与全球标准的衔接，完善建筑废弃物资源化体系。本研究为学术探索与实践优化提供系统性理论支持，助力建筑领域碳中和目标的精准落地。

参考文献

［1］孙留存, 肖绪文, 朱彤, 等. 中国绿色建造: 发展理念、主导方向与技术创新[J]. 中国工程科学, 2024, 26(6): 190-201.

［2］郭源, 蒋黎晅. 基于 CiteSpace 的绿色建筑研究热点与前沿分析[J]. 工业建筑, 2023, 53(S2): 156-160, 45.

［3］AHMED W, ASIF M.BIM-based techno-economic assessment of energy retrofitting residential buildings in hot humid climate[J]. Energy & Buildings, 2020(227): 110406.

［4］KAMARALO M, ALHILMAN J, ATMAJI F. Life cycle cost analysis in construction of green building concept, a case study[J]. IOP Conference Series Materials Science and Engineering, 2020, 847(1): 012023.

［5］丁超, 贾子杰, 王振华, 等. 基于生命周期评价的 UHPC 碳排放控制潜力评估[J]. 硅酸盐通报, 2023, 42(4): 1242-1251.

［6］CHAI W Y S, HOW S B, CHIN Y M, et al. Utilization of accelerated weathering of limestone captured carbon dioxide (CO_2) with cement kiln dust to produce building material[J]. Journal of Cleaner Production, 2024(468): 143047.

［7］唐晓灵, 刘嘉敏. 基于 PSO-LSTM 网络模型的建筑碳排放峰值预测[J]. 科技管理研究, 2023, 43(1): 191-198.

［8］魏长祺, 周源, 金莺, 等. 基于建筑光伏的社区综合能源系统热电交互优化[J]. 太阳能学报, 2025, 46(1): 480-490.

［9］DIANA D, PIERPAOLO D, FEDERICO M, et al.Proposal of a new automated workflow for the computational performance-driven design optimization of building energy need and construction cost[J]. Energy & Buildings, 2021(239): 110857.

［10］滕佳颖, 许超, 艾熙杰, 等. 绿色建筑可持续发展的驱动结构建模及策略[J]. 土木工程与管理学报, 2019, 36(6): 124-131, 137.

［11］CHEN X, YANG H, LU L. A comprehensive review on passive design approaches in green building rating tools[J]. Renewable and Sustainable Energy Reviews, 2015(50): 1425-1436.

［12］BARBER K A, KRARTI M. A review of optimization based tools for design and control of building energy systems[J]. Renewable and Sustainable Energy Reviews, 2022(160): 112359.

［13］林晓钰, 王维仁, 陶伊奇, 等. 立体都市合院对湿热气候条件下的小气候及人体热舒适度的影响研究[J]. 建筑学报, 2024(S1): 160-165.

［14］SINGH K A, KUMAR P V.Integrating blockchain technology success factors in the supply chain of circular economy-driven construction materials: An environmentally sustainable paradigm[J]. Journal of Cleaner Production, 2024(460): 142577.

［15］孙澄, 董禹含, 梁静. 基于高预测性能代理模型的建筑绿色性能优化设计研究: 以寒地办公建筑采光与能耗性能为例[J]. 建筑学报, 2024(S2): 112-117.

智能建造背景下建筑业绿色低碳转型之路在何方

陈佳康

（郑州大学管理学院，郑州　450007）

【摘　要】　本文旨在探讨智能建造如何助力建筑业实现绿色低碳转型，以响应全球气候变化挑战及中国"双碳"目标。通过分析国内外政策法规、技术创新与应用案例，研究发现智能建造不仅降低能耗与碳排放，还推动了循环经济的发展。本文提出了从政府、企业到个人层面的实施路径，强调数据共享、全生命周期管理、利益协调机制的重要性。结论指出，在智能建造背景下，建筑业需多方协同合作，共同推进绿色低碳转型，实现经济、社会与环境的和谐发展。

【关键词】　建筑业；智能建造；绿色低碳转型；"双碳"目标

The Path for the Green and Low-Carbon Transformation of the Construction Industry under the Background of Intelligent Construction

Chen Jiakang

（Zhengzhou University of Management，Zhengzhou　450007）

【Abstract】 This article aims to explore how intelligent construction can help the construction industry achieve the green and low-carbon transformation in response to the global climate change challenge and China's "double carbon" goal. By analyzing domestic and foreign policies, regulations, technological innovation, and application cases, the study finds that intelligent construction not only reduces energy consumption and carbon emissions but also promotes the development of the circular economy. The article proposes implementation paths from the government, enterprises, to the individual level, emphasizing the importance of data sharing, whole-life cycle management, and interest coordination mechanisms. The conclusion points out that under the background of intelligent construction, the construction industry needs multi-party collaboration to jointly promote the green and low-carbon transformation and achieve harmonious development of the economy, society, and the environment.

【Keywords】 Construction Industry；Intelligent Construction；Green and Low-Carbon Transformation；"Double Carbon" Goal

良好的自然资源环境对城市可持续发展意义重大，绿色环保备受关注。自英国 2003 年提出"低碳城市"概念，全球各国纷纷出台政策应对气候变化，中国也积极推进，宣布"碳达峰 碳中和"目标。建筑业能耗高，面临资源浪费、环境污染等问题，向智能建造转型势在必行，绿色化、数字化、智能化是其未来发展方向。全球绿色建筑市场前景广阔，零碳建筑和循环经济成为重点。在此背景下，本文旨在探讨智能建造背景下，建筑业实现绿色低碳转型的路径，以促进建筑业的可持续发展和环境保护。

1　智能建造发展现状及趋势

当今，智能建造的发展，重新赋能了建筑市场。首先，一个显著的现象就是市场规模快速增长，住房和城乡建设部数据显示，2024 年智能建造市场规模突破 2.1 万亿元，同比增长 210%，标志着该行业进入"数字造物"时代。其次，相关的技术也获得了广泛的应用，比如北京大兴国际机场建设中，使用 BIM 技术将 8.3 万个构件的安装精度控制在±2mm，并通过 AI 算法优化管线排布，节省了 15% 的施工周期，该案例就是人工智能＋BIM 的很好说明；另外，在机器人应用方面，上海某超高层项目应用焊接机器人集群，使钢结构施工效率提升 300%，焊接合格率达 99.97%。再者，施工也变得越来越智能化，比如广州白云站的混凝土整平机器人将地面平整度误差控制在 3mm/2m，远超国标要求，成为无人化施工很好的案例。最后，智能建造的发展也带来了人才结构的调整和产业生态的变化，比如，在某央企 2024 年招聘中，智能建造相关岗位占比达 67%，薪资溢价超 40%；装配

式建筑、3D 打印等新业态催生了 27 个细分领域独角兽。结合当前智能建造的发展现状，可以预见其未来的发展势必会沿着技术的融合与深化、应用范围的不断拓展、产业协同的逐渐增强、绿色可持续发展的道路走下去。

2　"双碳"目标对建筑业绿色低碳转型升级的要求

在全球气候变化背景下，建筑业作为高能耗行业之一，正通过政策法规、技术创新和市场激励等多方面措施向低碳高效转型。欧盟提出 2050 年实现"碳中和"，并实施《建筑能源法》推动近零能耗建筑的发展；德国要求新建建筑自 2021 年起达到近零能耗标准，并计划于 2050 年完成所有存量建筑的改造。英国推行 BREEAM 绿色建筑认证，目标是在 2050 年实现建筑净零排放。美国建立了 LEED 认证体系，颁布《能源政策法案》，并计划到 2035 年将建筑碳排放减少 65%。日本则制定了 CASBEE 评估体系，致力于在 2030 年实现新建建筑零能耗。

技术创新是推动建筑业绿色转型的重要力量。例如，德国海德堡列车新城作为全球最大被动房建筑群，利用超厚保温层、高效新风系统和智能能源管理技术，实现了能耗降低 80% 以上。巴林世贸中心创新性地将风力涡轮机融入建筑设计，满足了 15% 的年耗电量。欧洲推广的 Proptech（建筑科技）包括 AI 能源监测、3D 打印建筑部件及模块化施工等技术，提高了资源利用效率。

在中国，"十四五"期间被视为碳达峰的关键窗口期，建筑业拥有巨大的碳减排潜力和市

场发展潜力。然而,智能建造在中国的普及率仍然较低。为了加快建筑业的绿色低碳转型,需要坚持"全国一盘棋"的策略,因地制宜,加强多元主体之间的协同共治,不断完善相关政策体系,以提升人民群众的幸福感和满足感,顺应数字化、智能化的发展趋势,培育新的经济增长点。这不仅有助于解决资源供需紧张、环境污染严重和生态系统受损等问题,也为中国乃至全球的可持续发展作出贡献[1]。

3 智能建造同建筑业绿色低碳转型的映射关系

智能建造与建筑业绿色低碳转型存在着紧密的映射关系,二者相互促进、相辅相成。以下从多个方面进行系统解析。首先,从技术层面来讲,智能建造为绿色低碳转型提供技术支撑;同时,绿色低碳转型也通过激励企业创新和促进技术方面的融合来推动智能建造技术的发展。其次,在管理层面,智能建造通过全流程管理、供应链优化、风险管理来提升绿色低碳的管理水平;同时,绿色低碳也通过推动相关部门和行业组织制定更完善的智能建造标准和规范以及激励企业建立以绿色低碳转型为导向的智能建造绩效评估体系来完善智能建造管理体系。再者,在经济层面,智能建造可以通过提高施工和能源利用效率降低绿色低碳转型成本;同时,随着社会对绿色低碳建筑的需求不断增加以及建筑业向高端化、智能化、绿色化方向发展,绿色低碳转型也为智能建造创造了市场机遇。最后,在社会层面,智能建造通过减少建筑碳排放以及提升环保意识助力实现"双碳"目标;同时,绿色低碳转型通过改善居住环境和促进社会可持续发展也提升了智能建造的社会价值。

值得一提的是,目前并没有一个被广泛认可的、统一的公式来精确表达智能建造与建筑业绿色低碳转型之间的关系。不过,可以尝试用一些概念性的公式来定性或半定量地描述它们之间的相互作用,以下是一种可能的表达方式:

$$G = f(I, E, M, T)$$

其中:G代表建筑业绿色低碳转型的效果或程度,可以用一些指标来衡量,如碳排放的减少量、能源消耗的降低率、资源利用率的提升比例等;I表示智能建造技术与应用的水平,可通过智能建造技术的投入资金、应用的广度和深度、相关技术的成熟度等因素来评估;E代表外部环境因素,包括政策法规的支持力度、市场对绿色低碳建筑的需求强度、社会环保意识的高低等;M表示管理因素,涵盖建筑项目全生命周期的管理水平,如采用智能管理系统实现资源优化配置、施工过程中的精准管理等;T代表产业协同因素,体现建筑产业链上下游企业在智能建造和绿色低碳转型方面的协同合作程度,例如各方在技术研发、项目实施、信息共享等方面的协作效果。

4 智能建造是建筑业绿色低碳转型的必然选择

智能建造是以大数据、物联网、人工智能、云计算、BIM等新一代信息技术为基础,从建筑设计、施工技术、管理理念以及运营管理等多方面变革创新,促进工程建造过程的互联互通、线上线下融合、资源与要素协同。建筑业实现绿色低碳转型,必须从"数量取胜"转向"质量取胜",从"经济效益优先"转向"绿色发展优先",从"要素驱动"转向"创新驱动"[1]。实现这些转变,智能建造是重要手段。因此,智能建造为建筑业绿色低碳转型提供新的战略机遇及发展空间,有助于提高建筑业绿色低碳转型过程多元主体协同治理效率。智能建造背景下建筑产业发展趋势如图1所示。

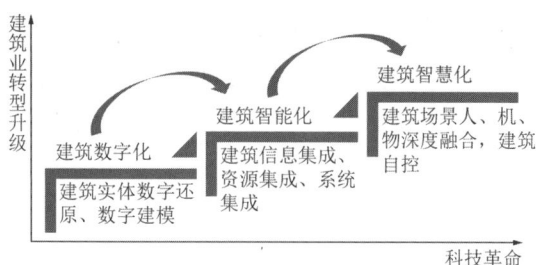

图1 智能建造背景下建筑产业发展趋势

4.1 智能建造为建筑业绿色低碳转型提供新的战略机遇

《住房和城乡建设部等部门关于推动智能建造与建筑工业化协同发展的指导意见》，进一步明确了发展智能建造的指导思想、发展目标和路线图。智能建造为建筑业绿色低碳转型提供全新的发展机遇，主要体现在以下几个方面。

在资源利用方面，BIM 与数字化技术融合，优化设计与施工，减少材料浪费。预制装配式建筑在智能建造推动下，凭借标准化生产降低现场损耗，提升资源利用效率。能源消耗上，物联网与大数据构建能耗监测体系，据此实施智能管理策略，优化能源使用。智能建造理念促使绿色建材广泛应用，降低建筑全生命周期碳排放。减少碳排放时，智能设备与自动化技术革新施工模式，降低施工碳排放，并实现全生命周期碳足迹管理，助力减排。循环经济领域，智能建造技术支持建筑垃圾回收再利用，模块化建筑的可拆解与重复利用特性，延长建筑寿命，推动行业向循环经济转型。在宏观层面，智能建造优化城市建设与资源配置，赋能绿色建筑改善居住环境，推动社会可持续发展。鉴于此，从各个领域来看，加快推进智能建造是建筑产业新时代的必然选择，为建筑业实现绿色低碳转型提供了新的战略机遇[2]。

4.2 智能建造为建筑业绿色低碳转型提供新的发展空间

长久以来，建筑业存在产业链成本较高、

环境污染大、信息化程度偏低等问题，制约了工程建造的进一步变革[2]。为了加快实现建筑业低碳转型发展，从传统以经济效益为中心，加快向绿色发展优先的方向转变。伴随着大数据、人工智能、物联网、BIM 技术等新一代高新技术的快速发展，数字化管控平台、工业机器人等工具在建造施工与运营管理阶段发挥了举足轻重的作用。

智能建造技术贯穿建筑全生命周期，为绿色低碳转型提供有力支持。在设计阶段，利用建筑信息模型（BIM）技术模拟建筑能耗、采光和通风性能，同时智能系统根据建筑功能和环境要求推荐低碳环保材料，有效降低碳足迹。施工阶段，物联网技术实时采集材料数据，精准预测需求，减少浪费；机器人和自动化设备的应用降低了能耗，减少了人工失误和延误；环境监测系统依据粉尘、噪声、废水排放等数据，实时调整施工策略，实现绿色施工。运营阶段，智能系统通过传感器收集能耗数据，自动调控照明和暖通空调设备，优化能耗管理；结构健康监测系统实时监测关键部位，延长建筑寿命，减少建筑垃圾。拆除阶段，模块化设计和可回收材料的选用便于拆解回收，机器人和自动化设备实现精准拆除，降低污染和安全风险。可见，在"双碳"目标下，智能建造是新时代建筑行业发展的必然选择，为建筑业绿色低碳转型提供了广阔的发展空间[3]。

4.3 智能建造有助于实现建筑业多元主体低碳协同治理

2020 年《住房和城乡建设部等部门关于推动智能建造与建筑工业化协同发展的指导意见》提出，以建筑工业化和数字化、智能化升级构建智能建造产业体系，推动建筑业高质量发展。但中国建筑业绿色低碳协同发展存在问题，如建筑工业协同度低、多元主体配合不足。

智能建造技术的发展，为建筑业低碳转型提供技术支持，也为多元主体低碳协同治理带来新机遇和模式，有助于不同主体高效协作，推动低碳目标实现[1]。

借助 BIM 和云计算技术，智能建造搭建了统一数据共享平台，打破设计、施工与运营环节的数据孤岛，实现全生命周期数据互通，为多元主体协同决策提供支持，减少信息不对称，提升合作效率。

在设计阶段，设计师、业主和承包商共同参与，优化方案以降低资源浪费和碳排放。施工中，智能设备和物联网技术实时监控进度与资源使用，确保低碳目标落实。运营阶段，大数据和 AI 技术依据环境及人员活动数据调控设备参数，实现精细化能耗管理和持续减排。智能建造通过优化资源配置和成本控制，实现利益共享，激励多元主体参与低碳治理。同时，利用智能技术预测和规避风险，降低转型成本，实现风险共担。政策层面，政府通过补贴和税收优惠支持智能建造，推广低碳技术。市场方面，社会对低碳建筑需求增加，促使企业采用智能建造技术，形成良性竞争，加速低碳转型。

此外，智能建造促进企业、科研机构和高校合作，推动低碳技术创新，并通过培训和交流平台实现知识共享，提升各主体低碳治理能力。当前，中国以数字化、信息化和智能化手段推动建筑业转型升级，对实现多元主体低碳协同治理具有重要战略意义[4]。

5 智能建造背景下建筑业绿色低碳转型的路径

在智能建造背景下，建筑业的绿色低碳转型需要政府、企业和个人的共同努力。建筑业绿色低碳转型路径演进过程如图 2 所示。以下分别从政府、企业和个人三个层面探讨转型路径。

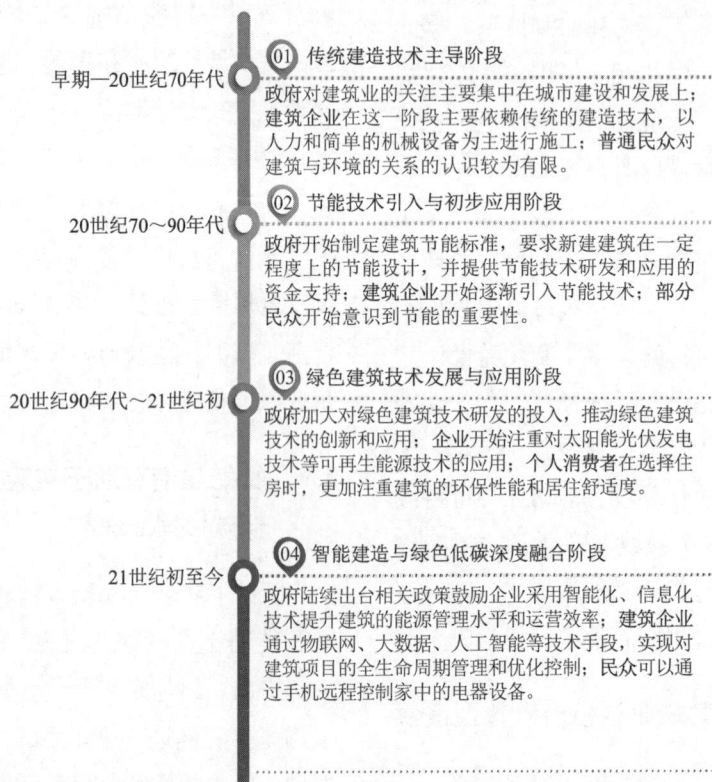

早期—20世纪70年代
01 传统建造技术主导阶段
政府对建筑业的关注主要集中在城市建设和发展上；建筑企业在这一阶段主要依赖传统的建造技术，以人力和简单的机械设备为主进行施工；普通民众对建筑与环境的关系的认识较为有限。

20世纪70～90年代
02 节能技术引入与初步应用阶段
政府开始制定建筑节能标准，要求新建建筑在一定程度上的节能设计，并提供节能技术研发和应用的资金支持；建筑企业开始逐渐引入节能技术；部分民众开始意识到节能的重要性。

20世纪90年代～21世纪初
03 绿色建筑技术发展与应用阶段
政府加大对绿色建筑技术研发的投入，推动绿色建筑技术的创新和应用；企业开始注重对太阳能光伏发电技术等可再生能源技术的应用；个人消费者在选择住房时，更加注重建筑的环保性能和居住舒适度。

21世纪初至今
04 智能建造与绿色低碳深度融合阶段
政府陆续出台相关政策鼓励企业采用智能化、信息化技术提升建筑的能源管理水平和运营效率；建筑企业通过物联网、大数据、人工智能等技术手段，实现对建筑项目的全生命周期管理和优化控制；民众可以通过手机远程控制家中的电器设备。

图 2 从技术和时间维度看建筑业绿色低碳转型路径演进

5.1 政府层面

为推动建筑业的绿色低碳转型，政府需从多个方面入手，构建全面的支持体系。首先，应制定严格的低碳建筑标准和绿色建筑评价体系，明确建筑项目在设计、施工和运营阶段的碳排放要求，并出台建筑行业碳排放法规，限制高碳建筑项目的审批，同时推动既有建筑的低碳改造。其次，建立权威的绿色建筑认证体系，对符合低碳标准的建筑项目给予认证标识，提升市场认可度。

在财政与税收方面，政府应设立专项基金，对采用智能建造技术和低碳材料的建筑项目给予财政补贴，降低企业成本；同时对低碳建筑项目减免相关税费，并对从事绿色建筑技术研发的企业给予税收优惠，鼓励企业创新。此外，推动金融机构开发绿色金融产品，为低碳建筑项目提供低息贷款和融资支持，助力企业解决资金瓶颈。

在数据监管方面，建立统一的智能建造数据共享平台，实现建筑全生命周期数据的实时监测与共享，为政策制定和监管提供数据支持。同时，通过物联网技术实时监测建筑项目的碳排放情况，确保企业达标排放。通过这些综合措施，政府不仅能够降低企业转型成本，提高市场认可度，还能通过数据监测和政策监管确保绿色低碳转型目标的实现，为应对气候变化和实现可持续发展目标提供有力支撑[5]。

5.2 企业层面

为推动建筑业绿色低碳转型，需从技术创新、供应链优化、供应商协同和碳排放管理等方面入手。在技术层面，通过智能设计（如利用 BIM 技术和性能模拟工具）优化建筑能耗和碳排放，同时采用自动化施工设备和物联网技术提升施工效率，减少能源消耗和废弃物产

生。在智能运维方面，可借助大数据和物联网技术，实现建筑运维的智能化管理，进一步降低能耗。比如，中国联通研发的"双碳"智控平台案例：义乌市工业数字化改革-企业用能在线平台，推动义乌工业企业高质量发展，通过该系统的应用，达到单耗下降 30%、年均下降 6% 的目标，本项目提升政府治理能力，探索企业用能数字化改革，推动义乌工业企业绿色低碳转型，为实现地区经济高质量发展贡献了力量，如图 3 和图 4 所示。

在供应链方面，优先采购低碳、环保材料，并要求供应商提供碳足迹报告，从源头减少碳排放。利用大数据优化采购和运输流程，降低物流碳排放。同时，与供应商建立长期合作关系，共同开发低碳解决方案，推动供应链绿色转型。

企业还需建立碳排放核算体系，定期监测并报告碳排放情况，明确减排目标。通过技术改造和能源管理措施减少碳排放，并积极参与碳交易市场或开展碳补偿项目，实现碳中和目标。这些综合措施不仅提升了建筑项目的效率，也为实现国家"双碳"目标提供了有力支持。

5.3 个人层面

为推动低碳建筑的发展，需从提升公众意识、改变消费和生活方式等方面入手。首先，通过学校教育、社区活动和媒体宣传普及低碳建筑知识，提高公众的认知和接受度。同时，鼓励公众参与低碳建筑项目的设计和规划，通过问卷调查、社区会议等方式听取公众意见，增强项目的社会认可度。

在消费和生活方式上，公众应优先选择低碳建筑项目，支持绿色建筑市场的发展，并在日常生活中养成低碳习惯，如合理使用空调、减少不必要的照明和节约用水等。此外，建立

监督机制，鼓励公众对建筑项目的低碳性能进行监督，通过举报和反馈机制推动企业履行低碳责任。同时，积极参与社区低碳活动，推动社区的绿色转型，形成全社会共同参与的良好氛围。这些措施将有助于加速建筑业的绿色低碳转型，为实现可持续发展目标贡献力量。

需求清单		场景清单			改革清单	
		三端协同	多跨设计			
政府侧	企业用电分配、企业用电服务、八大高耗能行业企业的用能监测、两大体系行业分类的用能分析、区域内企业用能分析、筛选树立行业内的标杆企业、鼓励企业进行数字化改造。	政府端	测算企业用电额度，合理开展电力资源调度分配，指导企业安排生成计划，通过大屏，使用地图分析各行业、地区、企业的能耗情况，推进重点行业节能降碳工作。	**数据融合多跨** 数据贯通，实现多条业务线数据多跨融合。 **终端应用多跨** 数据大屏、PC端、手机端三端协同，充分利用各个终端的特点，完成能耗预算化社会共治管理。	企业用能配置	重塑企业用能高效配置，由粗放式到预算化管理，用能空间向优质企业倾斜。 鼓励企业数字化改革、智能化改造等推动绿色高质量转型发展。
企业侧	生产安排、降低企业的单位增加值能耗、数字化改造、能否分布式光伏发电。	企业端	对接浙里办，通过企业码专区查看月度、年度用电额度，实时掌握用电情况，定期提醒企业根据实际用电情况合理安排生产。	**业务协同多跨** 实现用电、用水、用气、用热、用煤等多能源业务的协同分析和监管，推动绿色低碳转型。	企业数据采集	通过智能电表，精准采集企业生产用电、用气、用水数据。 企业用能数据可直接采集，无需企业填报。 通过企业码专区查看月度、年度用电额度。
服务侧	生产安排、降低企业的单位增加值能耗、数字化改造、能否分布式光伏发电。	服务端	提供节能诊断服务，指导企业优化生产工艺，降低能耗成本；提供中介、光伏服务解答、相关指标计算指导等服务。	**企业服务多跨** 通过服务指导、协助企业完成绿色低碳转型，实现地区经济高质量发展。	企业用能管理	查看实时用电情况，开展行业内横向对标、时间上纵向对比。 查看新用能项目用电额度审批情况。 合理安排生产时间，合理计划企业数字化改革、智能化改造。

图 3　义乌市工业数字化改革三张清单

图 4　义乌市"双碳"智控平台用能分析

　　总而言之，在智能建造背景下，建筑业的绿色低碳转型需要政府、企业和个人的协同努力。政府通过政策支持和监管引导，为企业和市场提供方向；企业通过技术创新和管理优化，推动低碳建筑项目的实施；个人通过提升低碳意识和绿色消费，为市场提供需求。

6　结束语

　　在智能建造背景下，综合运用新时代高新技术手段助力建筑工程建设管理，构建基于建筑工程全链条的智慧化产业结构，推动实现建筑工程绿色化、智能化，加快建筑业绿色低碳转型，有助于推动国家"双碳"目标的实现。本文结合"双碳"目标对建筑业绿色低碳转型升级提出的要求，分析了智能建造是推动建筑业绿色低碳转型升级的必然选择，指出智能建造有利于为建筑业绿色转型升级提供新的战略机遇与发展空间，有助于实现建筑业多元主体低碳协同治理。从政府层面、企业层面、个人层面三大主题角度出发，提出了智能建造背景下建筑业的绿色低碳转型路径，以期为推进新时期建筑业高质量发展提供新的发展思路。

参考文献

[1]　王波，陈家任，廖方伟，等. 智能建造背景下建筑业绿色低碳转型的路径与政策[J]. 科技导报，

2023, 41(5): 60-68.

［2］赵梦茹. 智能建造背景下建筑业绿色低碳转型的路径[J]. 智慧中国, 2023(11): 83-84.

［3］SI L, CAO H, WANG J. The impact of a low-carbon transport system policy on total factor carbon emission performance: Evidence from 283 cities in China[J]. Socio-Economic Planning Sciences, 2024 (96): 102091.

［4］刘和东, 马爽. 产学研合作、内部研发与碳排放强度[J]. 创新科技, 2023, 23(6): 16-27.

［5］钱七虎. 关于绿色发展与智能建造的若干思考[J]. 建筑技术, 2022, 53(7): 951-952.

短期与长期政策效应下的政府-企业碳减排投资决策博弈研究

田昌民[1,2] 房 超[2] 韩 悦[2]

（1. 广州南洋理工职业学院，广州 510900；

2. 福建理工大学，福州 350118）

【摘 要】 本研究基于 Stackelberg 博弈理论构建政府与企业碳减排投资决策模型，通过数值仿真分析短期与长期政策效应下，惩罚力度 β 和激励成本 γ 的政策效应。结果表明：高惩罚虽促使企业减排，但过高则抑制市场活力；激励成本能够有效促进碳市场活跃度，但超过一定阈值后边际效益递减；从短期来看，高碳信用激励可推高碳价，倒逼投资，但易引发市场波动；长期则需依托技术升级与制度创新实现投资转型。本研究为碳减排政策制定和企业低碳转型提供了理论依据。

【关键词】 碳减排；演化博弈；政府-企业博弈；短期政策；长期政策

A Study on the Government-Enterprise Carbon Emission Reduction Investment Decision Game under Short-Term and Long-Term Policy Effects

Tian Changmin[1,2] Fang Chao[2] Han Yue[2]

（1. Guangzhou Nanyang Polytechnic College, Guangzhou 510900；2. Fujian University of Technology, Fuzhou 350118）

【Abstract】 This study constructed a government-enterprise carbon emission reduction investment decision model based on Stackelberg game theory and analyzed the policy effects of penalty intensity β and incentive cost γ under both short-term and long-term policy scenarios through numerical simulations. The results show that while high penalties can encourage enterprises to reduce emissions, excessive penalties suppress market vitality. Incentive costs can

基金项目：大学生创新创业训练计划项目 (NY-2024CQDC-003)。

effectively stimulate the carbon market's activity, but beyond a certain threshold, their marginal benefits decrease. In the short term, high carbon credit incentives can drive up carbon prices, forcing enterprises to increase investment, but they may trigger market volatility. In the long term, investment transformation relies on technological upgrades and institutional innovation. This study provides a theoretical basis for the formulation of carbon emission reduction policies and for guiding enterprises' low-carbon transformation.

【Keywords】 Carbon Emission Reduction；Evolutionary Game；Government-Enterprise Game；Short-Term Policy；Long-Term Policy

1 引言

随着全球气候变化和环境恶化问题日益突出，低碳转型已成为各国政府与企业共同关注的重大课题[1]。碳减排作为推动低碳经济转型的关键战略举措，不仅对环境质量的改善具有重要意义，也为企业提高核心竞争力和可持续发展能力带来了战略支点[2-3]。比如，在中国，为落实碳减排目标，政府近年来出台了一系列政策：碳排放权交易试点和碳配额分配机制改革为市场传递了明确的价格信号，鼓励企业主动降低排放[4]；绿色信贷政策和财政补贴措施则缓解了企业在短期内面临的资金压力[5]；同时，"碳达峰、碳中和"战略以及可再生能源大规模应用等长期规划，为企业打造了稳定的低碳发展环境和技术支持，进一步提升了企业的核心竞争力和可持续发展能力[6]。

然而，在实际政策执行过程中，政府和企业往往存在利益目标不一致的局面。比如，政府通过制定激励或约束性政策引导企业加大碳减排投入，而企业在响应政策的过程中，需要在减排成本与投资收益上进行权衡决策，既要应对短期市场不确定性带来的经营压力，也要面对企业谋划长期可持续发展的战略转型路径问题。

当前研究大多侧重于碳交易机制[7-9]、碳

信用激励政策[10]和企业减排行为的个体效应[11-12]等。研究观点可整体归纳为以下几点：一是市场机制与激励效果。多项研究表明，利用碳排放权交易和碳信用等市场机制能有效激发企业绿色技术创新[13]与社会责任履行[2]，通过优化初始配额分配、建立碳信用抵消机制和提高透明度[14]，均有助于增加市场流动性和提升企业减排积极性等效果呈现[15-18]。二是金融效应与研发投入。文献研究中强调，碳交易政策通过缓解企业融资限制、促进企业研发投入，在刺激绿色创新方面具有重要作用[19]，体现出金融约束对企业减排转型的连锁中介效应[20-21]。三是政策创新与自愿机制。文献中探讨了碳包容性创新政策及其他自愿机制的潜在优势[22-23]，认为创新政策和机制可以鼓励企业和个人逐步养成减碳习惯，为实现碳中和目标提供新途径。

总体而言，现有研究虽为不同政策工具的作用提供了实证支持，但大多局限于单一政策工具（如碳交易机制、碳信用激励）或企业个体层面的减排行为，忽略了更为复杂的系统性问题。首先，从政府角度来看，缺乏对其政策工具在不同时间尺度内（短期与长期）传导机制的深入分析，会导致在制定政策时难以准确预判政策效果的动态演变，进而可能出现政策力度过大或不足的问题；在短期内，政府可能

依赖于直接激励或惩罚措施迅速调控市场，而忽视了这种策略在长期中的副作用，如资金浪费或市场依赖性增强。此外，政府与企业之间往往存在信息不对称和反馈滞后，动态互动机制未得到系统性揭示，使得政策调整难以及时响应企业和市场的变化。其次，从企业角度来看，当前的研究多聚焦于企业对政策工具的单一响应，而缺乏对企业与政府在短、长期互动过程中策略选择演变规律的研究。企业在实际操作中不仅面临短期市场波动带来的经营压力，还必须谋划长期转型与技术升级。比如当政策效应的动态传导机制不明确时，企业容易陷入短期应激反应，如被动减产或依赖政府补贴，进而忽视自主研发和技术创新，影响竞争力提升和可持续发展等。

鉴于此，本文将深入探讨政府与企业在碳减排投资决策中的博弈关系。基于 Stackelberg 博弈理论构建政府与企业在碳减排投资决策中的互动模型，深入探讨在短期激励与长期转型双重政策效应下，政府如何根据激励或惩罚约束性政策调整碳价格和激励措施，引导企业选择合适的减排投资水平，从而实现环境目标与市场稳定性的动态平衡。通过理论推导与数值仿真，本研究旨在为政府制定科学合理的碳减排政策、优化碳市场机制提供理论依据和实践指导，同时为企业低碳转型提供决策支持。

2　模型构建与求解

2.1　模型假设

假设 1：作为政策制定者，政府希望通过调控碳市场实现环境改善与经济平衡。企业作为碳排放主体，其决策在于如何平衡减排投资与成本之间的关系。企业主要关注减排投资水平 x：表示企业在环保设施或技术升级方面的投入，投资水平直接影响企业未来的碳排放成本和可能获得的激励收益。

假设 2：政府的策略选择主要考虑市场稳定优先的短期策略和绿色转型优先的长期策略。

1. 短期策略，市场稳定优先

（1）碳价格 p。设定一个最低的碳价格以防止市场价格过低，确保企业有足够的减排激励。

（2）碳信用激励 I。通过温和正向激励（如财政补贴、绿色认证等）来引导企业投资。

（3）预期效果。企业可能选择低水平的边际减排投资 x，整体市场保持平稳但减排效果有效。

2. 长期策略，绿色转型优先

（1）逐步提高碳价格。传递未来碳价上升预期，激励企业长期投入减排技术。

（2）增强激励 I。当企业投资 x 的降碳减排满足政府目标 T 时，通过提高激励力度促使其调整投资策略。

（3）预期效果。企业增加高效减排投资，形成技术升级和产业结构转型，从而实现长期的绿色转型。

假设 3：企业的主要选择策略是边际调整的短期选择和结构性转型的长期选择。

1. 短期选择，边际调整

（1）保守投资。基于政府较为保守的政策信号，企业选择仅进行低成本、短期内能够实现一定减排效果的边际调整，规避高风险投资。

（2）预期风险。在碳市场波动较大时，企业可能担心一次性大量投入带来的不确定性，从而降低投资热情。

2. 长期选择，结构性转型

（1）积极投资。当政府传递出长期提高碳价和增强激励信号时，企业会逐步认识到长期投资高效减排技术的优势，从而选择较高的投资水平。

（2）预期回报。长期看，企业可以通过技术改造和设备更新获得较高的市场竞争优势和减排收益，尽管初期成本较高，但未来收益更大。

这一假设考虑了政府在不断调整 p 和 I 的过程中，以试图在短期稳定和长期绿色转型之间找到平衡点，既保证市场平稳运行，又逐步推动企业向高效、深度减排转型。

企业则依据政府的政策信号和自身成本效益权衡，决定采取边际减排还是结构性转型投资策略。总之，政企双方通过不断反馈与调整，形成一个动态演化的博弈过程。政府的政策决策和企业的投资选择相互影响，共同决定了碳市场的最终均衡状态和减排效果。

2.2 模型函数构建

2.2.1 企业层面

1. 企业决策变量

企业减排投资水平记为 x，取值范围为 $[0,1]$，其中 $x = 1$ 表示企业在可行范围内的最大减排投资水平。

2. 企业收益函数

企业的净收益由两部分构成：

$$\prod_F(x, p, I) = p\alpha x + Ix - \frac{1}{2}cx^2 \quad (1)$$

其中：

（1）p 为政府设定的碳价格下限；

（2）$\alpha > 0$ 表示单位投资的减排效应；

（3）I 为政府提供的碳信用激励力度；

（4）$c > 0$ 为企业减排投资成本系数。

2.2.2 政府层面

1. 政府决策变量

政府通过设定碳价格下限 p 和碳信用激励 I 两个策略参数来调控市场。

2. 政府效用函数

政府效用函数考虑了环境效益、企业投资偏离目标带来的惩罚以及激励政策的成本，表达式为：

$$\prod_G(x, p, I) = \delta\alpha x - \frac{1}{2}\beta(x - T)^2 - \gamma I^2 \quad (2)$$

$\delta > 0$ 为环境效益系数，$\beta > 0$ 为对企业投资减排偏离目标 T 的惩罚力度，$-\frac{1}{2}\beta(x - T)^2$ 反映的是企业实际碳排投资水平 x 与政府设定目标 T 之间的偏离所带来的"损失"或负面效应。

$\gamma > 0$ 为激励措施带来的成本，T 为政府期望企业达到的投资目标，企业就是需要通过激励和惩罚之间的不断调控，达到碳排放目标。

2.3 模型求解

2.3.1 企业决策的最优反应函数

将公式（1）对 x 求一阶导数并令其为零，可得：

$$\frac{\partial \prod_F(x, \alpha, I)}{\partial x} = p\alpha + I - cx = 0 \quad (3)$$

$$x^*(p, I) = \frac{p\alpha + I}{c} \quad (4)$$

企业则根据政府策略参数 p 和 I 做出最优投资决策 x^*。

2.3.2 政府决策的最优效用反应函数

政府是通过设定碳价格 p 和碳信用激励 I 两个策略参数来调控市场。因此，通过梯度上升法对政府效用函数进行优化，其梯度计算如下：

（1）对 p 的梯度求解：

$$\frac{\partial U}{\partial p} = \frac{\delta\alpha^2}{c} - \beta\left(\frac{p\alpha + I}{c} - T\right)\frac{\alpha}{c} \quad (5)$$

令公式（5）为零，可得：

$$p = \frac{\delta c}{\beta} + \frac{Tc - I}{\alpha} \quad (6)$$

（2）对 I 的梯度求解：

$$\frac{\partial U}{\partial I} = \frac{\delta\alpha}{c} - \beta\left(\frac{p\alpha + I}{c} - T\right)\frac{1}{c} - 2\gamma I \quad (7)$$

令公式（7）为零，可得：

$$I = \frac{\delta\alpha c - \beta p\alpha + \beta Tc}{\beta + 2\gamma c^2} \quad (8)$$

3 参数影响分析

3.1 企业层面

3.1.1 碳价格 p

对 x^* 求偏导数：

$$\frac{\partial x^*}{\partial p} = \frac{\alpha}{c} \tag{9}$$

由此可知，p 每增加一个单位，企业的最优投资 x 会按 α 的比例增加。这说明碳价格越高，企业在减排投资上更有积极性，前提是成本系数 c 不太大。

3.1.2 碳信用激励 I

同理，这表明激励力度 I 对企业投资的影响是线性的。当 I 为正时，企业会增加投资。

$$\frac{\partial x^*}{\partial I} = \frac{1}{c} \tag{10}$$

3.1.3 投资成本系数 c

在 $x^* = \frac{p\alpha + I}{c}$ 中，c 在分母起到"稀释"作用。成本系数越大，企业为同样的收益所需支付的成本越高，从而使得最优投资水平降低。

3.2 政府层面

政府效用函数为：

$$\prod_G (x, p, I) = \delta\alpha x - \frac{1}{2}\beta(x - T)^2 - \gamma I^2 \tag{11}$$

其中 x^* 由企业的最佳反应 $x^*(p, I) = \frac{p\alpha + I}{c}$ 给出。

为了分析政府如何通过调整 p 和 I 使其效用最大化，我们对政府效用关于 p 和 I 求一阶偏导数。

（1）对 p 的一阶导数：

将 $x^* = (p\alpha + I)/c$ 代入政府效用函数，再对 p 求导得到：

$$\frac{\partial U_G}{\partial p} = \frac{\delta\alpha^2}{c} - \beta\left(\frac{p\alpha + I}{c} - T\right)\frac{\alpha}{c} \tag{12}$$

第一项：$\frac{\delta\alpha^2}{c}$，与环境效益系数 δ 和单位投

资效应 α 正相关，表明如果环境效益越高，增加 p 的边际收益越大，从而有利于推动企业投资。

第二项：$-\beta\left(\frac{p\alpha + I}{c} - T\right)\frac{\alpha}{c}$，反映了企业实际投资 $\frac{p\alpha + I}{c}$ 与政府目标 T 的偏差对政府效用的影响。

当 x^* 低于目标 T 时（即 $\frac{p\alpha + I}{c} - T < 0$），该项为正，激励政府提高 p 以促使企业投资增加；反之，则起到抑制作用。

综合来看，政府在调整 p 时会考虑环境效益收益与目标偏差的负向惩罚之间的平衡。

（2）对 I 的一阶导数：

同样，对 I 求导得到：

$$\frac{\partial U_G}{\partial I} = \frac{\delta\alpha}{c} - \beta\left(\frac{p\alpha + I}{c} - T\right)\frac{1}{c} - 2\gamma I \tag{13}$$

第一项：$\frac{\delta\alpha}{c}$，表明单位激励力度的增加能直接提升政府因企业投资带来的环境效益。

第二项：$-\beta\left(\frac{p\alpha + I}{c} - T\right)\frac{1}{c}$，同样反映了企业投资偏差对政府效用的影响。如果企业投资低于目标 T，该项趋向正值，促使政府提高激励力度 I 以补偿不足。

第三项：$-2\gamma I$，体现了激励措施本身的成本。较高的激励成本系数 γ 会使得政府在激励 I 的使用上更加谨慎，防止激励成本过高而抵消环境效益。

4 仿真分析

为了验证该模型的有效性，以电-碳市场为例，根据现有文献[24]可知，当前系统的碳排放价格定为 100 元/（tCO_2），故 p 取 1。其次，根据电网在规划工程项目中考虑低碳需求，如表 1 所示，得出单位投资对应的减排效应（0.154 - 0.157）/（82.89 - 83.57）= 0.44tCO_2/百元。企业减排投资成本系数为（83.57 - 82.89）/82.89 = 0.82%。依据现有文献[25]可知，对瞒报碳排放数据配额监管处罚为 300 元，反之奖励为 50 元。因此，本文取政府对偏离目标的惩罚力度为 3，

政府激励成本取为 0.5。以上是为了确保不同变量之间有效比较和运算，本文取百位进数进行量纲统一。根据现有文献[26]知，"2030 年碳排放强度比 2005 年下降 65%" 的总量控制目标，故政府期望企业碳排放的投资目标 T 取 0.65。参考现有文献[27]将政府环境效益系数取为 0.4。

低碳电网工程的相关数据　表 1

类型	总发电投资成本费用（亿元）	系统总碳排放量（亿 t）
未引入需求侧管理的低碳电网规划工程	83.57	0.157
考虑需求侧管理的低碳电网规划工程	82.89	0.154

4.1　政府惩罚力度 β 对系统参数的影响（图 1）

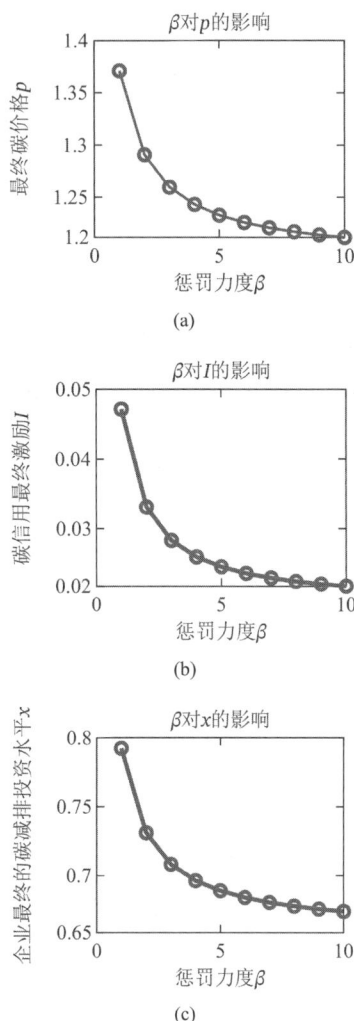

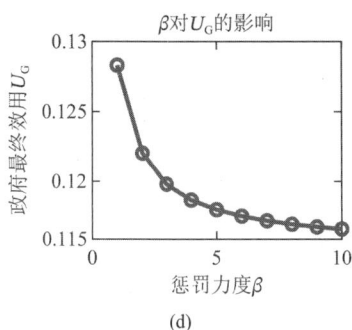

β 对 p 的影响

(a)

β 对 I 的影响

(b)

β 对 x 的影响

(c)

β 对 U_G 的影响

(d)

图 1　政府惩罚力度 β 对系统参数的影响

（1）β 对最终碳价格 p 的影响：

由图 1（a）可知，最终碳价格 p 随 β 增加呈单调下降趋势。这说明惩罚力度 β 增强会促使企业转向内部减排而非购买碳配额，因此降低了碳配额市场的碳价格。而碳价下降又可能削弱市场激励机制，因此需平衡惩罚与市场调节作用。

（2）β 对碳信用最终激励 I 的影响：

由图 1（b）可知，碳信用最终激励 I 随 β 增加呈持续降低趋势。这说明政府降低激励力度，因惩罚本身已驱动减排，减少额外激励对政府而言具有必要性。

（3）β 对企业最终的碳减排投资水平 x 的影响：

由图 1（c）可知，企业最终的碳减排投资水平 x 随 β 增加呈单调下降趋势。这可能由于高惩罚加重企业负担，挤占技术研发资金导致企业短期成本挤压问题严重，尤其是当碳价（$p\downarrow$）与惩罚（$\beta\uparrow$）双重作用，企业可能选择被动减排（如减产）而非主动投资。

（4）β 对政府最终效用 U_G 的影响：

由图 1（d）可知，政府最终效用 U_G 随着 β 增加而下降。这说明企业存在环境与经济的短期权衡，带来政府的效用损失。

总之，β 存在"双刃剑"效应，其中正效应是降低碳价（$p\downarrow$）反映减排成效，减少高碳技术依赖（$x\downarrow$）。负效应是抑制市场活力（$I\downarrow$）、削弱政府效用（$U_G\downarrow$）。因此，在短期内，惩罚

力度 β 的增强会通过压缩需求、抑制投资和政策替代效应，导致碳价、激励、技术水平和政府效用"四降"局面；长期则需通过动态政策组合（碳价修复、技术补偿、跨期补偿）打破负向循环，推动减排从"成本负担"转向"增长机遇"。

4.2　激励成本 γ 对系统参数的影响

（1） γ 对 p（最终碳价格）的影响：

由图 2（a）可知，随着 γ 增加， p 呈上升趋势，但增长速率在逐渐降低。这可能是因为政府在短期内通过 γ 投入激励企业减排，直接推高需求。因此，初期高 γ 传递减排决心信号，企业提前购买配额锁定成本，加剧价格上涨。但长期可能市场适应，价格趋于稳定。比如长期高 γ 下，政府变化会退出激励减排，企业通过技术升级（ $x\uparrow$ ）减少配额需求，供需趋于均衡，碳价格趋于稳定。

（2） γ 对 I（碳信用最终激励）的影响：

由图 2（b）可知， I 随 γ 增加逐渐下降。这可能是因为政府将更多资源用于激励措施成本，导致直接激励减少。

（3） γ 对 x（企业最终的碳减排投资水平）的影响：

由图 2（c）可知，曲线呈现明显的先降后升趋势，表明激励措施成本 γ 对企业最终的碳减排投资水平 x 的影响存在阈值效应，而非简单线性关系。

在下降阶段（ $\gamma<0.5$ ）存在抑制效应，一方面低 γ 值下政策力度不足，企业误判减排优先级，推迟投资以观望政策持续性（如担心补贴中断）。另一方面，低激励可能吸引"搭便车"企业（依赖补贴但减排贡献低），抑制高效企业投资意愿。

上升阶段（ $\gamma>0.5$ ）存在促进效应，一是规模经济形成。 γ 超过阈值后，激励措施规模化降低技术采购成本（如光伏板批量采购价格下降 30%），激发企业投资。二是政策可信度提升，高 γ 投入释放长期减排决心信号（如锁定 5 年补贴计划），企业调整预期，加速投资实现低碳减排技术迭代。三是互补性投资触发，技术水平提升，带来边际收益上升。

（4） γ 对 U_G（政府最终效用）的影响：

由图 2（d）可知， U_G 随 γ 增加呈现先快速上升后趋稳的非线性关系，符合边际效用递减规律。说明初期投入用于搭建减排监管框架、企业合规补贴等措施，直接提升政策执行力，得到社会响应正反馈。而增速放缓原因一是边际收益递减，当关键企业已参与减排（如覆盖 80% 行业产能），进一步补贴对剩余企业（如小微分散排放源）的拉动效率降低。二是政策叠加损耗，高 γ 时可能出现重复激励（如光伏补贴与碳交易市场重叠），导致财政资源浪费。三是市场饱和效应，当技术减排潜力接近上限（如某行业当前技术下减排率最高为 70%），后续投入难以突破物理瓶颈。

总之， γ 的优化本质是政府治理能力的体现，需在成本控制、技术适配与制度弹性间找到动态均衡点。

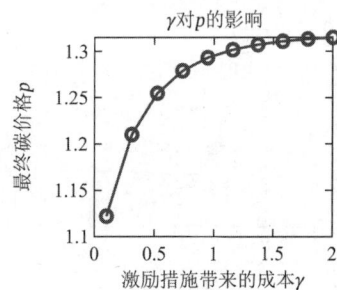

(a)

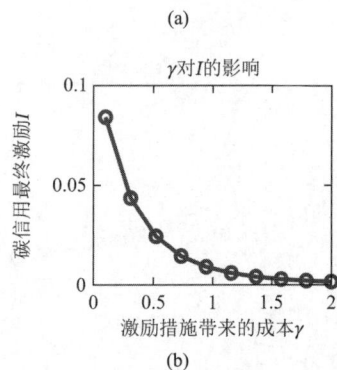

(b)

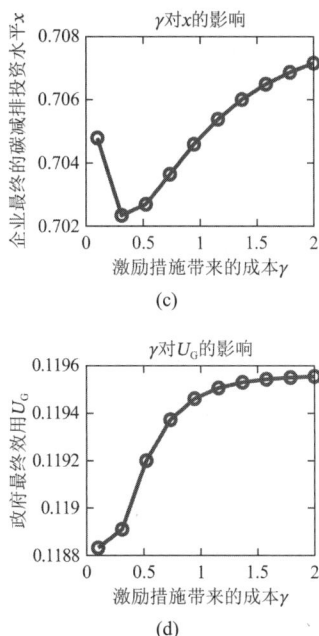

图 2　激励成本γ对系统参数的影响

4.3　短期与长期政策效应分析

　　根据图 3 中四个变量的迭代轨迹，可将政策效应划分为短期与长期效应两阶段，如表 2 所示。

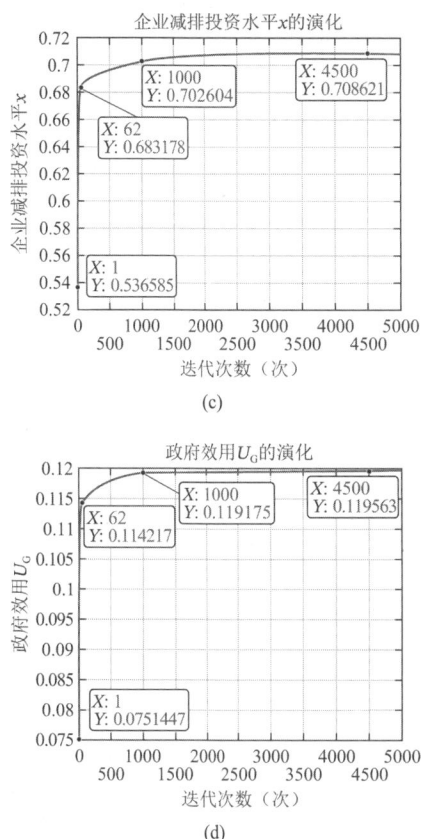

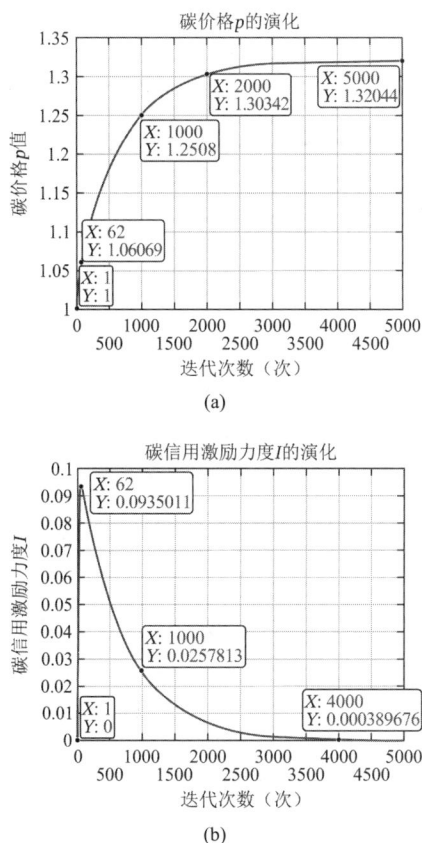

图 3　最终演化结果

变量演化趋势与政策阶段划分　表 2

变量	短期效应	长期效应
碳价格（p）	从 1.0 快速上升 1.06（迭代 62 次）	增长率为 17.92%（迭代 62～1000 次），增速放缓，逐渐趋于稳定
碳信用激励力度（I）	从 0.0 快速上升至峰值 0.093（迭代 62 次）	持续衰减至 0.026，增长率－72.43%，（迭代 62～1000 次），降速放缓进入低位稳态
企业减排投资水平（x）	从 0.537 升至 0.683，增长率 27.32%（迭代 62 次）	缓慢提升至 0.703，增长率 2.84%（迭代 62～1000 次），后逐渐趋于稳定
政府效用（U_G）	从 0.075 跃升至 0.1142，增长率 51.99%（迭代 62 次）	边际递减，增长率降为 4.34%（迭代 62～1000 次），最后趋于稳定

　　相关数值计算如下：

（1）碳价格增长率：

（迭代 62～1000 次）

$(1.2508 - 1.06069)/1.06069 \times 100\% \approx 17.92\%$

81

（2）碳信用激励增长率：

（迭代 62～1000 次）

$$(0.0257813 - 0.0935011)/0.0935011 \times 100\%$$

$$\approx -72.43\%$$

（3）企业减排投资增长率：

（迭代 62 次）

$$(0.683178 - 0.536585)/0.536585 \times 100\%$$

$$\approx 27.32\%$$

（迭代 62～1000 次）

$$(0.702604 - 0.683178)/0.683178 \times 100\%$$

$$\approx 2.84\%$$

（4）政府效用增长率：

（迭代 62 次）

$$(0.114217 - 0.0751447)/0.0751447 \times 100\%$$

$$\approx 51.99\%$$

（迭代 62～1000 次）

$$(0.119175 - 0.119175)/0.114217 \times 100\%$$

$$\approx 4.34\%$$

4.3.1　短期政策效应

（1）碳价快速攀升的杠杆作用

从图 3（a）和图 3（c）对比可知，政府通过初期高碳信用激励（$I = 0.093$）与配额收紧（如免费配额比例从 80% 降至 60%），直接推高碳价（p 从 1.0→1.06），使政策信号得到强化，进而倒逼了企业加速减排投资（x 从 0.537→0.683）。其次，企业也因碳价上涨预期提前锁定配额，形成"投资—减排—配额盈余"正向循环。

（2）碳信用激励的启动逻辑

从图 3（b）、图 3（c）和图 3（d）对比可知，政府效用值短期呈快速增长趋势，政府通过财政补贴（如将财政预算的 15%），用于碳信用激励（$I = 0.093$），可促进高排放企业技术改造。其次，当 $I > 0.093$ 时，到 1000 次迭代时，I 值降幅了 0.067。此时，企业的减排投资水平在第 62 次迭代后也开始增幅放缓，到 1000 次

迭代时，其增长率降为 2.84%。说明后期会触发动态补贴退坡机制，避免企业依赖补贴导致市场扭曲。因此，需要风险对冲设计。

4.3.2　长期政策效应

（1）碳价趋稳的均衡机制

从图 3（a）和图 3（c）对比可知，减排技术（比如光伏、储能等）规模化应用会使边际减排成本降低，迭代 2000 次后，碳价的增长速率变缓，说明高耗能行业配额削减会抑制碳价非线性上涨而趋稳。

（2）激励退坡下的投资转型

从图 3（b）和图 3（c）对比可知，领先企业会转向技术创新（如氢能研发投入等），而滞后企业依赖配额交易（出售盈余配额占比）获取利润。

（3）政府效用的边际优化

从图 3（c）和图 3（d）对比可知，长期技术规模化（如光伏、氢能等）带来的绿色就业增长与能源效率提升，成为 U_G 的重要增量来源。

（4）制度创新红利

从图 3（d）可知，成本—收益出现再平衡现象，而要想政府效用实现边际增长需要逐渐依赖制度创新而非单纯财政投入。因此，可以通过将减排设备未来收益打包为绿色低碳金融产品，提前变现缓解企业投资压力，同时为政府创造碳金融市场流动性，贡献 U_G 增量。

5　总结

本文从短期与长期政策效应角度对政府-企业碳减排投资决策博弈模型进行分析，得出以下结论：

（1）惩罚力度 β 呈现"双刃剑"效应。适度增强 β 能够通过降低碳价，促使企业减少对市场配额的依赖，转而采取内部减排措施，从而降低对高碳技术的依赖；但过高的 β 则会抑制碳信用激励与企业的减排投资，使企业短期面

临更大成本压力（如被动减产而非主动技术升级），同时削弱政府效用，反映出环境目标与经济利益在短期内存在冲突。

（2）激励成本γ显示出阈值效应及非线性影响。当γ低于 0.5 时，政策信号不足导致企业处于观望状态，减排投资受抑；而当γ超过 0.5 后，由于规模经济和政策可信度提升，企业投资回升，但政府效用在初期快速提升后呈边际递减趋势，说明在技术潜力饱和和政策重复补贴影响下，进一步增加投入的边际收益逐渐降低。

（3）短期与长期政策工具的协同优化。短期内通过高碳信用激励和配额收紧能够迅速推高碳价并倒逼企业加大减排，但必须设计动态退坡机制防止市场扭曲；而长期来看，技术扩散（如光伏、储能的规模化应用）有助于降低边际减排成本，使碳价趋于稳定，同时制度创新（如碳资产证券化）与市场联动成为提升政府效用的重要驱动。

基于上述研究结论，为实现碳激励与处罚之间的动态平衡、推动减排从"成本负担"向"增长机遇"的转型，提出以下具体对策建议：

（1）动态调控惩罚力度。政府应基于降碳数据建立实时监测系统，灵活调整惩罚力度。在短期内，适度增强惩罚力度促使企业减排动力向内部转化，降低对碳市场配额的依赖；同时，应设置明确的边界，避免过高β导致企业减排投资受挫和政府效用降低。这样既能激活短期减排，又能防止政策工具的过度依赖引发系统性风险。

（2）合理配置激励成本。针对激励成本存在阈值效应，建议政府在推动短期激励作用时，应确保财政投入达到足够的激励效果（如达到规模经济效应），避免低激励成本导致政策信号不足，同时防止高激励成本引起边际收益递减。通过动态调整机制，保持激励力度与企业投资回升之间的平衡，从而促进企业加大减排投入。

（3）短期政策工具的协同优化。短期内，建议政府采用高碳信用激励与配额收紧（如免费配额比例由80%降至60%）的组合措施，快速推高碳价，形成"投资−减排−配额盈余"的正向循环。但同时，应设计动态退坡机制，避免长期激励导致市场扭曲和资源浪费，确保政策效果在短期内呈现，同时又可平稳过渡。

（4）长期均衡与制度创新。在长期发展方面，政府应着力推进技术扩散和制度创新。推动可再生能源（如光伏、储能）规模化应用，降低企业边际减排成本，从而使碳价趋于稳定。同时，借助碳资产证券化和碳-电价格挂钩等制度创新，引导市场形成正向反馈机制，稳定提升政府效用。长期政策应注重逐步由财政补贴向制度约束和市场激励转变，为企业低碳转型提供持续支撑。

参考文献

[1] 陈喜阳, 周程, 王田. 多情景视角下中国能源消费和碳达峰路径[J]. 环境科学, 2023, 44(10): 5464-5477.

[2] 傅质馨, 李紫嫣, 朱俊澎, 等. "双碳"目标下需求侧管理机制研究综述及展望[J]. 电力信息与通信技术, 2023, 21(2): 1-12.

[3] 谭伟杰, 申明浩. 政府创业激励政策与地区市场主体活力: 兼议创业投资网络的空间分布格局[J]. 南开经济研究, 2024(9): 69-90.

[4] 魏欣, 张宗艺, 杨利鸣. 我国碳定价机制构建关键问题[J]. 南方能源建设, 2024, 11(5): 57-62.

[5] 陶春华. 我国碳排放权交易市场与股票市场联动性研究[J]. 北京交通大学学报(社会科学版), 2015, 14(4): 40-51.

[6] 谭显春, 郭雯, 樊杰, 等. 碳达峰, 碳中和政策框架与技术创新政策研究[J]. 中国科学院院刊, 2022, 37(4): 435-443.

［7］ 吕娟, 吕雁琴, 杨平, 等. 碳排放权交易能否促进企业绿色技术创新的"量质齐升"?[J]. 生态经济, 2025, 41(3): 75-85.

［8］ 芦彩梅, 李欣瑜. 碳排放权交易能提升高能耗企业韧性吗?: 基于准自然实验的证据[J]. 金融理论与实践, 2024(8): 30-42.

［9］ 李治国, 王杰, 王博瀚. 碳排放权交易如何影响企业全要素生产率? [J]. 管理评论, 2025, 37(2): 31-43.

［10］ 李鹏, 金刚. 碳排放权交易政策的就业效应[J]. 经济学动态, 2025(1): 94-110.

［11］ 田利军, 黎杰. 基于技术进步方向模型的市场型碳减排政策效应与机理研究[J]. 资源开发与市场, 2025, 41(1): 17-27.

［12］ 田昌民, 邝映珊, 崔嘉伟, 等. 碳信用视角下企业自愿减排与碳交易行为的演化博弈研究[J]. 工程学研究, 2025, 4(1): 8-17.

［13］ 李哲, 薛淞. 政府环境影响评价制度与企业绿色技术创新[J]. 金融研究, 2024, 525(3): 94-112.

［14］ PRAWITASARI P P, NURMALASARI M R, KUMALASARI P D. Blockchain technology in the carbon market: Enhancing transparency and trust in emissions trading[J]. Jurnal Revenue: Jurnal Ilmiah Akuntansi, 2024, 5(2): 1495-1521.

［15］ 李艺轩, 于歆, 梁月虹, 等. 完善中国碳信用交易机制的政策建议[J]. 新金融, 2024(3): 59-64.

［16］ 秦博宇, 周星月, 丁涛, 等. 全球碳市场发展现状综述及中国碳市场建设展望[J]. 电力系统自动化, 2022, 46(21): 186-199.

［17］ ZHAN K, PU Z. Carbon market and emission reduction: evidence from evolutionary game and machine learning[J]. Humanities and Social Sciences Communications, 2025, 12(1): 1-18.

［18］ DELACOTE P, KONTOLEON A, WEST T A P, et al. Strong transparency required for carbon credit mechanisms[J]. Nature Sustainability, 2024, 7(6):8.

［19］ 王钰涵. 绿色生产力赋能碳达峰碳中和动力机制和实践路径[J]. 广东经济, 2025(1): 49-51.

［20］ HUANG H, ZOU Y, WANG L, et al. Impact of carbon information disclosure on corporate financing constraints: evidence from the carbon disclosure project[J]. Australian Journal of Management, 2025, 50(1): 104-131.

［21］ WANG L, ZHOU Z, CHEN Y, et al. How does digital inclusive finance policy affect the carbon emission intensity of industrial land in the yangtze river economic belt of china? Evidence from intermediary and threshold effects[J]. Land, 2024, 13(8): 1127.

［22］ JIA K. Goals on the road: Institutional innovations in carbon peak and carbon neutrality[J]. Journal of Chinese Economic and Business Studies, 2022, 20(1): 95-107.

［23］ SI H, LI N, DUAN X, et al. Understanding the public's willingness to participate in the carbon generalized system of preferences (CGSP): An innovative mechanism to drive low-carbon behavior in China[J]. Sustainable Production and Consumption, 2023, 6(38):1-12.

［24］ 程耀华, 张宁, 康重庆, 等. 考虑需求侧管理的低碳电网规划[J]. 电力系统自动化, 2016, 40(23): 61-69.

［25］ 刘文君, 张婷, 黄聃. 碳核查机构寻租行为和政府奖惩机制: 基于三方演化博弈的仿真分析[J]. 昆明理工大学学报(自然科学版), 2023, 48(6): 187-197.

［26］ 周曙东, 雷会妨, 葛继红, 等. "双碳"背景下中国能源结构转型的碳减排潜力及宏观经济影响[J]. 中国人口·资源与环境, 2024, 34(12): 55-63.

［27］ 张彦博, 段天然, 陈阳阳. 基于双重委托代理的企业绿色技术应用道德风险分析[J]. 工业技术经济, 2020, 39(5): 83-90.

四川省低碳近零碳园区绿色建造技术研究与应用——以成都市天府永兴实验室园区建设项目为例

赵　立[1]　刘　鹏[1]　周莹山[2]　邓夏扬[3]　郭德琛[3]　陈　波[3]

（1. 成都工业学院，成都　611730；

2. 中国五冶集团有限公司，成都　610063；

3. 四川省住房和城乡建设厅，成都　610093）

【摘　要】　文章介绍了零碳园区的研究背景，对绿色近零碳设计技术、施工技术进行了研究，并以成都市天府永兴实验室园区建设项目为例，具体分析和阐述了四川省低碳近零碳园区绿色建造技术的研究成果。

【关键词】　低碳近零碳；园区；绿色建造技术

Research and Application of Green Construction Technologies for Low-Carbon and Near-Zero-Carbon Parks in Sichuan Province: A Case Study of the Chengdu Tianfu Yongxing Laboratory Park Construction Project

Zhao Li[1]　Liu Peng[1]　Zhou Yingshan[2]　Deng Xiayang[3]　Guo Dechen[3]　Chen Bo[3]

（1. Chengdu Technological University，Chengdu　611730；

2. China Fifth Metallurgical Group Co. ，Ltd.，Chengdu　610063；

3. Department of Housing and Urban-Rural Development of Sichuan Province，Chengdu　610093）

【Abstract】　The article introduces the research background of zero-carbon park, studies the green near-zero-carbon design technology and construction technology, and takes the Chengdu Tianfu Yongxing Laboratory Park Construction Project as an example to specifically analyze and expound the research results of low-carbon

基金项目：

1. 成都工业学院 2023 年科技服务团专项"宜宾市申报智能建造试点城市技术服务专项（2023FW009）"项目。

2. 四川省建筑渗漏治理工程技术研究中心 2025 年"绿色低碳建造管理与智能运维研究"项目。

3. 成墨工业数字化应用技术研究院 2025 年"工业园区数字化应用技术研究"项目。

and near-zero-carbon park green construction technology in Sichuan Province.

【Keywords】 Low-Carbon and Near-Zero-Carbon; Park; Green Construction Technology

1 研究背景

进入 21 世纪以来，随着城市化不断发展、人口剧增、资源消耗过度、环境污染，以及生态平衡遭到严重破坏等问题日益突出，可持续发展和绿色低碳理念越来越引起人们的高度重视，并成为当今世界各国所面临的重大课题。作为我国国民经济支柱产业的建筑业，如何走可持续发展之路是业界目前急需解决的重要问题。因此发展低碳、近零碳园区绿色建造，不仅具有绿色生态、工业化水平高、建筑质量佳等优点，还可以提高建筑质量和生产效率，降低成本，有效实现绿色发展、生态优先的目标。

2 国外低碳近零碳园区绿色建造技术的研究

2.1 国内研究现状

近年来我国已多次提及零碳园区和零碳工厂，2024 年 12 月 12 日，中央经济工作会议强调要协同推进降碳减污扩绿增长，并提出了建立一批零碳园区的目标。2024 年 12 月 13 日，工信部决定要深入推动工业绿色低碳发展，实施工业节能降碳行动，建设零碳园区、零碳工厂，以促进工业资源的规模化和高值化利用。2025 年 3 月 5 日，"建立一批零碳园区、零碳工厂"被写入 2025 年政府工作报告。在政策支持下，我国零碳园区建设进入高速发展阶段。

近年来，主要代表有以下园区：江苏无锡零碳园区作为江苏省内首个以零碳为主题的科技产业园，聚焦构建"一核九园二社区"的产城融合格局，以技术研发为主线打造核心区试点示范，如无锡星洲零碳工业园分布式光伏年发电量超 2500 万 kW·h，绿电交易预计达

1400 万 kW·h。福建浦城工业园区通过建立"星空地"一体化的碳排放监测及节能降碳管理服务体系，减少县域碳排放，构建低碳经济发展模式，项目覆盖四个园区，共计 131 家企业，通过采用 CEMS 监测设备、电碳表、激光雷达等高科技手段，实现对企业碳排放的实时监测和数据采集。同时，利用"电—碳"模型和智能电力监控，优化能源使用和管理。宁德时代零碳工厂依托极限制造体系，利用人工智能等技术，在高效运作的同时降低能耗与碳排放，3 年内生产每组电池耗时 1.7s 且缺陷率低，劳动生产率提高 75%，单位能耗降低 10%，碳排放量降低 57%，近期还发布了"零碳战略"，明确 2025 年实现核心运营碳中和及 2035 年价值链碳中和的目标。

2.2 国外研究现状

德国柏林欧瑞府零碳科技园无疑是这一领域的佼佼者。该园区通过实施能源转型和智能化管理，成功实现了零碳排放的目标。在能源利用方面，园区充分利用太阳能、风能等可再生能源，并借助智能电网系统实现电能的优化分配。这不仅确保了园区内能源的稳定供应，还大大降低了对传统化石能源的依赖。此外，园区内还建造了多个零碳建筑，这些建筑采用先进的节能技术和材料，实现了能源的高效利用和碳排放的大幅减少。同时，园区配备了绿色交通设施，如电动汽车充电站、自行车租赁点等，鼓励居民和企业采用低碳出行方式，进一步减少了碳排放。这些措施共同为居民和企业创造了一个既舒适又环保的生活和工作环境，实现了人与自然的和谐共生。

丹麦卡伦堡工业园区则是通过构建"工业共生体系"，实现了净零排放的壮举。园区内的

企业之间形成了紧密的循环经济产业链，通过废物交换和能源共享等方式，实现了资源的高效利用和排放的大幅减少。这种创新的发展模式不仅显著降低了企业的运营成本，还提高了资源的利用效率，减少了环境污染。例如，某家企业的余热可以被另一家企业用来加热或制冷，从而实现能源的循环利用。此外，园区还注重废弃物的回收利用，通过生物降解、焚烧发电等方式，将废弃物转化为资源，实现了资源的最大化利用。这种"工业共生体系"为其他园区提供了宝贵的经验借鉴，推动了全球零碳园区建设的蓬勃发展。

展望未来，随着科技的持续进步与创新，零碳园区的建设无疑将迈入一个更加广阔的发展新纪元。在全球气候变化和环境保护日益紧迫的背景下，零碳园区的建设不仅是应对环境挑战的必要举措，更是推动经济社会可持续发展的关键路径。

3 四川省低碳近零碳园区绿色建造技术的研究

3.1 总体要求

2025年3月，四川省发布《四川省零碳工业园区试点建设工作方案》，坚持以习近平生态文明思想、习近平经济思想为指导，深入贯彻党的二十大和二十届二中、三中全会精神，全面落实省委十二届历次全会部署要求，以碳达峰碳中和目标为引领，以发展模式深度变革为支撑，分别围绕资源加工、绿色高载能、外向出口、优势产业主导等不同类型工业园区，以清洁能源规模利用、绿色低碳产业培育、绿色低碳技术支撑、智慧能碳系统建设为主要路径，以碳捕集利用与封存、生态固碳和碳汇开发为补充手段，支持有条件的地区率先建设零碳工业园区。到2027年，力争在全省打造一批零碳工业园区，在零碳路径探索、场景打造、

统计核算、管理机制和发展模式等方面形成一批可复制可推广的经验，激发新的增长动能，为经济社会发展全面绿色转型提供有力支撑。

3.2 技术路径

3.2.1 清洁能源规模利用

探索发展"绿电直供"模式，强化园区与周边光伏、风电、水电等电力资源匹配对接，创新实施"隔墙售电"政策，提高园区可再生能源直供和消费比例。因地制宜发展分布式能源系统，推进园区内部及周边光伏、风电资源应建尽建，促进绿色能源替代。加快布局发展新型储能，规模化应用锂电池、钒液流电池、氢能、飞轮等先进储能技术。大力发展绿色智能微电网，建立"源网荷储充放"能源供应系统，强化电力需求侧管理，确保园区绿色能源稳定供应。

3.2.2 绿色低碳产业培育

将零碳工业园区作为绿色低碳产业发展的重要载体，探索新兴产业低碳发展和传统产业深度脱碳路径。针对新兴产业为主导的工业园区，加强产业延链补链强链发展，加快向低能耗、低污染、高附加值转型。针对传统产业为主导的工业园区，加快发展低碳原料、燃料替代技术，推动节能降碳升级改造，提升园区内企业和主要产品绿色低碳竞争力。针对清洁能源富集地区，依托零碳工业园区引导高载能产业转移集聚，打造大规模清洁能源转化基地。

3.2.3 绿色低碳技术运用

原料燃料替代、生产工艺深度脱碳、零碳工业流程再造、新型节能及新能源材料、碳捕集利用与封存等共性技术攻关突破，强化绿色低碳技术供给，促进产业化应用。推动园区内新建建筑按照超低能耗建筑、近零能耗建筑标准设计建造，全面推进园区既有厂房、办公用房和生活用房绿色低碳改造。

完善园区"物流＋交通＋人流"绿色出行体系，加快充电桩、换电站等绿色交通基础设施建设，大力推广电动、氢燃料载重货车、物流和公交车辆。

3.2.4　智慧能碳系统建设

推动互联网、大数据、人工智能、第五代移动通信（5G）等新兴技术与工业深度融合，打造智慧能碳综合管理平台，促进园区及企业构建碳排放数据计量、监测、核算体系，实现碳排放管理的可视化、可分析和可追踪，为提高碳核算数据质量夯实基础。发挥数字化系统对零碳工业园区支撑作用，支持园区内企业数字化转型智能化改造，探索利用数字孪生技术打造虚拟工厂，强化园区内生产活动精细化、数字化管理。

3.3　项目实施

为努力实现"双碳"目标，四川省积极响应、主动作为，2022 年以来，四川省共有 17 家园区入选为近零碳排放园区试点，这些园区在主导产业、建设路径、区域聚集度等方面展现出多样化的特点。代表园区有：天府总部商务区总部基地近零碳排放园区，侧重于打造星级绿色建筑群。宜宾三江新区东部产业园近零碳排放园区，实施交通电能替代工程。西昌钒钛产业园近零碳排放园区，突出光伏应用和传统产业转型。成都科创生态岛、宜宾电动重卡入选生态环境部绿色低碳、减污降碳典型案例，四川遂宁安居经开区入选国家减污降碳协同创新试点园区。这些园区通过提出各具特色的建设路径和模式，形成一批可复制可推广的试点经验，以实现低碳产业化、产业低碳化的目标。到 2025 年，预计这些试点园区的产值将达到 5000 亿元，绿色低碳优势产业产值达到 2000 亿元，有效控制碳排放总量，并显著优化产业和能源结构。

4　工程应用：以成都市天府永兴实验室园区建设项目（一期）为例

4.1　项目概况

天府永兴实验室是四川省、委省政府开展绿色低碳领域关键核心技术研究与转化的创新平台。天府永兴实验室以"碳中和＋"为核心，围绕"清洁低碳能源、资源碳中和、碳捕集与利用、碳汇与地质固碳、减污降碳协同、碳中和集成耦合"六大研究方向，推动绿色产业聚集发展和示范扩散，打造全国领先的碳中和技术创新策源地和产业发展"引擎"。

项目位于天府新区成都科学城，由两个地块组成，规划总用地面积约 43046.43m²，规划总建筑面积约 154956.09m²（地上建筑面积约 108364.29m²，地下建筑面积约 46591.80m²）。其中 1 号地块规划建筑面积 60431.80m²，为研发办公室；2 号地块规划建筑面积 94524.29m²，为"双碳"实验室。近零碳园区效果图如图 1 所示。

图 1　近零碳园区效果图

4.2　天府永兴实验室园区建设项目（一期）近零碳设计技术

项目以三星级绿色建筑、低碳园区与低碳建筑为设计目标，通过优化气候微环境、打造立体绿化景观、光导管引入自然光、综合利用太阳能、高效协同机电系统以及构建智慧能源管理系统等多重被动式和主动式技术策略协同，最大限度降低建筑能源消耗，打造一座绿色、智慧、舒适的科技创新平台和成果转化基地。无限碳环打造公园城市中的"双碳"实验室模拟图如图2所示。

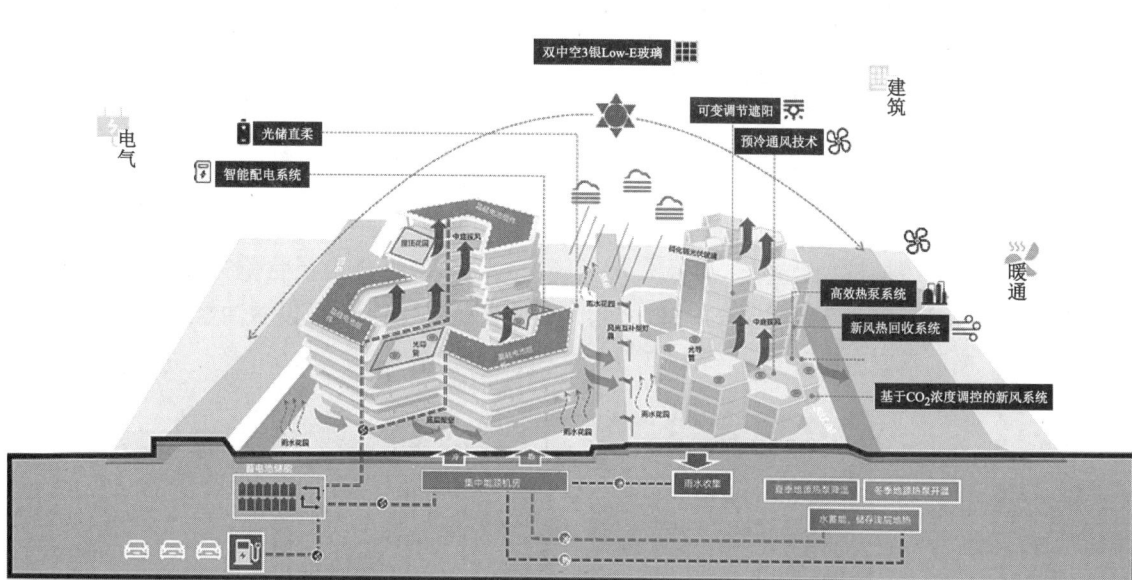

图2 无限碳环打造公园城市中的"双碳"实验室模拟图

项目以"无限碳环"为设计概念，选取具有碳原子代表性的"有机、生命"的六边形为设计母题，通过循环、错位、叠加等手法，以点、线等不同尺度的六边形组合，构建一座花园式的、有标识性的低碳园区。所谓的低碳建筑是适应气候特征与场地条件，在满足室内环境参数的基础上通过优化建筑设计，降低建筑用能需求，提高能源设备与系统效率，充分利用可再生能源和蓄能的建筑。

由于项目场地东北低，西南高，最大高差约10m。如果采用传统设计方法，不仅土方开挖运输量、作业机械需求量大，高能耗和碳排放量还将对环境造成严重的不利影响，为减少对场地原状的扰动，项目设计团队顺应地势，针对北侧研发中心采用双首层的设计策略，南侧"双碳"实验室设置局部地下车库，层层退台，形成高低错落、有层次感的建筑空间，巧妙消解现状高差，不仅极大地节省了建设成本，还实现了建筑与环境的和谐共生。

经过一系列被动式和主动式近零碳设计技术的实施，项目按三星级绿色建筑、低碳园区与低碳建筑要求，建成了一座绿色、智慧、舒适的科技创新平台和成果转化基地。

4.3 天府永兴实验室园区建设项目（一期）近零碳施工技术

项目以成都市"近零碳试点施工工地"、四川天府新区示范性试点施工工地为园区建设目标，通过污水处理设备、新能源施工机械及充电桩、可再生能源、装配式 PC 构件、绿色建筑材料、智能建造机器人及智能设备、智能监控平台等技术和设备打造全方位的绿色低碳施工，最大限度降低施工能源消耗，打造了一座绿色、智慧、近零碳的标杆性施工项目。

在工地主出入口设置智能洗车系统，设置三级沉淀池，采用污水处理设备净化带泥污水，净化后返回三级沉淀池储存，实现水资源重复利用（图3）。

一体化污水处理设备　　带泥污水处理中　　带泥污水处理后

图 3　施工园区污水处理系统

项目采用新能源挖机、运渣车、洒水车等车辆和机械。施工现场配备新能源充电桩，以此来满足施工现场新能源设备充电（图 4）。

项目部管理人员食堂采用清洁的可再生生物燃油，食堂顶部设置油烟净化器，减少环境污染（图 5）。

新能源充电桩　　　　　　新能源车辆

图 4　施工园区新能源施工车辆

生物燃油　　　　油烟净化器　　　　抽油烟机

图 5　施工园区食堂低碳技术应用

项目部主体框架结构采用预制柱、叠合板等预制 PC 构件，减少在建设过程中的物料浪费，同时也减少了建筑垃圾的产生（图 6）。

预制柱　　　　　　叠合板　　　　　　叠合梁

图 6　装配式混凝土构件

根据项目施工进度情况，分阶段使用智能机器人，减少资源浪费，节能减排（图7）。

智能布料机器人

整平机器人

扫地机器人

喷涂机器人

混凝土打磨机器人

图7　智能建造机器人应用

实时监控平台实现全过程在线能源消耗、污染物排放，环境保护实时反馈和预警，监测情况可视化（图8）。

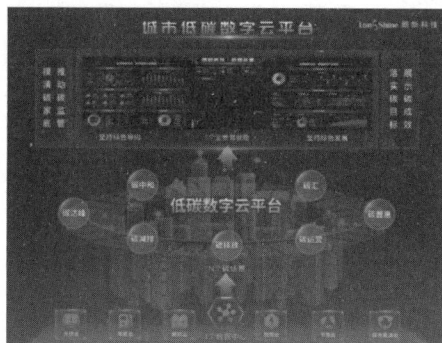

零碳排放监管平台

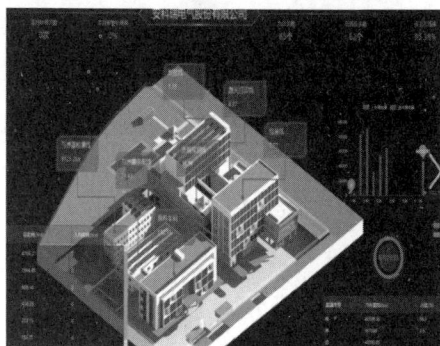

能源统计、分析

图8　施工园区实时监控平台

4.4　项目意义

天府永兴实验室是全国首家聚焦"碳中和"的实验室，也是天府新区首个"双碳"示范园区和"六个一批"示范项目之一。项目建设地点位于天府新区科学城片区，用地面积约64亩（约4.27万 m²），建设面积约16万 m²，项目以"碳中和＋"为核心，围绕"清洁低碳能源、资源碳中和、碳捕集与利用、碳汇与地质固碳、减污降碳协同、碳中和集成耦合"六大研究方向，旨在打造绿色低碳领域关键技术研究的核心平台、科技创新平台和成果转化基地、双碳技术展示的窗口。

建成后将为我国的绿色低碳发展做出重要贡献，同时也将为相关产业的发展提供新的机遇，为我国的绿色未来贡献力量。

5　总结

经过天府永兴实验室园区等近零碳园区示范项目实施，从中研究出四川省低碳近零碳园区绿色建造实施模式，为今后建设奠定了理论基础和实践依据。发展低碳近零碳绿色建造，加快推进工业化、数字化、智能化升级，是促进产业转型升级、高质量发展的必然要求，是我国实现"双碳"目标的必由之路。

参考文献

［1］ 陈钰. 绿色建筑项目管理难点分析与对策[J]. 绿色建筑, 2016(2): 14-17.

［2］ 杜弘翰. 绿色建筑全生命周期的项目管理模式研究[J]. 居舍, 2019(26): 120.

［3］ 刘晓君. 基于成本效率的绿色建筑碳排放权的确定和分配[J]. 西安建筑科技大学学报(自然科学版), 2019(5): 755-759, 766.

［4］ 高源. 整合碳排放评价的中国绿色建筑评价体系研究[D]. 天津: 天津大学, 2014.

［5］ 孔凡文, 王晓楠, 田鑫. 基于碳排放因子法的产业化住宅与传统住宅建设阶段碳排放量比较研究[J]. 生态经济, 2017(8): 81-84.

建设项目在施工阶段减碳措施与模型构建——以无锡项目为例

马 彪[1] 张 岚[2]

（1.南京博路环境管理咨询有限公司，南京 211100；

2. 生特瑞（上海）工程顾问股份有限公司，上海 200335）

【摘 要】 减碳是企业的社会责任，在项目建设过程中，许多施工单位采取了减碳的措施，以履行企业的社会责任。但是，这些措施缺乏系统性，且没有定量减碳成果，持续减碳缺乏动力。本文通过对比国内外的碳排放计量标准，建立建筑施工过程碳排放监测模型，通过严格监控施工现场，收集能耗、碳排放及资源循环利用数据。最后，结合建筑碳排放基础计算模型，对项目的低碳措施进行量化评估。研究表明，施工阶段减碳措施与模型可以帮助企业有效减少碳排放，给建设单位带来经济和社会效益。

【关键词】 低碳建造；隐含碳；碳排放监测

Carbon Emission Reduction Method and Model Development Project During the Construction-Case Study by Wuxi Project

Ma Biao[1] Zhang Lan[2]

（1. Nanjing Bloom Environment Consultant Co.，Ltd.，Nanjing 211100；

2. Century 3 (Shanghai) Inc.，Shanghai 200335）

【Abstract】 Carbon emission reduction is one of social responsivities for corporations. At the green filed projects, many constructions took measurement during construction to fulfil the reduction responsibility. However, these measurements lack of systematic approach and do not have quantitative results that lower the motivation for continuous efforts. This paper is based on the comparison of carbon discharge criteria and establishes the model of quantive calculations by taking mitigation methods to reduce carbon emission. Furthermore, the paper presents the calculation baseline for each mitigation initiation. At last, the paper summarizes the calculate and presents the results from reduction actions. The paper model might assist the contractors and the owner's to reduce the carbon emission with valid results which can bring added value for the owner economically and socially.

【Keywords】 Low-Carbon Construction；Embodied Carbon；Monitoring of Carbon Emission

1 背景

在全球范围内，建筑物的建设和运营每年约占 CO_2 排放量的 39%（图 1）。这意味着建筑业有大量机会和责任降低与建筑相关的碳排放，以应对气候危机。

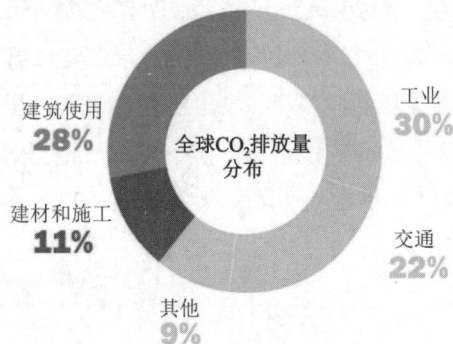

图 1 全球 CO_2 排放量分布
（来源：建筑 2030）

多年来，可持续设计一直专注于减少建筑的运营碳的影响，即安装节能的暖通空调系统，利用太阳能和高效的照明系统等。随着围绕全球气候变化的讨论不断深入，可持续的前沿研究已经开始关注建筑过程中的隐含碳，其是指建筑物在整个生命周期中，材料生产、运输、施工、拆除及废弃处理等阶段所产生的温室气体（主要是 CO_2）排放总和。它是建筑全生命周期碳排放的重要组成部分，与运营阶段的碳排放（如供暖、照明、空调能耗等）共同构成建筑的总碳足迹。

《2030 年建筑倡议》发布的数据显示，从 2020—2030 年的十年跨度来看，隐含碳占全球新建筑碳排放总量（隐含＋运营）的 74%。将时间框架延长到 2050 年，隐含碳仍占碳排放总量的 49%（图 2）。

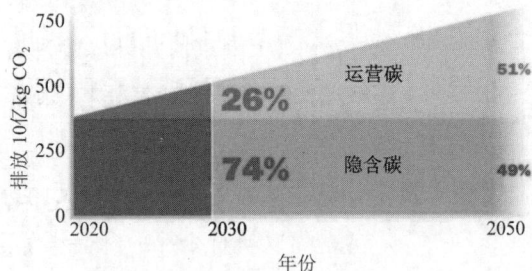

图 2 2020—2050 新建建筑全球碳排放趋势
（来源：建筑 2030）

由此可见，通过控制隐含碳，建筑业可在应对气候变化中发挥重要作用，助力实现碳中和目标。

无锡某项目为实现 2040 年碳中和的目标，对旗下新建项目都有减排目标。因此，本项目从设计、施工到运营，全寿命周期内都充分地考虑了可持续和低碳的技术措施。在施工过程中，虽然一部分项目采取了一些可持续的措施，如节能、节水，有利于减碳，但是这些措施缺乏系统性，同时，由于没有量化，采用措施后的减排效果无法激励团队或企业持久性地进一步减碳。本文期望建立减碳模型并量化采用措施后的减碳成果。

2 文献综述

关于在施工阶段的减排措施和减排成果评估，国内仍缺乏系统性的研究，由于减碳的起源和方法来自西方发达国家，本文作者阅读了国内外英文文献，期望在减排范围、减排措施和定量分析方面找出可以借鉴的案例与方法。

作者 Alkhayyal 的文章"供应链减碳责任"（2019 年）中指出所有的企业或项目必须要设计减碳策略和目标[1]。Behnke 等[2]在"车辆碳排放研究"（2021 年）中，提供了如何采用不同车辆计算碳排放的定量分析。Bi 等[3]在"综合减排方法"（2020 年）一文中指出了采用不同策略及组合方法减碳的定性分析方法。Luo 等[4]在"使用自行车上下班的减排优化方法"（2020 年）一文中，详细地分析了使用自行车通勤如何定量计量减碳量，给本文作者带来了启发与帮助。另外，世界银行在 2018 版"废弃物回收 2.0"阐述了建筑固体废弃物减排的方法与定量计算方法[5]。Zhen 等[6]在"临时仓库、建筑运营优化"（2022 年）一文中详细介绍了临时建筑节水、节电与减碳的关系与定量计算。

虽然以上研究有助于建筑工程在施工阶段的减排工作，也给出了一些定量分析的方法和案例。但是，缺乏系统性和定量评估。本文旨在建立施工阶段减排措施与构建模型。

关于减碳措施，目前的相关研究和贡献见表 1。

减碳措施相关研究和贡献　　表 1

编号	研究内容	贡献	参考文献	年份
1	供应链企业减碳的社会责任	制定企业的减碳策略与目标	1	2019
2	车辆与碳排放量的关系	使用不同车辆对碳排放的定量分析	2	2021
3	多策略减碳	采用不同策略及组合的定性分析	3	2020
4	使用自行车与上下班减碳的关系	定量分析自行车使用距离与减碳	4	2020
5	废弃物回收	分批处理废弃物可以减少碳排放	5	2018
6	临时办公室、仓库节能方法	节能、节水的方法与措施	6	2022

以上的研究缺乏针对项目建设施工阶段的系统性，以及减碳措施的策划、实施与评估。

3　研究路线图

为了解决在施工阶段如何减碳并使之长久这个实践问题，本文的研究内容是如何系统性地采取减排措施并量化成果？基于文献研究和分析，本文从四个方面，即上下班交通、临办节电、现场节水、废弃物分类处理采取减排措施，定期收集数据，并与基础数据比较，转化成定量的碳排放量，并通过案例进行阐述与论证，最后得出相应的结论。

本文研究路线图如图 3 所示。

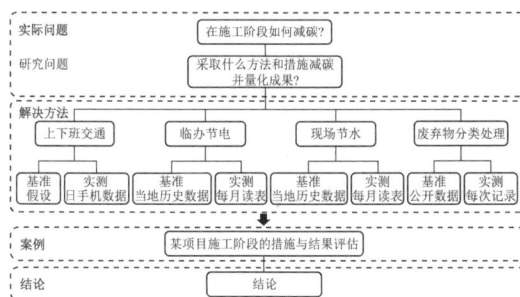

图 3　研究路线图

4　案例

4.1　项目介绍

本项目为某著名公司在现有园区内扩建的一次性袋装用品制造中心项目，包括新建多层丙类厂房 1 栋、单层丙类仓库（局部 2F）1 栋、办公楼（多层公共建筑）1 栋、两栋单层连廊（丙类厂房）及垃圾房（丁类）1 栋，并对相关原有建筑的外立面进行改造。

项目开发周期为 2019—2024 年。

其中办公楼获得 LEED 铂金认证，厂房和仓库获得 LEED 银奖认证。

在满足 LEED 要求的基础上，该项目在设计和施工过程中还采用了多种低碳技术与管理措施。例如，优先选用低隐含碳的建筑材料，选择运输距离较近的材料以减少运输过程中的碳排放；采用高效施工设备以降低施工中的碳排放；在屋顶安装太阳能发电装置以抵消部分碳排放；并在施工过程中实施员工的低碳管理。这些低碳措施旨在支持无锡某项目实现2040年碳中和的目标。

4.2　参考标准

4.2.1　BS EN 15978

全称为《建筑工程的可持续性-建筑物环境性能的评估-计算方法》BS EN 15978: 2011 (*Sustainability of Construction Works-Assessment of Environmental Performance of Buildings-Calculation Method*)。

该标准于2011年11月发布，属于欧洲标准化委员会（CEN）技术委员会TC350制定的建筑可持续性评估标准体系的一部分，旨在为建筑物的环境性能评估提供统一的方法论。

BS EN 15978基于生命周期评估（Life Cycle Assessment，LCA）的原则，规定了评估建筑物从"摇篮到坟墓"（从原材料开采到建筑拆除的全生命周期）环境影响的计算方法。

BS EN 15978将建筑生命周期划分为以下几个主要阶段（模块），如图4所示，每个阶段的环境影响都需要纳入评估：

（1）生产阶段（A1～A3）：原材料提取、加工及建材生产。

（2）运输阶段（A4）：材料运输到施工现场。

（3）施工阶段（A5）：施工过程及相关能源消耗。

（4）使用阶段（B1～B7）：

①B1：使用过程中的排放（如材料老化释放）。

②B2～B5：维护、修理、更换和翻新。

③B6～B7：运营能源和水资源使用。

（5）报废阶段（C1～C4）：拆除、运输、废物处理及处置。

（6）再利用/回收潜力（D模块）：超出系统边界的潜在环境效益（如材料回收利用）。

这些模块共同构成了建筑全生命周期的环境影响评估框架。

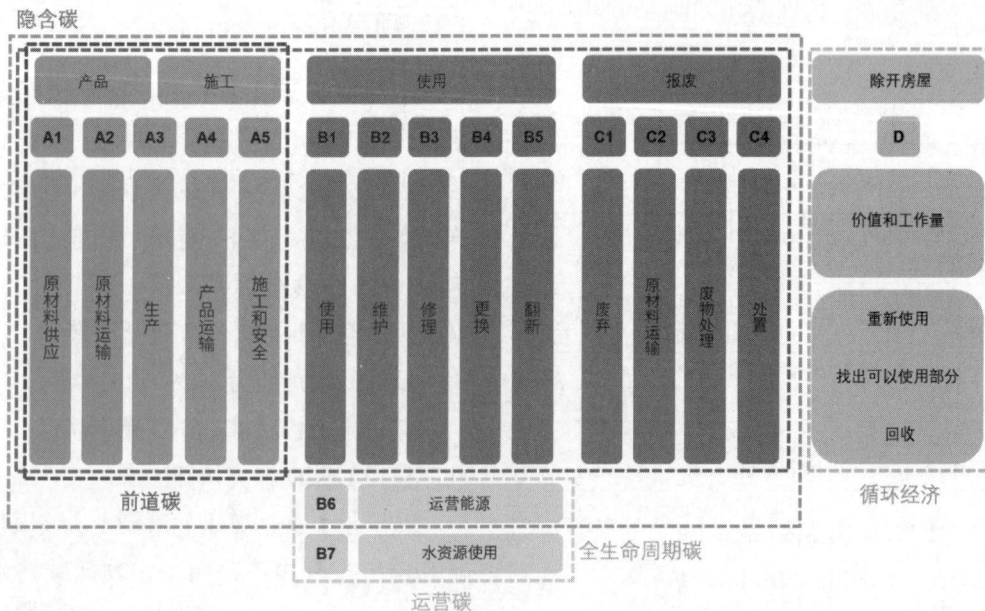

图4　BS EN 15978各阶段示意图

BS EN 15978被广泛应用于：

（1）绿色建筑认证：如BREEAM、LEED

等，要求建筑生命周期的环境影响评估。

（2）政策制定：帮助政府和机构制定建筑行业的碳减排目标。

（3）项目优化：指导建筑师和工程师在设计阶段选择低碳材料和节能技术。

4.2.2 《温室气体议定书》

《温室气体议定书》建立了全面的全球标准化框架，以衡量和管理来自私营和公共部门业务、价值链和缓解行动的温室气体排放。

在世界资源研究所（WRI）和世界可持续发展商业理事会（WBCSD）之间 20 年伙伴关系的基础上，《温室气体议定书》与各国政府、行业协会、非政府组织、企业和其他组织开展合作。

根据无锡某项目可持续发展政策的需求，新建项目需要汇报根据该标准定义的范围 1～范围 3 的碳排放（图 5）。

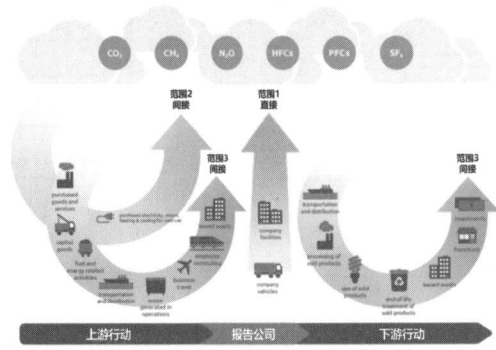

图 5 温室气体排放范围和价值链

4.2.3 《建筑碳排放计算标准》GB/T 51366—2019

项目同时参考了我国建筑碳排放计算标准，我们将 GB/T 51366 和 BS EN 15978 进行了对比，如图 6 所示，两个标准在定义碳排放的范围上，基本保持一致。在施工过程中的碳排放主要是 A1～A5 模块，也就是国标规定的建筑材料生产运输和建筑施工阶段。

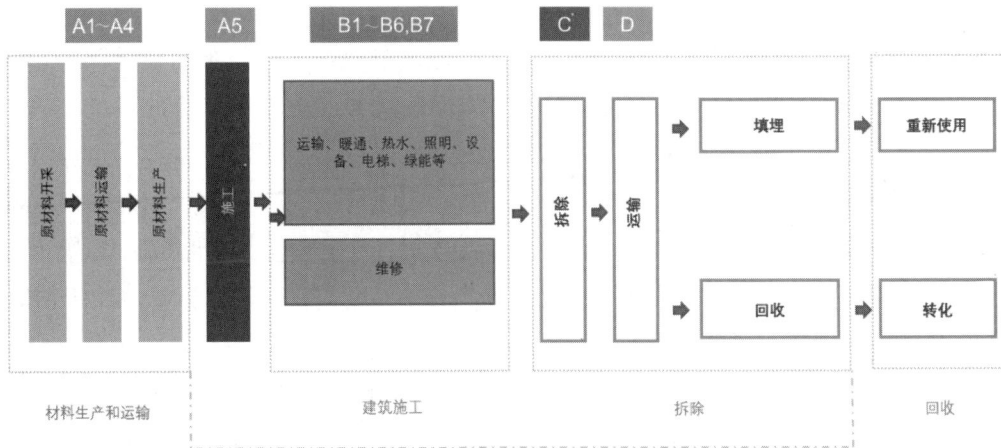

图 6 BS EN 15978 和 GB/T 51366 阶段对比

4.3 方法

通过综合考虑如上的标准的要求，项目实施了从设计到运营的全过程低碳设计和管理策略。设计阶段，项目参考 LEED 认证、无锡某项目可持续设计要求等指导文件，并使用计算机模拟辅助设计，在绿色建筑、节能建筑等方面进行了优化设计。在建设阶段，主要考虑材料的生产（A1～A3）、材料运输（A4）和施工安装（A5）几个模块的碳排放。项目还考虑了施工现场的可持续管理，包括绿色施工、施工废弃物管理和工地临时建筑的管理，也包括管理人员和工人的低碳通勤。

运营阶段包括建筑的日常维护、绿色电力的购买等措施（图 7）。

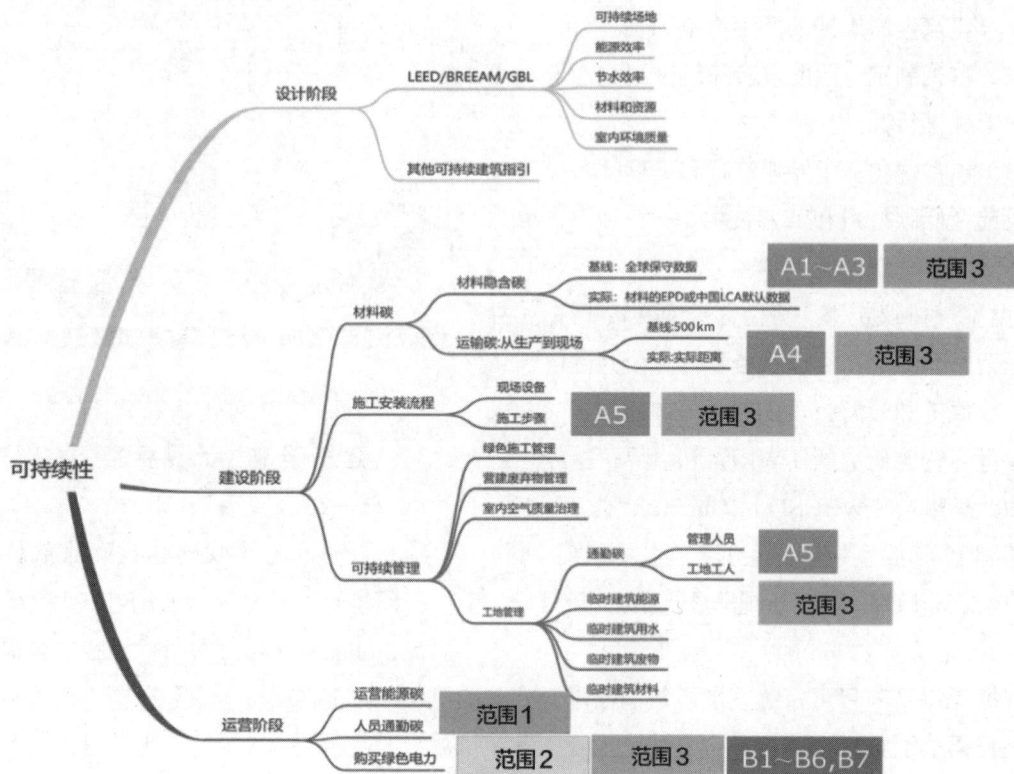

图 7　项目可持续策略思维导图

因为本文主要聚焦于项目的建设阶段，因此设计阶段和运营阶段不在本文的讨论范围内。

根据 BS EN15978 中的定义，建筑材料和施工属于前期隐含碳，对于建设项目，在设计阶段的结构设计和选材方面就需要充分地考虑，比如，不同的结构设计用材量会有明显区别。结果就是不同的设计方案隐含碳有较大的差异。前期的设计较多依赖于材料隐含碳的数据库，目前有多款国内外的设计辅助软件可以选择，比如 Revit 插件 EC3、Tally 等，国内软件 PKPM、斯维尔等，这里也不再赘述。

在建设施工阶段，项目团队可以做的就是在满足设计要求的前提下，选择碳排放更少的材料，比如同一种强度等级的混凝土，不同厂家提供的 EPD 证书中碳排放的数据是有差异的，项目团队会更倾向于使用碳排放更少的产品。同时，项目团队也建立材料碳排放的基准，

以分析本项目对比传统的建设项目在碳排放方面的优势。材料的碳排放基准，我们采用 EC3 软件中给出的对应材料的全球平均默认值。实际情况中，我们采用材料厂家提供的 EPD 报告中的数值，如果某种材料暂时无法提供 EPD，我们将采用同类型材料有 EPD 证书的数值，或者采用 GB/T 51366 标准中的默认值。由此可以看出，材料的碳排放数据很大程度上取决于厂家是否能提供准确的碳足迹数据，目前国内市场上可以提供碳排放数据的材料商正逐年增多。

材料的运输，项目要求所有材料的运输距离不能大于 500km，尽可能地减少材料的运输碳排放。本项目位于无锡，对应类似无锡这样的经济发达地区，这部分的碳减排是比较容易实现的。

工地的可持续管理，项目团队主要记录电耗、水耗、施工垃圾、生活垃圾和人员的通勤。

同时包括电耗、水耗和通勤对应的碳排放，根据无锡某公司的规定，这部分属于范围3的碳排放。为对比项目措施的效果，项目团队也针对这些措施建立了相应的对比基准。比如电耗，本项目采用无锡当地的可以检索到的同类型办公室的平均能耗作为对比基准。通勤的对比基准是管理人员都默认的自驾通勤，工人都默认的大巴通勤。可持续管理的低碳措施包括采用高能效比的设备、LED照明、感应节水器具、充电车位等措施，鼓励工地的低碳、节能环保。

通过如上描述的实施方案，项目团队可以记录施工过程中的相关可持续措施的效能。为更好地记录这些数据，项目团队还采用了基于数据云的管理平台，数据输入通过三端互通，管理人员和工人都可以通过手机实时上传相关数据，并可以实时显示在云端。做到数据的实时共享和透明，全体成员都能随时跟踪项目可持续的效能（图8）。

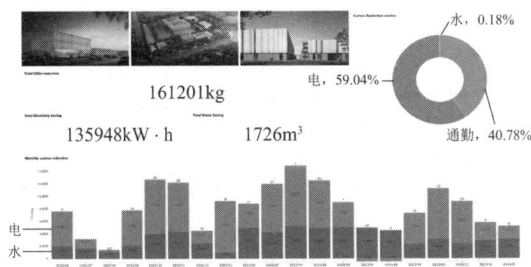

图8 项目可持续施工管理云平台

4.4 成果

本项目在设计施工过程中落实了计划中的可持续措施，并获得LEED认证，其中行政楼获得了铂金奖，生产楼和仓库获得银奖。项目最终的可持续成果如表2所示。

本项目参考了国际、国家和某公司三个层面相应的可持续标准，项目团队在执行过程中边执行边摸索，对项目绿色降碳全过程进行跟踪、计量，并对绿色降碳效果进行技术核算和

评估，为某项目的碳中和战略执行提供宝贵的基础数据和试点示范。同时，其他类似的建设项目也提供了借鉴意义。节约资源材料、减少浪费、减少排放、避免施工对环境的破坏，这是企业的社会责任，更是企业持续发展的必由之路。

项目可持续成果统计　　　　表2

项目	值	单位
施工管理减排量，以CO_2e计算	161	t
节电	134948	kW·h
节水	1726	m³
场地管理部分垃圾填埋转移量	3584	kg
施工垃圾填埋转移量	49556	kg
主要材料隐含碳减少量，以CO_2e计算	2311	t
主要材料运输碳排放减少量，以CO_2e计算	143	t

5 结论

本文针对建设项目在施工阶段缺乏系统性的减碳措施，结合当前研究的主要内容与方法，建立了施工阶段减碳的主要方法与措施，并做出定量分析。基于减碳成果，企业可以将减碳结果经论证后进行交易以获得经济和社会效益，增强企业、项目团队在新项目中持续采取减碳的动力，我们可以得出以下结论：

（1）在施工期间，企业可以事先策划减碳目标，包括上下班交通、临水、临电、绿电和废弃物。

（2）在实施过程中，依据计划采取具体措施并相应收集数据，计算成果，在项目中宣讲，保持减碳的持续性。

（3）将减碳成果经专业单位论证后，以建设单位名义上市交易，获得经济和社会效益。

本文只是抓住了施工阶段减碳的主要方向进行定性定量分析，随着新技术和方法的出现和更新，本模型也可以进一步优化和调整。如何使用DeepSeek等新技术，将会是一个新的课题。

参考文献

［1］ ALKHAYYAL B. Corporate social responsibility practices in US: Using reverse supply chain network design and optimization considering carbon cost[J]. Sustainability, 2019, 11(7): 2097.

［2］ BEHNKE M, KIRSCHSTEIN T, BIERWIRTH C. A column generation approach for an emission-oriented vehicle routing problem on a multigraph[J]. European Journal of Operational Research, 2021, 288(3): 794-809.

［3］ BI K, YANG M, ZHOU X, et al. Reducing carbon emissions from collaborative distribution: A case study of urban express in China[J]. Environmental Science and Pollution Research International, 2020, 27(14): 16215-16230.

［4］ LUO H, ZHAO F, CHEN W Q, et al. Optimizing bike sharing systems from the life cycle greenhouse gas emissions perspective[J]. Transportation Research Part C: Emerging Technologies, 2020(117): 102705.

［5］ WORLD BANK (WB). What a waste 2.0: A global snapshot of solid waste management to 2050[R]. 2018.

［6］ ZHEN L, LI H. A literature review of smart warehouse operations management[J]. Frontiers of Engineering Management, 2022, 9(1): 31-55.

［7］ 中国建筑科学研究院有限公司, 等. 建筑碳排放计算标准: GB/T 51366—2019[S]. 北京: 中国建筑工业出版社, 2019.

数智时代的新工程管理

New Engineering Management in the Digital Age

考虑延迟效应的装配式供应链中断动态恢复策略

王子伦[1] 张 哲[2] 何清华[2]

（1. 苏州科技大学土木工程学院，苏州 215011；

2. 同济大学经济与管理学院，上海 200092）

【摘 要】 考虑供应链恢复努力的延迟效应，本研究旨在探讨有限时间内的装配式供应链中断的动态恢复策略。运用微分博弈的方法，研究了协作机制、纳什非合作机制和成本共担机制三种决策机制下的最优恢复策略。研究发现：①恢复努力的延迟效应刺激供应商和承包商投入更大的恢复努力，提高了建筑生产率和完成的总建筑工作量，但同时降低了装配式供应链的总利润。②最佳决策模式根据延迟条件而变化：在最小延迟条件下，集中式模式效果最佳，而随着延迟时间增加，成本分担模式变得越来越有优势。理论层面，本研究通过全面理解供应商和承包商如何随时间动态调整恢复努力以从装配式供应链中断中恢复，促进了装配式供应链韧性研究。实践层面，本研究发现可以指导供应商和承包商制定考虑延迟效应的恢复计划，并基于特定项目参数而非默认标准化方法理性选择决策模式。

【关键词】 装配式供应链；恢复策略；延迟效应；微分博弈；决策机制

Dynamic Recovery Strategies for Prefabricated Supply Chain Disruptions Considering Delay Effects

Wang Zilun[1] Zhang Zhe[2] He Qinghua[2]

（1. School of Civil Engineering，Suzhou University of Science and Technology，Suzhou 215011；

2. School of Economics and Management，Tongji University，Shanghai 200092）

【Abstract】 Considering the delay effects of recovery efforts in supply chains, this study investigates dynamic recovery strategies for disruptions in prefabricated supply chains within a limited timeframe. Using a differential game approach, this study examines optimal recovery strategies under three decision-making mechanisms: Collaborative, Nash non-cooperative, and cost-sharing mechanisms. The results are: ①The delayed effect of recovery efforts stimulates suppliers and contractors to invest greater recovery efforts, improving construction productivity and total completed construction work, but simultaneously reducing the total profit of the prefabricated supply chain. ②The optimal decision-making pattern varies according to delay conditions: under minimal delay conditions, the centralized model performs best, while as delay time increases, the cost-sharing model becomes increasingly advantageous. At the theoretical level, this study advances research on prefabricated supply chain resilience by comprehensively understanding how suppliers and contractors dynamically adjust recovery efforts over time to recover from prefabricated supply chain disruptions. At the practical level, these findings can guide suppliers and contractors in developing recovery plans that consider delay effects, and in rationally selecting decision-making models based on specific project parameters rather than defaulting to standardized approaches.

【Keywords】 Prefabricated Supply Chain；Recovery Strategy；Delay Effect；Differential Game；Decision-Making Mechanism

1 引言

装配式建筑在全球建筑实践中日益普及，提高了生产效率、安全性和自动化水平[1]。装配式供应链包括工厂预制、物流和现场装配三个阶段[2]。随着行业对装配式建筑效率要求的提高，其常面临着碎片化和互操作性差的挑战[3]。协调多个过程的复杂性使装配式供应链容易受到外部不确定因素的影响，如运输延误和市场不稳定导致的材料供应波动[4]。这些不确定性使建设项目面临装配式供应链中断的风险。装配式供应链中断指的是预制构件在抵达建设现场前，其制造、运输或交付过程中的中断[5]。例如，在我国香港地区，预制构件主要在内地生产，这种装配式供应链的地理分散性在新冠疫情期间尤为脆弱[4]。为了应对装配式供应链中断，供应商和承包商必须投入额外努力来恢复装配式供应链[3]。这种恢复过程本质上属于供应链韧性管理的范畴。在资源有限的情况下，了解装配式供应链成员如何确定最佳恢复策略以最大化收益对

提升装配式供应链韧性和确保项目顺利实施具有实际价值。

由于工业化生产和建设的固有特性[6]，供应商和承包商的恢复努力不能立即提高建设恢复率，表现出延迟效应。此外，时间敏感、项目化的装配式供应链性质与制造业供应链的特性不同。在制造业供应链中，恢复努力需要考虑长期需求的不同性质[7]，而在装配式供应链中，恢复努力必须在有限的项目期间内执行[8]。因此，有必要探索装配式供应链环境下的动态恢复策略。本研究旨在探究考虑延迟效应的情况下，有限时间内的装配式供应链中断的动态恢复策略。采用微分博弈方法，本研究在协作机制、纳什非合作机制和成本共担机制三种决策机制下开发了装配式供应链恢复的决策和利润模型，并采用数值分析方法比较了三种机制下的最优恢复努力和利润，旨在回答下面的研究问题：

研究问题 1：在考虑延迟效应的情况下，装配式供应链中的供应商和承包商如何制定最优的动态恢复策略以应对供应链中断？

研究问题 2： 不同决策机制（协作机制、纳什非合作机制和成本分担机制）如何影响装配式供应链中断后的恢复努力、建筑恢复率和整体利润？

2 文献综述

装配式供应链中断是指显著损害或阻断装配式供应链运作的非计划事件，导致预制构件无法按时交付[9]。装配式供应链中断影响预制活动的专业化网络，包括工厂生产建筑构件的制造、运输和存储环节[10]。随着全球供应链持续波动和预制技术加速应用，这些中断事件日益频繁且严重[4]。相较于传统建筑供应链，装配式供应链对中断表现出更高的脆弱性，这源于利益相关方更强的相互依赖性、更严格的进度要求以及不同阶段任务间更紧密的关联[11]。Nabi 等[12]强调，预制建筑的模块化特性形成了关键路径依赖，一个构件的中断可能在整个项目中产生连锁反应。这种脆弱性不仅威胁装配式供应链的平稳运行，还阻碍预制建筑项目在时间、成本和质量方面目标的实现[10]。

先前研究已识别出多种触发装配式供应链中断的因素。在我国香港地区的一项实证研究中，Ekanayake 等[4]确定了经济、技术、程序、组织和生产五个维度的 26 个脆弱性指标，其中技术工人短缺被认为是最关键的脆弱因素。Lee 等[13]指出，供应链内各方常面临利益冲突，不同参与方之间的对抗性中心化关系对供应链构成中断威胁，这与 Hwang 等[14]的研究发现一致。Luo 等[15]通过社会网络分析方法，确定了资源规划不足、工作流程控制不佳以及信息共享不充分是预制建筑项目中主要的供应链风险。Zhang 和 Yu[10]指出，预制构件的交付可能受到各种运输限制的干扰，导致预制建筑项目延误。Besklubova 等[16]强调，预制供应链的地理分布碎片化增加了装配式供应链中断的风险。Zhai 等[17]指出，库存损失、设备故障以及装配过程中的损坏和事故等安全隐患也是普遍存在且需要关注的问题。

尽管现有研究已经识别了装配式供应链中断的多种因素和风险，但关于中断后如何制定有效的恢复策略，特别是考虑延迟效应下的动态恢复决策研究仍然有限。本研究正是基于这一研究的不足，探索在不同决策机制下，供应商和承包商如何优化其恢复努力以应对装配式供应链中断。

3 模型描述与假设

本研究假设建筑项目中的装配式供应链由一个供应商和一个承包商组成。装配式供应链依赖于供应商与承包商的协调，任何一方的中断都可能导致项目延迟[4]。基于实际背景和相关文献，本研究开发了一个动态博弈模型，表 1 描述了模型的主要变量和参数。

主要变量与参数描述　　　表 1

变量及参数	定义
$V(t), E(t)$	供应商和承包商的恢复努力
ϕ	成本补贴比率
$r(t)$	t 时刻项目的建设恢复率
μ_1, μ_2	供应商和承包商恢复努力对建设恢复率的影响系数
d_1, d_2	供应商和承包商恢复努力对建设恢复率的延迟时间
k_s, k_c	供应商和承包商恢复努力对恢复成本的影响系数
ρ_s, ρ_c	供应商和承包商完成建设工作量的边际利润
$C_s(t), C_c(t)$	供应商和承包商的恢复成本
σ	建设恢复率的自然衰减率
β	业主对到期未完成建设工作量的惩罚系数
T	剩余建设周期
λ	供应商和承包商之间的惩罚分配比率

续表

变量及参数	定义
R	在剩余建设周期内需完成的指定建设工作量
R'	剩余建设周期内未完成的建设工作量

假设 1：装配式供应链中断后，供应商的恢复努力［$V(t)$］体现在预制构件的制造能力和物流效率的恢复上。承包商的恢复努力［$E(t)$］反映在对这些构件的现场管理和安装能力的提升上。

假设 2：建设恢复率决定项目能否在规定期内完成[18]，影响供应商和承包商的利润。因此，我们将其作为微分博弈中的状态变量。根据 Li 等[19]的研究，我们在描述建设恢复率动态变化的微分方程中包含了延迟效应。装配式供应链能力限制也会导致建设恢复率自然衰减[20]。建设恢复率的动态过程表示为以下微分方程：

$$\dot{r}(t) = \frac{\mathrm{d}r(t)}{\mathrm{d}t} = \mu_1 V(t - d_1) + \mu_2 E(t - d_2) - \sigma r(t) \quad (1)$$

假设 3：建设项目有规定的建设期限。供应链恢复通常在有限期间内完成。我们在剩余建设期限 T 内建立了博弈模型。有限时间范围内的决策问题可以忽略时间价值[21]。参照 Zhang 等[22]的做法，我们在主要模型中不纳入折现因子。

假设 4：R 代表在 T 期限内需要完成的规定建设工作量。承包商在 T 期限内能够完成的实际建设工作量是 $r(t)$ 的积分。作为项目的主要执行者，承包商对成功实施项目有更大需求。为了激励供应商解决中断问题，向供应商提供恢复成本补贴比率 ϕ。

假设 5：装配式供应链的恢复需要恢复成本（供应商和承包商的财务和人力资源投入）。参照 Sheu[23]的研究，恢复成本受递减回报影响，是恢复努力的凸函数。恢复成本表示如下：

$$C_i(t) = \frac{1}{2} k_i X_i(t)^2, i = s, c \quad (2)$$

项目的建设恢复率随时间变化。供应商和承包商都可以动态调整他们的恢复努力。基于上述假设，本研究旨在解决的动态优化问题如下所示：

$$\begin{cases} \max\limits_{r(t) \geqslant 0} \pi_s = \int_0^T \left[(\rho_s + \lambda\beta)r(t) - (1 - \phi)\frac{1}{2} k_s V(t)^2 \right] \mathrm{d}t - \lambda\beta R, \\ \max\limits_{E(t) \geqslant 0; \phi \in [0,1]} \pi_c = \int_0^T \left\{ [\rho_c + (1 - \lambda)\beta]r(t) - \phi\frac{1}{2} k_s V(t)^2 - \frac{1}{2} k_c E(t)^2 \right\} \mathrm{d}t - (1 - \lambda)\beta R \\ \text{s.t.} \dot{r}(t) = \mu_1 V(t - d_1) + \mu_2 E(t - d_2) - \sigma r(t), r(0) = r_0 \end{cases} \quad (3)$$

4 三种决策机制

4.1 协作机制

在协作机制下，供应商和承包商旨在最大化装配式供应链的整体利润。用上标 C 表示协作机制，决策问题表述如下：

$$\max_{r(t):E(t) \geqslant 0} \pi^C = \int_0^T \left[(\rho_s + \rho_c + \beta)r(t) - \frac{1}{2} k_s V(t)^2 - \frac{1}{2} k_c E(t)^2 \right] \mathrm{d}t - \beta R \quad (4)$$

命题 1：在协作机制下，最优恢复努力和建设恢复率的最优轨迹为：

$$\begin{cases} V^{C*}(t) = \frac{\mu_1(\rho_s + \rho_c + \beta)e^{\sigma d_1}}{\sigma k_s} [1 - e^{\sigma(t-T)}] \\ E^{C*}(t) = \frac{\mu_2(\rho_s + \rho_c + \beta)e^{\sigma d_2}}{\sigma k_c} [1 - e^{\sigma(t-T)}] \end{cases} \quad (5)$$

$$r^{C*}(t) = \begin{cases} r_0 e^{-\sigma t}, & t \leqslant d_2 \\ \left[C_{1C} + r_0 - \dfrac{J_2 \mu_2^2}{\sigma} + \dfrac{J_2 \mu_2^2 e^{-\sigma(T+d_2)}}{2\sigma} \right] e^{-\sigma t} + \dfrac{J_2 \mu_2^2}{\sigma} - \dfrac{J_2 \mu_2^2 e^{-\sigma(T+d_2)}}{2\sigma} e^{\sigma t}, & d_2 < t < d_1 \\ \left[r_0 - \dfrac{J_1 \mu_1^2 + J_2 \mu_2^2}{\sigma} + \dfrac{J_1 \mu_1^2 e^{-\sigma(T+d_1)} + J_2 \mu_2^2 e^{-\sigma(T+d_2)}}{2\sigma} + C_{2C} \right] e^{-\sigma t} + \\ \dfrac{J_1 \mu_1^2 + J_2 \mu_2^2}{\sigma} - \dfrac{J_1 \mu_1^2 e^{-\sigma(T+d_1)} + J_2 \mu_2^2 e^{-\sigma(T+d_2)}}{2\sigma} e^{\sigma t}, & t \geqslant d_1 \end{cases} \tag{6}$$

4.2　纳什非合作机制

在纳什非合作机制下，供应商和承包商作为平等的合作伙伴运营，各自寻求最大化自身利润。承包商不承担与供应商恢复努力相关的任何成本（$\phi = 0$）。使用上标 N 表示这种机制，决策问题表述如下：

$$\max_{r(t) \geqslant 0} \pi_s^N = \int_0^T \left[(\rho_s + \lambda\beta) r(t) - \frac{1}{2} k_s V(t)^2 \right] dt - \lambda\beta R \tag{7}$$

$$\max_{E(t) \geqslant 0} \pi_c^N = \int_0^T \left\{ [\rho_c + (1-\lambda)\beta] r(t) - \frac{1}{2} k_c E(t)^2 \right\} dt - (1-\lambda)\beta R \tag{8}$$

命题 2：在纳什非合作机制下，最优恢复努力和建设恢复率的最优轨迹为：

$$\begin{cases} V^{N*}(t) = \dfrac{\mu_1(\rho_s + \lambda\beta) e^{\sigma d_1}}{\sigma k_s} \left[1 - e^{\sigma(t-T)} \right] \\ E^{N*}(t) = \dfrac{\mu_2 [\rho_c + (1-\lambda)\beta] e^{\sigma d_2}}{\sigma k_c} \left[1 - e^{\sigma(t-T)} \right] \end{cases} \tag{9}$$

$$r^{N*}(t) = \begin{cases} r_0 e^{-\sigma t}, & t \leqslant d_2 \\ \left[C_{1N} + r_0 - \dfrac{K_2 \mu_2^2}{\sigma} + \dfrac{K_2 \mu_2^2 e^{-\sigma(T+d_2)}}{2\sigma} \right] e^{-\sigma t} + \dfrac{K_2 \mu_2^2}{\sigma} - \dfrac{K_2 \mu_2^2 e^{-\sigma(T+d_2)}}{2\sigma} e^{\sigma t}, & d_2 < t < d_1 \\ \left[r_0 - \dfrac{K_1 \mu_1^2 + K_2 \mu_2^2}{\sigma} + \dfrac{K_1 \mu_1^2 e^{-\sigma(T+d_1)} + K_2 \mu_2^2 e^{-\sigma(T+d_2)}}{2\sigma} + C_{2N} \right] e^{-\sigma t} + \\ \dfrac{K_1 \mu_1^2 + K_2 \mu_2^2}{\sigma} - \dfrac{K_1 \mu_1^2 e^{-\sigma(T+d_1)} + K_2 \mu_2^2 e^{-\sigma(T+d_2)}}{2\sigma} e^{\sigma t}, & t \geqslant d_1 \end{cases} \tag{10}$$

4.3　成本分担机制

在成本分担机制下，供应商和承包商的策略形成了一个 Stackelberg 博弈：承包商首先向供应商提供恢复成本的补贴。随后，供应商和承包商同时确定他们的恢复努力。使用上标 S 表示这种机制，决策问题可以表示如下：

$$\max_{v(t) \geqslant 0} \pi_s^S = \int_0^T \left[(\rho_s + \lambda\beta) r(t) - (1-\phi) \frac{1}{2} k_s V(t)^2 \right] dt - \lambda\beta R \tag{11}$$

$$\max_{E(t) \geqslant 0; \phi \in [0,1]} \pi_c^S = \int_0^T \left\{ [\rho_c + (1-\lambda)\beta] r(t) - \phi \frac{1}{2} k_s V(t)^2 - \frac{1}{2} k_c E(t)^2 \right\} dt - (1-\lambda)\beta R \tag{12}$$

命题 3：在成本分担机制下，最优恢复努力和建设恢复率的最优轨迹为：

$$\begin{cases} V^{S*}(t) = \dfrac{\mu_1(\rho_s + \lambda\beta)e^{\sigma d_1}}{\sigma(1-\phi)k_s}\big[1 - e^{\sigma(t-T)}\big] \\ E^{S*}(t) = \dfrac{\mu_2[\rho_c + (1-\lambda)\beta]e^{\sigma d_2}}{\sigma k_c}\big[1 - e^{\sigma(t-T)}\big] \end{cases} \tag{13}$$

$$r^{S*}(t) = \begin{cases} r_0 e^{-\sigma t}, & t \leqslant d_2 \\ \Big[C_{1s} + r_0 - \dfrac{L_2\mu_2^2}{\sigma} + \dfrac{L_2\mu_2^2 e^{-\sigma(T+d_2)}}{2\sigma}\Big]e^{-\sigma t} + \dfrac{L_2\mu_2^2}{\sigma} - \dfrac{L_2\mu_2^2 e^{-\sigma(T+d_2)}}{2\sigma}e^{\sigma t}, & d_2 < t < d_1 \\ \Big[C_{2s} + r_0 - \dfrac{L_1\mu_1^2 + L_2\mu_2^2(1-\phi)}{\sigma(1-\phi)} + \dfrac{L_1\mu_1^2 e^{-\sigma(T+d_1)} + L_2\mu_2^2(1-\phi)e^{-\sigma(T+d_2)}}{2\sigma(1-\phi)}\Big]e^{-\sigma t} + \\ \dfrac{L_1\mu_1^2 + L_2\mu_2^2(1-\phi)}{\sigma(1-\phi)} - \dfrac{L_1\mu_1^2 e^{-\sigma(T+d_1)} + L_2\mu_2^2(1-\phi)e^{-\sigma(T+d_2)}}{2\sigma(1-\phi)}e^{\sigma t}, & t \geqslant d_1 \end{cases} \tag{14}$$

5　数值分析与讨论

5.1　数值仿真

为更好地理解每个参数对均衡结果的影响，我们使用 Matlab R2023b 对微分博弈模型进行数值模拟。案例来自中国上海，上海是中国最早的装配式建筑示范城市之一。本研究模拟了在上海实施的大型装配式建筑项目，参数参考了官方政策《关于进一步明确装配式建筑实施范围和相关工作要求的通知》《上海市装配式混凝土建筑工程质量管理规定》和之前的研究[20,24]：$T = 20$，$R = 50$，$r_0 = 1$，$\rho_s = 0.15$，$\rho_c = 0.35$，$k_s = 0.5$，$k_c = 0.3$，$\beta = 0.1$，$\phi = 0.3$，$\lambda = 0.5$，$\mu_1 = 0.2$，$\mu_2 = 0.1$，$d_1 = 3$，$d_2 = 2$，$\sigma = 0.1$。

5.2　仿真结果与讨论

5.2.1　恢复努力和建设恢复率

图 1 展示了最优建设恢复率及其一阶导数随时间的演变。最优建设恢复率的变化表现为一个连续的三段函数。当 $t \leqslant d_2$ 时，最优建设恢复率以速率 $\sigma r^*(t)$ 下降。在 $d_2 < t < d_1$ 期间，随着承包商的恢复努力开始转化为建设恢复，建设恢复率随时间增加。然而，这一阶段的建设恢复率仍然很小。当 $t \geqslant d_1$ 时，承包商的恢复努力已经克服了延迟效应，开始以递减的速率促进建设恢复率增长。在本数值案例中，最优建设恢复率在 $t = 15$ 时达到最大值。建设恢复率的这种延迟峰值反映了装配式供应链的独特特性。构件生产、运输和装配过程表现出强烈的相互依存性[25]。这些相互依存性导致恢复效果存在固有延迟，需要时间才能达到最大效率。这一发现从装配式供应链角度拓展了关于供应链动态恢复的文献[26,27]，表明建设活动的恢复是一个非线性过程。在达到峰值后，随着供应链恢复，最优建设恢复率逐渐下降至稳定状态。这种动态恢复模式为装配式供应链中断后的恢复过程提供了更接近现实的理论表述，扩展了静态视角下的装配式供应链韧性研究[28]。

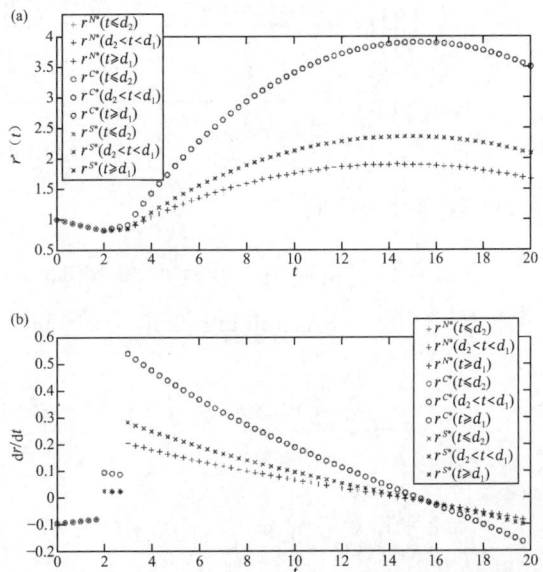

图 1　最优建设恢复率及其一阶导数随时间的变化

5.2.2 延迟效应的影响

如图 2 所示，装配式供应链总利润随着d_1和d_2的变化而变化。结果表明，总利润与d_1和d_2呈负相关关系。随着d_1的增加，三种机制下的利润均下降。其中，协作机制下的利润从最高迅速下降至最低。成本分担机制下的利润始终优于纳什非合作机制。承包商的延迟时间d_2对这三种利润有类似但相对较小的影响。因此，最优合作机制在不同延迟范围内有所不同。当延迟最小时，协作机制被证明是最优的，而随着延迟增加，成本分担机制逐渐成为首选。这揭示了延迟时间对最优机制选择的阈值效应。延迟引入的信息不对称和复杂性削弱了协作机制的有效性。这扩展了 Zhao 等[29]的研究，他们认为延迟效应从根本上改变了决策结构的效率。为最大化项目供应链利润，供应链中断后的及时沟通至关重要，这有助于根据具体延迟条件在协作机制和成本分担机制之间做出选择。

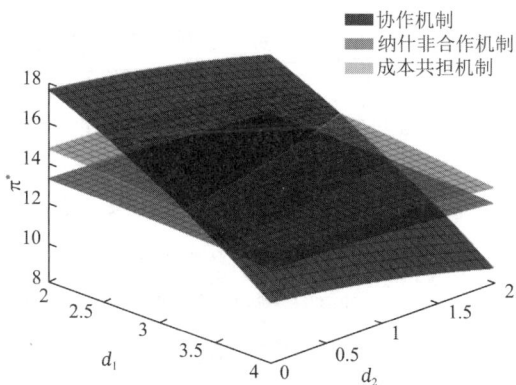

图 2　延迟时间对最优决策机制的影响

6　结论与启示

本研究构建了一个微分博弈模型，以探究装配式供应链中断后的动态恢复过程。我们旨在考察恢复努力的延迟效应对恢复过程的影响，以及供应商与承包商之间哪种决策模式最有利于装配式供应链中断的恢复。研究采用数值分析方法验证并拓展了博弈模型的结果。本研究得出以下结论：首先，恢复努力的延迟效应能够促使供应商和承包商投入更大的恢复努力，提高建设生产率并增加在剩余建设期内完成的总建设工作量。然而，延迟效应显著降低了整个装配式供应链的总利润。其次，供应商与承包商之间的最优决策模式因延迟条件而异：在延迟最小的情况下，集中式决策模式最为有利；而随着延迟时间增加，成本分担模式的优势逐渐显现。在集中式决策模式下，延迟时间对双方利润均产生负面影响；而在分散式和成本分担模式下，一方的恢复延迟会损害其自身利润，却有利于另一方。

本研究对建筑业的装配式供应链管理文献提出了三点理论启示。首先，我们通过开发动态中断后恢复模型，推进了对装配式供应链韧性的理论理解，填补了现有研究主要关注风险预防而忽视恢复过程的不足。其次，本研究通过将延迟效应纳入恢复模型，建立了恢复努力与建筑生产率改善之间的时间滞后关系，揭示了延迟效应如何刺激供应商和承包商投入更大恢复努力，同时降低整个装配式供应链的总利润。第三，本研究通过系统比较集中式、分散式和成本分担三种决策模式，丰富了装配式供应链文献，发现最佳决策模式取决于恢复努力的延迟效应。

本研究为供应商和承包商有效应对装配式供应链中断提供了实践启示。首先，供应商和承包商应将动态恢复规划纳入项目规划阶段，而不仅仅依靠预防措施，他们需要制定正式的恢复协议，指定基于可用恢复资源的动态资源分配模式。其次，装配式供应链从业者必须在确定恢复努力时考虑延迟效应，他们应进行全面的延迟分析，识别和量化各种延迟来源，并开发延迟缓解措施，如建立中间缓冲库存、实施可行的并行处理以及通过集成数字平台提高通信效率。第三，供应商和承包商应根据特定项目参数理性选择决策模式，而不是默认采用标准化方法。

参考文献

[1] YANG Y, YU Y, YU C, et al. Data-driven logistics collaboration for prefabricated supply chain with multiple factories[J]. Automation in Construction, 2024(168): 105802.

[2] ZHANG Y, LIU Y, YU R, et al. Managing the high capital cost of prefabricated construction through stakeholder collaboration: A two-mode network analysis[J]. Engineering, Construction and Architectural Management, 2025, 32(1): 556-577.

[3] LIU X, MENG J, WANG J, et al. Influencing factors and improvement strategies of supply chain resilience of prefabricated construction from the perspective of dynamic capabilities: the case of China[J]. Engineering, Construction and Architectural Management, 2025, 32(5): 3465-3494.

[4] EKANAYAKE E M A C, SHEN G Q, KUMARASWAMY M, et al. Critical supply chain vulnerabilities affecting supply chain resilience of industrialized construction in Hong Kong[J]. Engineering, Construction and Architectural Management, 2021, 28(10): 3041-3059.

[5] EKANAYAKE E M A C, SHEN G, KUMARASWAMY M M. Critical capabilities of improving supply chain resilience in industrialized construction in Hong Kong[J]. Engineering, Construction and Architectural Management, 2021, 28(10): 3236-3260.

[6] DAN Y, LIU G, FU Y. Optimized flowshop scheduling for precast production considering process connection and blocking[J]. Automation in Construction, 2021(125): 103575.

[7] LI S, HE Y, CHEN L. Dynamic strategies for supply disruptions in production-inventory systems[J]. International Journal of Production Economics, Elsevier, 2017(194): 88-101.

[8] DU J, LIU B, HU Y, et al. Analyzing prefabricated components supply chain cooperation patterns with multiparty dynamics using evolutionary game theory[J]. Journal of Construction Engineering and Management, 2024, 150(12): 4024175.

[9] DOU Y, ZHONG L, LUO L. Supply chain resilience of prefabricated construction: Perspectives of stakeholder capabilities and vulnerabilities[J]. Journal of Construction Engineering and Management, 2025, 151(4): 4025013.

[10] ZHANG H, YU L. Resilience-cost tradeoff supply chain planning for the prefabricated construction project[J]. Journal of Civil Engineering and Management, 2021, 27(1): 45-59.

[11] LUO L, HU S, CHEN K, et al. Exploring safety vulnerability in prefabricated construction and mitigation effects of internet of things[J]. IEEE Transactions on Engineering Management, 2024 (71): 8531-8547.

[12] ABDUL N M, ELSAYEGH A, EL-ADAWAY H. Understanding collaboration requirements for modular construction and their cascading failure impact on project performance[J]. Journal of Management in Engineering, 2023, 39(6): 4023043.

[13] LEE S, JANG Y, YI J S, et al. Identifying critical risk factors and management activities for effective offsite construction projects during construction phase[J]. Journal of Management in Engineering, 2023, 39(4): 4023018.

[14] HWANG B G, SHAN M, LOOI K Y. Key constraints and mitigation strategies for prefabricated prefinished volumetric construction[J]. Journal of Cleaner Production, 2018(183): 183-193.

[15] LUO L, QIPING SHEN G, XU G, et al. Stakeholder-associated supply chain risks and their interactions in a prefabricated building project in Hong Kong[J]. Journal of Management in Engineering, 2019, 35(2): 05018015.

［16］BESKLUBOVA S, ZHONG R Y, TAN B Q. An integrated model of a prefabrication hub feasibility assessment: A Hong Kong case[J]. International Journal of Construction Management, 2024: 1-13.

［17］ZHAI Y, ZHONG R Y, LI Z, et al. Production lead-time hedging and coordination in prefabricated construction supply chain management[J]. International Journal of Production Research, Taylor & Francis, 2017, 55(14): 3984-4002.

［18］YAO H, WANG K. Concentrated or dispersed: The effects of subcontracting organizational arrangements on Construction Project Resilience[J]. Journal of Management in Engineering, 2024, 40(3): 4024017.

［19］LI Y, LIU L, LI W. Dynamic decisions of quality and goodwill in a two-echelon supply chain with delay effect[J]. Mathematics, Basel: MDPI, 2024, 12(23): 3838.

［20］LIN L, WANG H. Dynamic incentive model of knowledge sharing in construction project team based on differential game[J]. Journal of the Operational Research Society, Taylor & Francis, 2019, 70(12): 2084-2096.

［21］OUARDIGHI F E, SIM J E, KIM B. Pollution accumulation and abatement policy in a supply chain[J]. European Journal of Operational Research, 2016, 248(3): 982-996.

［22］ZHANG J, LEI L, ZHANG S, et al. Dynamic vs. static pricing in a supply chain with advertising[J]. Computers & Industrial Engineering, 2017(109): 266-279.

［23］SHEU J B. Supplier hoarding, government intervention, and timing for post-disaster crop supply chain recovery[J]. Transportation Research Part E: Logistics and Transportation Review, 2016(90): 134-160.

［24］ZHANG W, ZHAO S, WAN X. Industrial digital transformation strategies based on differential games[J]. Applied Mathematical Modelling, 2021(98): 90-108.

［25］GBADAMOSI A Q, OYEDELE L, MAHAMADU A M, et al. Big data for design options repository: Towards a DFMA approach for offsite construction[J]. Automation in Construction, 2020(120): 103388.

［26］GOLDBECK N, ANGELOUDIS P, OCHIENG W. Optimal supply chain resilience with consideration of failure propagation and repair logistics[J]. Transportation Research Part E: Logistics and Transportation Review, 2020(133): 101830.

［27］PU W, MA S, YAN X. Geographical relevance-based multi-period optimization for e-commerce supply chain resilience strategies under disruption risks[J]. International Journal of Production Research, 2024, 62(7): 2455-2482.

［28］THOMÉ A M T, SCAVARDA L F, SCAVARDA A, et al. Similarities and contrasts of complexity, uncertainty, risks, and resilience in supply chains and temporary multi-organization projects[J]. International Journal of Project Management, 2016, 34(7): 1328-1346.

［29］ZHAO C, DING J, TAGHIZADEH HESARY F, et al. Bilateral cooperation or complete autonomy? Research on the trade-in of NEV battery using a differential game with delay effect[J]. Energy for Sustainable Development, Amsterdam: Elsevier, 2025(85): 101644.

建筑机器人规模化应用的动态演化博弈分析

严小丽[1]　朱菲菲[2]

（1. 上海工程技术大学管理学院，上海　201620；
2. 国家税务总局安庆市大观区税务局，安庆　246000）

【摘　要】　针对我国建筑智能机器人规模化应用动力不足问题，基于演化博弈理论和
系统动力学模型对政府和建筑企业的行为策略选择进行了理论研究。为此
构建演化博弈模型，并运用系统动力学仿真模拟算例，分析不同初始状态下
的纯策略动态演化均衡，验证稳定演化路径，揭示内外生变量对系统稳定性
的影响。研究表明：①政府和建筑企业的初始策略选择只能改变到达稳定状
态的演化过程，无法改变系统演化的最终稳定策略；②博弈系统的纯策略存
在的演化稳定路径是：政策采取强激励政策，鼓励建筑企业在生产施工阶段
选择积极规模化应用建筑机器人；③政府对建筑企业补贴力度的增强使双
方趋向于最优稳定局面的速率不断加快，但盲目增加政府激励成本、规划支
持成本和建筑企业规模化应用成本无法为系统带来稳定正面效应。基于此，
提出了促进建筑机器人规模化应用的对策建议。本文研究成果可为政府和
建筑企业的行为决策提供理论依据。

【关键词】　建筑机器人；激励政策；演化博弈；系统动力学

Dynamic Evolutionary Game Analysis of Large-scale Application of Construction Robots

Yan Xiaoli[1]　Zhu Feifei[2]

（1. Shanghai University of Engineering Science，School of Management，Shanghai　201620；
2. Taxation Bureau of Daguan District，Anqing City，State Administration of Taxation，
Anqing　246000）

【Abstract】　Aiming at the problem of insufficient development motivation of large-scale
application of intelligent construction robots in China, this paper theoretically

资助项目：上海市 2023 年度"科技创新行动计划"软科学重点主题项目（23692109200）——数字化转型战略下建筑业产业链与创
新链深度融合机制与对策研究。

studied the strategic choice of government and construction enterprises in large-scale application of intelligent construction robots based evolutionary game theory and system dynamics model. Therefore, an evolutionary game model is constructed, and a system dynamics simulation example is used to analyze the dynamic evolution equilibrium of pure strategy under different initial states, verify the stable evolution path, and reveal the influence of internal and external variables on system stability. The results show that : ① the initial strategy choice of government and construction enterprises can only change the evolution process of reaching the stable state, but cannot change the final stability strategy of system evolution; ② The evolutionary stable path of pure strategy of game system is as follows: the policy adopts strong incentive policy to encourage construction enterprises to actively apply construction robots at the stage of production and construction; ③ With the enhancement of government subsidies to construction enterprises, both sides tend to accelerate the rate of optimal and stable situation, but blindly increasing government incentive costs, planning support cost and large-scale application costs of construction enterprises cannot bring positive effects on the stability of the system. Therefore, the countermeasures and suggestions for promoting the large-scale application of construction robots are put forward. The research results can provide a theoretical basis for the behavioral decision-making of governments and construction enterprises.

【Keywords】 Construction Robot；Incentive Policy；Evolutionary Game；System Dynamics

1 引言

建筑机器人服务于劳动力缺口巨大的工程建设行业，能够高效稳定地代替人类执行简单、重复、极端、危险的劳动，其于工程项目各阶段、各领域的规模化应用对建筑工业化转型发展具有重大意义。2020 年 7 月，《住房和城乡建设部等部门关于推动智能建造与建筑工业化协同发展的指导意见》（以下简称《意见》）中特别强调"应当探索建筑机器人批量应用""推广应用数字化技术、系统集成技术、智能化装备和建筑机器人，实现少人甚至无人工厂"。

《意见》发布前，政策较少关注到建筑业智能机器人发展的迫切需求与内在潜力；《意见》发布后，江苏、浙江、安徽等省市①已为促进工业机器人产业发展颁布多项政策予以支持。住房和城乡建设部于 2022 年 1 月颁发的《"十四五"建筑业发展规划》，将"加快建筑机器人研

---

① 苏州市人民政府. 关于加强智能制造生态体系建设的若干措施 [EB/OL]. [2018-5-10]. http://szeicwap.suzhou.gov.cn/news/show/583.html.
浙江省人民政府. 关于印发浙江省 "机器人+" 行动计划的通知 [EB/OL]. [2017-7-6]. http://wzjxj.wenzhou.gov.cn/art/2017/8/14/art_1210211_9472596.html.
安徽省人民政府. 关于印发安徽省机器人产业发展规划（2018—2027 年）的通知[EB/OL]. [2017-7-12]. http://www.ah.gov.cn/public/1681/8265651.html.

发与应用"作为规划的主要任务,以促进建筑工业化与智能建造协同发展。但目前建筑智能机器人规模化应用发展动力不足,具体表现为:在促进建筑机器人发展政策方面仍缺乏相应的实施细则,评奖标准不明晰,落实效果不佳;鼓励政策单一,吸引力较弱等。同时,调查发现,尽管近年来建筑施工用机器人的研发已经引起了科研机构、高校实验室和高科技公司的关注,但由于对政策的观望、预期效益的不确定及自身实力的限制,建筑智能机器人在建筑类企业及施工工地上的普及应用仍无显著进展。动力不足的根本原因,在于建筑机器人规模化应用的初期探索过程中,政府和建筑企业的利益诉求不同,双方存在一定的动态博弈。

研究领域,国内外对建筑机器人的研究主要集中于关键技术探讨[1-5]、应用前景分析[6]、影响因素[7、8]、激励政策[9]等视角,较少关注到建筑机器人的产业发展和规模化应用中政府和建筑企业之间的相互作用关系。政府和建筑企业的行为策略选择是影响建筑机器人规模化应用成效的关键因素,不同的利益诉求下,他们会不断地获取外界信息,并根据对方的行为策略对自己原有的决策进行调整。在此过程中,明确所涉及的利益主体之间的策略选择关系,优化双方利益分配,可有效促进建筑机器人规模化的发展,从而强化建筑领域智能装备建设,促进建筑业技术转型升级,推进新型建筑工业化发展。因此,有必要基于演化博弈的视角对政府、建筑企业进行互动行为分析研究,探究其彼此之间相互模仿学习的博弈过程,从而提出对策,以帮助政府确定合理强度和方式的激励政策;同时,帮助企业权衡资金投入和风险管控的比重,以尽可能多地享受政策红利,规避风险与损失。

由于演化博弈中的演化稳定策略虽然可以描述系统的局部动态性质,但对于系统均衡与动态选择过程间的关系却无法体现[10]。而系统动力学模型能够在非完全信息情况下求解复杂问题,不但可以不断反馈建筑机器人规模化应用中博弈主体行为的动态演化过程,而且可以直观地反映出各利益主体策略选择对应用成果的影响。因此,本文将构建建筑机器人规模化应用中政府和建筑企业动态演化博弈模型,剖析利益主体之间行为策略的动态演化过程,并采用系统动力学方法,利用 VensimPLE 软件对实际数据进行模拟演化,分别探究系统内生变量和外生变量影响系统稳定性的具体原因,为建筑机器人规模化应用中政府和建筑企业的行为决策提供理论依据。

2 演化博弈模型构建

2.1 模型假设与构建

为简化现实建设领域内建筑机器人规模化应用中博弈主体面临的复杂决策环境,假设如下:

H1:模型的博弈双方分别为政府和建筑企业,双方均具有有限理性,但因无法实现事前预测,只能在反复博弈中寻求均衡状态,找到最佳策略。

H2:政府推出的强激励政策条文明确详细、形式丰富多样,奖罚制度明确,具备配套的规划支持方案和评优认证体系,并监督相关部门落到实处;弱激励政策则只凭借宣传鼓励等方式激励建筑企业。建筑企业积极规模化应用建筑机器人时,大批量购入或租赁成套建筑机器人,设置智能装备研发实验室,建立数字化车间和智慧工地试点项目,实现关键工序智能控制、关键岗位机器人替代;消极规模化应用建筑机器人时则只迫于政策压力少量购入小型智能设备。

H3:基于有限理性假设,政府出于行业发展、产业升级、名誉增长等社会收益可能考虑选择强激励政策,也可能为缩减成本、规避风险选择弱激励政策。由于政府将部分产业推动责任转移至建筑企业，建筑企业可能迫于研发成本和管理费用的压力选择消极规模化应用建筑机器人，也可能为名誉、技术专利、核心竞争力等企业长远利益和隐性政策倾斜选择积极规模化应用建筑机器人。双方作为有限理性的局中人，在不完全信息情况下不断更新对方的决策，从而调整自己的策略选择，经过长期演化，系统最终达到稳定状态。

H4：设政府在博弈中采取的强激励政策和弱激励政策对应的概率分别为x（$0 \leqslant x \leqslant 1$）和$1-x$，建筑企业在博弈中积极规模化应用和消极规模化应用建筑机器人的概率分别为y（$0 \leqslant y \leqslant 1$）和$1-y$。

H5：政府强、弱激励政策下宣传、人力、监管等基础成本分别为M_1和M_2（$M_1 > M_2$）；政府强激励政策下给予积极研发应用建筑机器人的建筑企业经济补贴J_0；强激励政策下政府建设机器人规模化应用示范基地规划成本为K_0；强激励政策下政府建立数字化建造评优体系成本L_0；政府强激励政策下建筑企业消极规模化应用建筑机器人造成社会资源浪费损失B；建筑机器人规模化发展的社会效益为S；政府强激励政策和企业积极规模化应用建筑机器人时政府的额外收益分别为S_a和S_b。

H6：建筑企业积极、消极规模化应用建筑机器人的人力、管理、采购等基础成本分别为N_1和N_2（$N_1 > N_2$）；政府建设机器人示范基地规划下，建筑企业消极规模化应用建筑机器人造成的隐性福利损失系数为α；政府建立数字化建造评优体系下，建筑企业消极规模化应用建筑机器人造成的增量成本损失系数为β；建

筑机器人规模化发展带来技术升级、效率提升的企业绩效为R；政府强激励政策和企业积极规模化应用建筑机器人时企业的额外绩效分别为R_a和R_b。

在上述假设基础上，构建政府和建筑企业的动态博弈支付矩阵[11]，如表1所示。

政府和建筑企业的动态博弈
支付矩阵　　　　　　　　表1

政府	建筑企业	
	积极规模化应用（y）	消极规模化应用（$1-y$）
强激励政策（x）	$(S + S_a + S_b - M_1 - J_0 - K_0 - L_0, R + J_0 + R_a + R_b - N_1)$	$(S + S_a - M_1 - K_0 - L_0 - B, R + R_a - N_2 - \alpha K_0 - \beta L_0)$
弱激励政策（$1-x$）	$(S + S_b - M_2, R + R_b - N_1)$	$(S - M_2, R - N_2)$

2.2 期望收益函数构建

由表1所示博弈关系，可以得到政府选择强激励政策和弱激励政策的期望收益E_{11}、E_{12}与平均期望收益E_1分别为[12]：

$$E_{11} = y(S + S_a + S_b - M_1 - J_0 - K_0 - L_0) + (1-y)(S + S_a - M_1 - K_0 - L_0 - B) \quad (1)$$

$$E_{12} = y(S + S_b - M_2) + (1-y)(S - M_2) \quad (2)$$

$$E_1 = xE_{11} + (1-x)E_{12} \quad (3)$$

同理，建筑企业"积极规模化应用"和"消极规模化应用"建筑机器人期望收益E_{21}和E_{22}与平均期望收益E_2分别为：

$$E_{21} = x(J_0 + R + R_a + R_b - N_1) + (1-x)(R + R_b - N_1) \quad (4)$$

$$E_{22} = x(R + R_a - N_2 - \alpha K_0 - \beta L_0) + (1-x)(R - N_2) \quad (5)$$

$$E_2 = yE_{21} + (1-y)E_{22} \quad (6)$$

根据Malthusian方程分别构造政府与建筑企业的复制动态方程[13]如下：

$$F(x) = \frac{\mathrm{d}x}{\mathrm{d}t} = x(E_{11} - E_1) = x(1-x)[y(B - J_0) + S_a - M_1 - K_0 - L_0 - B + M_2] \quad (7)$$

$$F(y) = \frac{\mathrm{d}y}{\mathrm{d}t} = y(E_{21} - E_2) = y(1-y)[x(J_0 + \alpha K_0 + \beta L_0) + R_b - N_1 + N_2] \quad (8)$$

令$F(x)=0$，$F(y)=0$，得到该演化博弈系统存在五个均衡点：$D_1(0,0)$，$D_2(1,0)$，$D_3(0,1)$，$D_4(1,1)$，$D_5(x^*,y^*)$，当且仅当$0\leqslant x^*\leqslant 1$，$0\leqslant y^*\leqslant 1$成立时满足下面的方程组：

$$\begin{cases} x(1-x)[y(B-J_0)+S_a-M_1-K_0-L_0-B+M_2]=0 \\ y(1-y)[x(J_0+\alpha K_0+\beta L_0)+R_b-N_1+N_2]=0 \end{cases}$$

可求得：$x^*=\frac{N_1-R_b-N_2}{J_0+\alpha K_0+\beta L_0}$，$y^*=\frac{M_1+K_0+L_0+B-S_a-M_2}{B-J_0}$。

根据 Friedman[14]提出的观点，一个由微分方程系统描述的群体动态，其均衡点的稳定性可由该系统的雅可比矩阵的局部稳定性分析得出，雅可比矩阵可表示为：

$$J=\begin{vmatrix} \frac{\partial F(x)}{\partial x} & \frac{\partial F(x)}{\partial y} \\ \frac{\partial F(y)}{\partial x} & \frac{\partial F(y)}{\partial y} \end{vmatrix}$$

$$=\begin{vmatrix} (1-2x)[y(B-J_0)+S_a-M_1-K_0-L_0-B+M_2] & x(1-x)(B-J_0) \\ y(1-y)(J_0+\alpha K_0+\beta L_0) & (1-2y)[x(J_0+\alpha K_0+\beta L_0)+R_b-N_1+N_2] \end{vmatrix}$$

矩阵J的行列式为：

$$\text{Det}J=(1-2x)(1-2y)[y(B-J_0)+S_a-M_1-K_0-L_0-B+M_2]\cdot [x(J_0+\alpha K_0+\beta L_0)+R_b-N_1+N_2]-xy(1-x)(1-y)(B-J_0)(J_0+\alpha K_0+\beta L_0)$$

矩阵J的迹为：

$$\text{Tr}J=(1-2x)[y(B-J_0)+S_a-M_1-K_0-L_0-B+M_2]+(1-2y)[x(J_0+\alpha K_0+\beta L_0)+R_b-N_1+N_2]$$

将各均衡点分别代入雅可比矩阵的行列式和迹表达式中，如表2所示。

各均衡点在雅可比矩阵中的$\text{Det}J$和$\text{Tr}J$值　　　　表2

均衡点	$\text{Det}J$值	$\text{Tr}J$值
$D_1(0,0)$	$(S_a-M_1-K_0-L_0-B+M_2)(R_b-N_1+N_2)$	$(S_a-M_1-K_0-L_0-B+M_2)+(R_b-N_1+N_2)$
$D_2(1,0)$	$-(S_a-M_1-K_0-L_0-B+M_2)(J_0+\alpha K_0+\beta L_0+R_b-N_1+N_2)$	$-(S_a-M_1-K_0-L_0-B+M_2)+(J_0+\alpha K_0+\beta L_0+R_b-N_1+N_2)$
$D_3(0,1)$	$-(-J_0+S_a-M_1-K_0-L_0+M_2)(R_b-N_1+N_2)$	$(-J_0+S_a-M_1-K_0-L_0+M_2)-(R_b-N_1+N_2)$
$D_4(1,1)$	$(-J_0+S_a-M_1-K_0-L_0+M_2)(J_0+\alpha K_0+\beta L_0+R_b-N_1+N_2)$	$-(S_a-M_1-K_0-L_0+M_2)-(\alpha K_0+\beta L_0+R_b-N_1+N_2)$
$D_5(x^*,y^*)$	—	0

2.3　演化稳定策略分析

基于上述分析，对不同取值区间范围的参数进行局部稳定性分析，当均衡点满足行列式$\text{Det}J>0$，且迹$\text{Tr}J<0$时，系统将趋于局部稳定状态（ESS）[15]，各稳定点分布情况如表3所示。

2.3.1　政府演化稳定策略分析

由式(7)得，当$y=\frac{M_1+K_0+L_0+B-S_a-M_2}{B-J_0}$时，$F(x)=0$，即在此企业策略下，政府无论做出何种选择，均能达到均衡；当$y\neq\frac{M_1+K_0+L_0+B-S_a-M_2}{B-J_0}$时，令$F(x)=0$，则$x=0$，$x=1$是政府策略复制动态方程的两个可能稳定均衡点。

由表2可知，在$B-J_0>0$情况下，即政府强激励政策下，当企业积极规模化应用建筑机器人所得到的补贴无法覆盖消极规模化应用造成的社会资源损失时，若$M_1+K_0+L_0+B-S_a-M_2<0$（状态1，7，13），即强激励政策下政府得到的额外社会效益大于其激励成

本，则出于利益驱动，政府决策将不依赖于建筑企业的策略选择，采取强激励政策；若$M_1 + K_0 + L_0 + B - S_a - M_2 > B - J_0$（状态 5，11，17），强激励政策下政府获得的额外社会利润，无法覆盖企业积极配合得到的补贴与消极规模化应用造成资源浪费的差额，则出于节约财政支出，政府的决策将不依赖于建筑企业的策略选择，采取弱激励政策；若$0 \leqslant M_1 + K_0 +$

$L_0 + B - S_a - M_2 \leqslant B - J_0$（状态 3，9，15），强激励政策下政府获得的额外社会利润介于零到企业积极配合得到的补贴与消极规模化应用造成资源浪费的差额之间，政府的策略选择将取决于建筑企业的决策，政府在建筑企业积极规模化应用建筑机器人的概率大于y^*时选择强激励政策，在建筑企业积极规模化应用建筑机器人的概率小于y^*时选择弱激励政策。

不同取值区间参数的局部稳定性　　　　　　　　　　表3

状态	参数区间		均衡点				
			D_1	D_2	D_3	D_4	D_5
1	$N_1 - R_b - N_2 < 0,\ B - J_0 > 0,$ $M_1 + K_0 + L_0 + B - S_a - M_2 < 0$	$x^* < 0,\ y^* < 0$	非稳定	非稳定	非稳定	稳定	不存在
2	$N_1 - R_b - N_2 < 0,\ B - J_0 < 0,$ $M_1 + K_0 + L_0 + B - S_a - M_2 > 0$	$x^* < 0,\ y^* < 0$	非稳定	非稳定	稳定	不稳定	不存在
3	$N_1 - R_b - N_2 < 0,$ $0 \leqslant M_1 + K_0 + L_0 + B - S_a - M_2 \leqslant B - J_0$	$x^* < 0,$ $0 \leqslant y^* \leqslant 1$	非稳定	非稳定	非稳定	稳定	不存在
4	$N_1 - R_b - N_2 < 0,$ $B - J_0 \leqslant M_1 + K_0 + L_0 + B - S_a - M_2 \leqslant 0$	$x^* < 0,$ $0 \leqslant y^* \leqslant 1$	非稳定	非稳定	稳定	非稳定	不存在
5	$N_1 - R_b - N_2 < 0,$ $M_1 + K_0 + L_0 + B - S_a - M_2 > B - J_0 > 0$	$x^* < 0,\ y^* > 1$	非稳定	非稳定	稳定	非稳定	不存在
6	$N_1 - R_b - N_2 < 0,$ $M_1 + K_0 + L_0 + B - S_a - M_2 < B - J_0 < 0$	$x^* < 0,\ y^* > 1$	非稳定	非稳定	非稳定	稳定	不存在
7	$0 \leqslant N_1 - R_b - N_2 \leqslant J_0 + \alpha K_0 + \beta L_0,$ $B - J_0 > 0,\ M_1 + K_0 + L_0 + B - S_a - M_2 < 0$	$0 \leqslant x^* \leqslant 1,$ $y^* < 0$	非稳定	非稳定	非稳定	稳定	不存在
8	$0 \leqslant N_1 - R_b - N_2 \leqslant J_0 + \alpha K_0 + \beta L_0,$ $B - J_0 < 0,\ M_1 + K_0 + L_0 + B - S_a - M_2 > 0$	$0 \leqslant x^* \leqslant 1,$ $y^* < 0$	稳定	非稳定	非稳定	非稳定	不存在
9	$0 \leqslant N_1 - R_b - N_2 \leqslant J_0 + \alpha K_0 + \beta L_0,$ $0 \leqslant M_1 + K_0 + L_0 + B - S_a - M_2 \leqslant B - J_0$	$0 \leqslant x^* \leqslant 1,$ $0 \leqslant y^* \leqslant 1$	稳定	非稳定	非稳定	稳定	鞍点
10	$0 \leqslant N_1 - R_b - N_2 \leqslant J_0 + \alpha K_0 + \beta L_0,$ $B - J_0 \leqslant M_1 + K_0 + L_0 + B - S_a - M_2 \leqslant 0$	$0 \leqslant x^* \leqslant 1,$ $0 \leqslant y^* \leqslant 1$	非稳定	非稳定	非稳定	非稳定	鞍点
11	$0 \leqslant N_1 - R_b - N_2 \leqslant J_0 + \alpha K_0 + \beta L_0,$ $M_1 + K_0 + L_0 + B - S_a - M_2 > B - J_0 > 0$	$0 \leqslant x^* \leqslant 1,$ $y^* > 1$	稳定	非稳定	非稳定	非稳定	不存在
12	$0 \leqslant N_1 - R_b - N_2 \leqslant J_0 + \alpha K_0 + \beta L_0,$ $M_1 + K_0 + L_0 + B - S_a - M_2 < B - J_0 < 0$	$0 \leqslant x^* \leqslant 1,$ $y^* > 1$	非稳定	非稳定	非稳定	稳定	不存在
13	$N_1 - R_b - N_2 > J_0 + \alpha K_0 + \beta L_0,$ $B - J_0 > 0,\ M_1 + K_0 + L_0 + B - S_a - M_2 < 0$	$x^* > 1,\ y^* < 0$	非稳定	稳定	非稳定	非稳定	不存在
14	$N_1 - R_b - N_2 > J_0 + \alpha K_0 + \beta L_0,$ $B - J_0 < 0,\ M_1 + K_0 + L_0 + B - S_a - M_2 > 0$	$x^* > 1,\ y^* < 0$	稳定	非稳定	非稳定	非稳定	不存在
15	$N_1 - R_b - N_2 > J_0 + \alpha K_0 + \beta L_0,$ $0 \leqslant M_1 + K_0 + L_0 + B - S_a - M_2 \leqslant B - J_0$	$x^* > 1,$ $0 \leqslant y^* \leqslant 1$	稳定	非稳定	非稳定	非稳定	不存在
16	$N_1 - R_b - N_2 > J_0 + \alpha K_0 + \beta L_0,$ $B - J_0 \leqslant M_1 + K_0 + L_0 + B - S_a - M_2 \leqslant 0$	$x^* > 1,$ $0 \leqslant y^* \leqslant 1$	非稳定	稳定	非稳定	非稳定	不存在

续表

状态	参数区间		均衡点				
			D_1	D_2	D_3	D_4	D_5
17	$N_1 - R_b - N_2 > J_0 + \alpha K_0 + \beta L_0$, $M_1 + K_0 + L_0 + B - S_a - M_2 > B - J_0 > 0$	$x^* > 1$, $y^* > 1$	稳定	非稳定	非稳定	非稳定	不存在
18	$N_1 - R_b - N_2 > J_0 + \alpha K_0 + \beta L_0$, $M_1 + K_0 + L_0 + B - S_a - M_2 < B - J_0 < 0$	$x^* > 1$, $y^* > 1$	非稳定	稳定	非稳定	非稳定	不存在

在 $B - J_0 < 0$ 情况下，即强激励政策下，当企业积极规模化应用建筑机器人所得到的补贴超过消极规模化应用造成的社会资源损失时，若 $M_1 + K_0 + L_0 + B - S_a - M_2 > 0$（状态 2，8，14），即强激励政策下政府得到的额外社会效益无法覆盖其激励成本，政府将出于成本考量，并寄希望于建筑企业能够主动自发地规模化应用建筑机器人，将不依赖于建筑企业的策略选择地采取弱激励措施；若 $M_1 + K_0 + L_0 + B - S_a - M_2 < B - J_0$（状态 6，12，18），强激励政策下政府得到的额外社会利润超过企业积极配合得到的补贴与消极规模化应用的资源浪费之差，政府为实现长远的产业发展和行业进步，将不依赖于建筑企业的策略选择地采取强激励措施。若 $B - J_0 < M_1 + K_0 + L_0 + B - S_a - M_2 < 0$（状态 4，10，16），强激励政策下政府得到的额外社会利润介于企业积极配合得到的补贴与消极规模化应用造成资源浪费的差额到零之间，政府决策将取决于建筑企业的策略选择，政府在建筑企业积极规模化应用建筑机器人的概率大于 y^* 时选择强激励政策，在建筑企业积极规模化应用建筑机器人的概率小于 y^* 时选择弱激励政策。

2.3.2 建筑企业演化稳定策略分析

由式(8)得，当 $x = \frac{N_1 - R_b - N_2}{J_0 + \alpha K_0 + \beta L_0}$ 时，$F(y) = 0$，即在此政府策略下，建筑企业无论做出何种策略选择，均能达到均衡。当 $x \neq \frac{N_1 - R_b - N_2}{J_0 + \alpha K_0 + \beta L_0}$，令 $F(y) = 0$，则 $y = 0$，$y = 1$ 是建筑企业策略复制动态方程的两个可能稳定均衡点。

由表 3 可知，当 $N_1 - R_b - N_2 < 0$（状态 1～6）时，即建筑企业积极规模化应用建筑机器

人的额外收益大于增量成本，建筑企业为实现绩效和规避损失，不依赖于政府决策的选择积极规模化应用建筑机器人；当 $N_1 - R_b - N_2 > J_0 + \alpha K_0 + \beta L_0$（状态 13～18）时，建筑企业积极规模化应用建筑机器人的增量成本超过了强激励政策下企业获得的所有额外绩效（包括政府补贴和增量收益），则建筑企业为减轻成本压力和避免长远损失，将不依赖于政府决策选择消极规模化应用建筑机器人；当 $0 < N_1 - R_b - N_2 < J_0 + \alpha K_0 + \beta L_0$（状态 7～12）时，建筑企业积极规模化应用建筑机器人的增量成本介于企业的额外收益到强激励政策下的额外绩效之间时，建筑企业的决策将取决于政府的策略选择，建筑企业在政府强激励政策的概率大于 x^* 时选择积极规模化应用建筑机器人，在政府强激励政策的概率小于 x^* 时选择消极规模化应用建筑机器人。

2.3.3 政府与建筑企业合作策略演化均衡分析

如表 3 所示，状态 1～8，11～18 均有且仅有一个稳定均衡状态，且状态 1，3，6，7，12 的均衡状态为系统最优稳定策略 $D_4(1,1)$。当参数取值处于状态 10 时，即 $0 \leqslant N_1 - R_b - N_2 \leqslant J_0 + \alpha K_0 + \beta L_0$，$B - J_0 \leqslant M_1 + K_0 + L_0 + B - S_a - M_2 \leqslant 0$ 时，系统内部一直处于动态变化之中，不存在稳定均衡点。当参数取值处于状态 9 时，即 $0 \leqslant N_1 - R_b - N_2 \leqslant J_0 + \alpha K_0 + \beta L_0$，$0 \leqslant M_1 + K_0 + L_0 + B - S_a - M_2 \leqslant B - J_0$ 时，系统存在 $D_1(0,0)$，$D_4(1,1)$ 两个稳定均衡点，此时系统的稳定均衡状态发展形势受鞍点 $D_5(x^*, y^*)$ 影响。在二维平面中绘制该复制动态

方程，如图 1 所示，横、纵轴分别表示政府和建筑企业的策略选择。由图可知，阴影部分所示博弈趋势最易演化至最优均衡解 $D_4(1,1)$，即政府采取强激励政策，建筑企业采取积极规模化应用建筑机器人。因此，要使系统最大概率达成政企双方利益最大化，则应当尽可能最大化阴影部分面积，即降低 $x^* = \frac{N_1 - R_b - N_2}{J_0 + \alpha K_0 + \beta L_0}$，$y^* = \frac{M_1 + K_0 + L_0 + B - S_a - M_2}{B - J_0}$ 的取值。

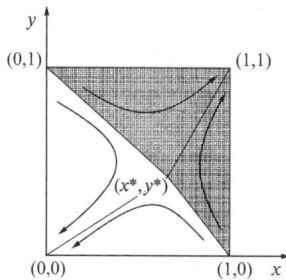

图 1   状态 9 时的演化博弈复制动态

为进一步探究上述内生变量和外生变量如何影响系统内部演化的稳定状态，以状态 9 为研究对象建立系统动力学模型，描绘博弈主体之间的长期动力学演化趋势。

3   系统动力学仿真分析

3.1   系统动力学演化博弈模型构建

为深入研究双方策略选择如何影响建筑机器人产业发展演化的最终稳定状态，本文利用 VensimPLE 软件构建建筑机器人规模化应用演化博弈的系统动力学模型，如图 2 所示，系统由政府和建筑企业两个子系统构成。该模型包括 2 个流位变量，2 个流率变量，4 个辅助变量，16 个常量，如表 4 所示。

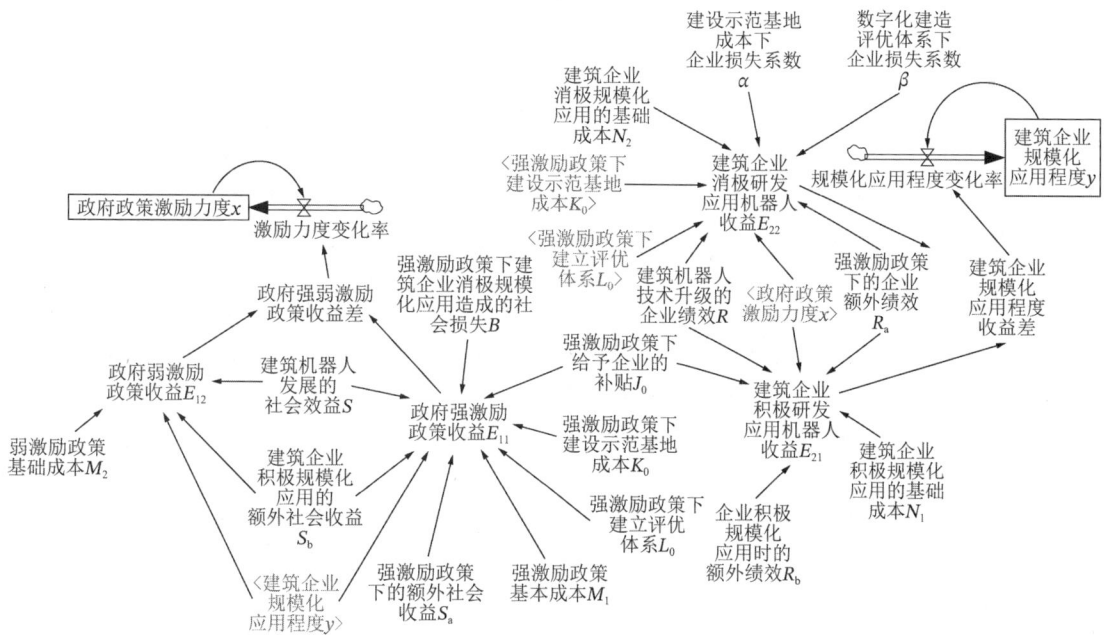

图 2   建筑机器人规模化应用演化博弈的系统动力学模型

针对上述演化博弈模型，与智能建造、建筑机器人及软件工程等领域的高校与科研院所研究人员 4 位，企业专家 4 位，政府管理人员 2 位进行访谈与意见征询，综合各位专家基于研究和工作经验的意见对参数进行赋值。损

失系数 α 和 β 得出两组不同意见，其中 $\alpha = 0.2$，$\beta = 0.2$，赋值在后续演化模拟试验中始终无法得出稳定结果，后经上述专家讨论统一意见，剔除该组参数取值。最终，对状态 9 范围内的参数赋初始值：$M_1 = 1.0$，$M_2 = 0.5$，$J_0 = 1.5$，

$K_0 = 0.8$，$L_0 = 0.6$，$B = 2.0$，$S = 0.5$，$S_a = 4.0$，$S_b = 2.0$，$N_1 = 2.5$，$N_2 = 0.3$，$\alpha = 0.1$，$\beta = 0.2$，$R = 0.2$，$R_a = 0.8$，$R_b = 1.5$，假设 INITIAL TIME = 0，FINAL TIME = 200，TIME STEP = 1。

建筑机器人规模化应用
系统变量　　　　　表4

变量类型	变量名称
流位变量	x，y
流率变量	$\dfrac{dx}{dt}$，$\dfrac{dy}{dt}$
辅助变量	E_{11}，E_{12}，E_{21}，E_{22}
常量	M_1，M_2，J_0，K_0，L_0，B，S，S_a，S_b，N_1，N_2，α，β，R，R_a，R_b

3.2 单方策略比率演化趋势分析

通过控制其中一博弈主体的初值不变，不断改变另一主体的初值参数，分析政府和建筑企业的单方初始策略变化对对方稳定策略选择的影响。

首先，假设建筑企业为提升生产效率，推动技术升级，自发地积极规模化应用建筑机器人，规模化应用的初始比率为0.5，政府的强激励政策比率x不断变化，如图3（a）所示。由图可知，随政府强激励政策比率x的增长，建筑企业积极规模化应用比率y的变化不单调，但最终均演化至积极规模化应用建筑机器人的稳定状态。当强激励政策比率较小时，建筑企业即使初始规模化应用建筑机器人的意愿较高，也会迫于购置和研发成本过高，无力承担投资失败的风险而逐渐降低规模化应用建筑机器人的比率，但经过长期演化，受市场需求和产业升级需要，建筑企业规模化应用建筑机器人比率不断提升直至达到稳定状态；当强激励政策比率较大时，受政策压力和资金补贴影响，建筑企业规模化应用建筑机器人的比率不断增加至积极规模化应用的稳定状态。

其次，假设政府为提升施工安全性，推进建筑工业化进程，助力产业升级，设置强激励政策的初始比率为0.5，建筑企业积极规模化应用比率y不断变化，如图3（b）所示。由图可知，由于建筑企业规模化应用建筑机器人的发展需求和资金匮乏存在矛盾，刺激政策激励力度不断提升，政府强激励政策的比率x到达稳定状态的增长速率随建筑企业规模化应用比率y的提升而不断加快。

通过对比图3（a）和图3（b）可知，改变某一博弈主体的初值只会改变到达稳定状态的演化过程，并不会改变另一主体的最终演化稳定策略。

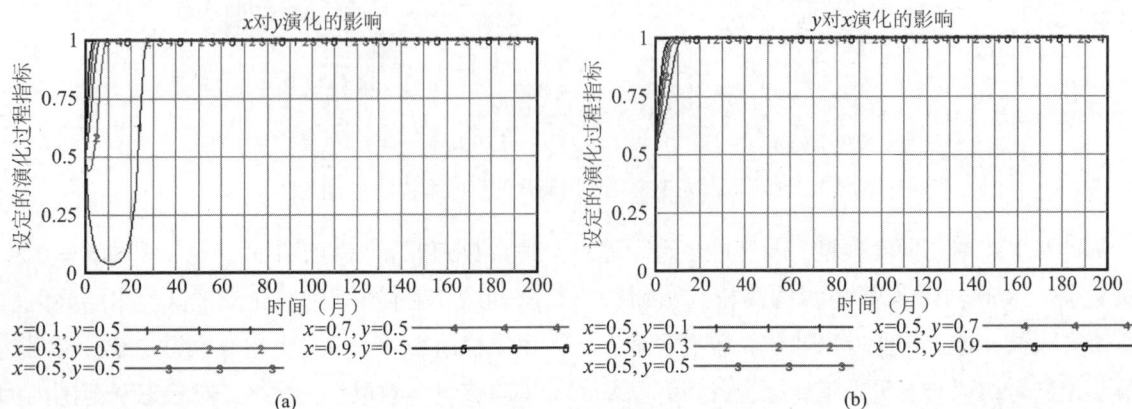

(a)

(b)

图3　x和y的变化对彼此演化路径的影响

3.3 纯策略稳定性演化分析

为确定政府和建筑企业在长期博弈中所达到的均衡状态的唯一性和稳定性，对博弈主体的 4 个纯策略均衡组合做出微小改变，将 0 的值设定为 0.01,将 1 的值设定为 0.99[16],以此获得双方主体的演化状态及均衡点的稳定性，如图 4 所示。

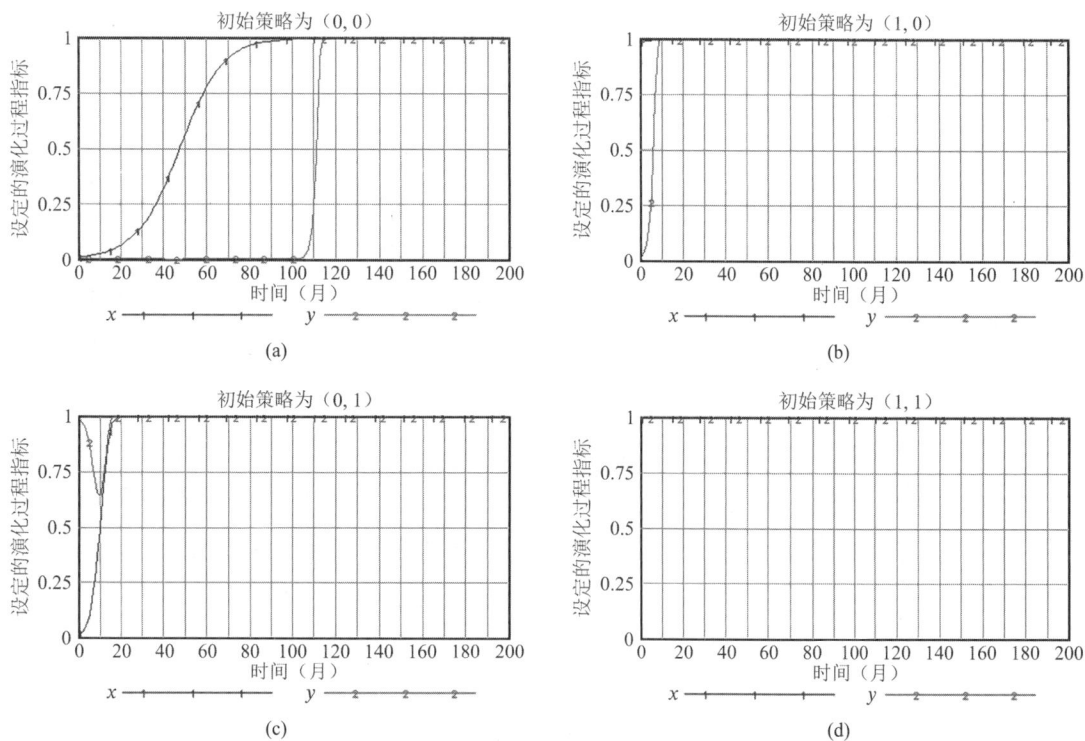

图 4　纯策略均衡演化路径

如图 4（a）所示，当政府初始策略倾向于弱激励政策，建筑企业初始策略倾向于消极规模化应用建筑机器人时，在市场需求、行业发展、产业升级等因素的推动下，政府的强激励比率 x 率先提升，不断加大政策补贴与监管力度，从供给侧为建筑企业提供资金支持，从需求侧激发建筑企业积极规模化应用建筑机器人的意愿，促使建筑企业经长期消极规模化应用后积极规模化应用比率 y 在短时间内迅速提升至稳定状态。

如图 4（b）所示，当政府初始策略为强激励政策，建筑企业初始策略倾向于消极规模化应用建筑机器人时，在政府的资金扶持和政策压力下，对比图 4(a)，建筑企业处于消极状态的缓冲时间大幅减少，积极规模化应用比率 y 迅速提升，直至达到稳定策略。而政府则持续处于初始状态，即最终稳定策略。

如图 4（c）所示，当政府初始策略倾向于弱激励政策，而建筑企业初始策略为积极规模化应用建筑机器人时，为缓解成本压力，保障企业现金流，规避投资失败风险，建筑企业积极规模化应用比率 y 逐渐下降，但随着建筑机器人规模化发展的市场需求刺激政府加强政策激励力度，缓解建筑企业资金压力，积极规模化应用比率 y 又持续增长至稳定状态。对比图 4（a），建筑企业自发规模化应用建筑机器人刺激政府加大投入力度，强激励政策比率 x 提升至稳定状态的速度加快。

如图 4（d）所示，当政府初始策略即倾向于强激励政策，而建筑企业初始策略为积极规模化应用建筑机器人时，初始状态即为双方最终稳定状态，双方在长期演化中保持此策略选择不发生变化。

综上所述，双方博弈主体无论从何种初始状态开始突变演化，最终稳定状态均为 1。这表明，无论政府和建筑企业的初始意愿如何，在市场需求和社会发展的各因素推动下，政府最终都会选择强激励政策推动建筑机器人产业发展，建筑企业最终都会选择积极规模化应用建筑机器人。这一结论与前述演化博弈结果一致，进一步验证了模型。

4　敏感性分析

通过上文分析，$x^* = \frac{N_1 - R_b - N_2}{J_0 + \alpha K_0 + \beta L_0}$，$y^* = \frac{M_1 + K_0 + L_0 + B - S_a - M_2}{B - J_0}$中外生变量的取值将会影响组合策略的稳定状态。因此，设置博弈主体的初始策略组合为（弱激励政策，消极规模化应用），对部分关键参数进行敏感性分析。

4.1　基础激励成本的影响

保持博弈主体的初始值和其他参数取值不变，分别取$M_1 = 0.7$，$M_1 = 0.8$，$M_1 = 0.9$，$M_1 = 1.0$，$M_1 = 1.1$，对系统进行模拟仿真分析，如图 5 所示。随着强激励政策下基础激励成本的提升，政府强激励比率x提升到强激励政策稳定状态的速度逐渐减缓，直至稳定状态突变为弱激励政策；而建筑企业积极规模化应用比率y提升至积极规模化应用建筑机器人稳定状态时间不断增长，直至稳定状态突变为消极规模化应用建筑机器人。这表明，政府基础激励成本的增加，会导致政府重新衡量政策的社会收益，更新政策规划，而激励政策的投入力度减小促使建筑企业面临更大的资金压力和无法承担的风险，逐渐削减规模化应用建筑机器人程度。当政府基础激励成本达到无法承受的范围（如$M_1 = 1.1$），政府和建筑企业的最终稳定状态将趋向于（弱激励政策，消极规模化应用）的不利于产业发展的劣势局面。因此，应当尽可能缩减政府部门为激励建筑机器人规模化发展的基础成本。

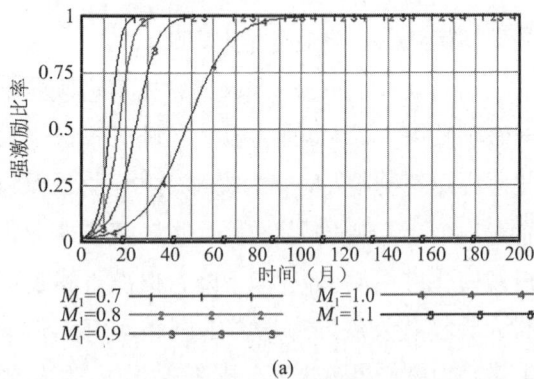

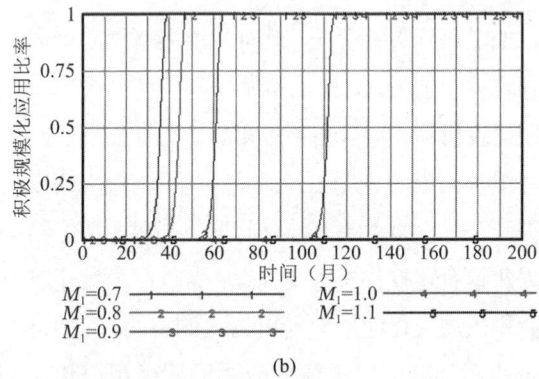

图5　不同激励成本下政府强激励、建筑企业规模化研发应用比率

4.2　补贴力度的影响

保持博弈主体的初始值和其他参数取值不变，分别取$J_0 = 0.8$，$J_0 = 1.1$，$J_0 = 1.4$，$J_0 = 1.7$，$J_0 = 2.0$，对系统进行模拟仿真分析，如图 6 所示。政府强激励比率x不受该范围内补贴力度的影响，以恒定的速度逐渐达到强激励政策的稳定状态；弱补贴力度下，建筑企业会维持消极规模化应用建筑机器人的稳定状态，随着政府补贴力度的增强，建筑企业积极规模化应用比率y达到积极规模化应用建筑机器人稳定状态的时间不断缩短。这表

明在状态 9 参数取值范围内，政府对建筑企业的补贴资金的增长不足以改变政府的策略选择，但是能够大幅提高建筑企业规模化应用建筑机器人发展的效率，帮助中小型企业渡过资金难关，迅速完成智能装备产业升级。因此，应当在适当范围内增强对建筑企业的补贴力度，激发建筑机器人规模化发展市场活力。

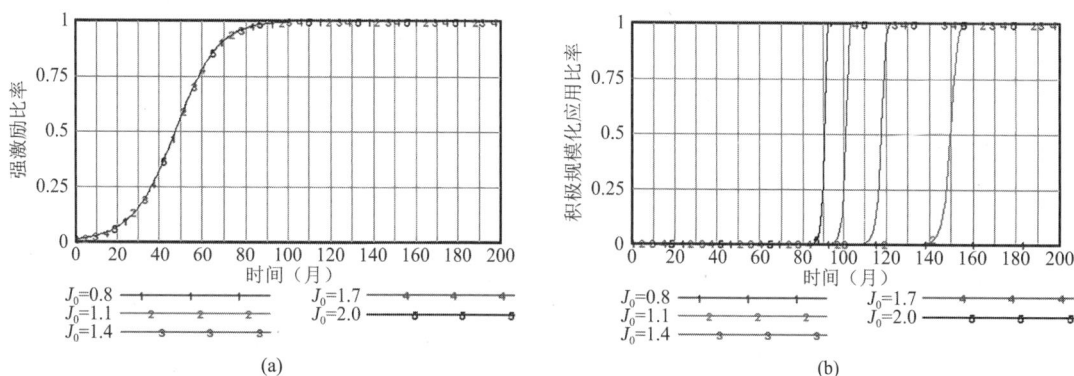

图 6 不同补贴力度下政府强激励、建筑企业规模化研发应用比率

4.3 规划支持力度的影响

政府在建筑机器人规模化应用发展中的规划支持力度体现于建设机器人规模化应用示范基地规划的力度和建立数字化建造评优体系的力度。保持博弈主体的初始值和其他参数取值不变，分别取$K_0 = 0.1$，$K_0 = 0.4$，$K_0 = 0.7$，$K_0 = 1.0$，$K_0 = 1.3$，$L_0 = 0.3$，$L_0 = 0.4$，$L_0 = 0.5$，$L_0 = 0.6$，$L_0 = 0.7$，对系统进行模拟仿真分析，如图 7 所示。由图可知，两种规划支持下，政府和建筑企业的演化稳定结果均趋向于（强激励政策，积极规模化应用）的稳定状态，演化过程中变化差异不显著，博弈主体的决策均受二者强度的影响。随着政府规划支持力度的加强，政府强激励比率x提升到强激励政策稳定状态的速度逐渐减缓，直至稳定状态突变为弱激励政策；而建筑企业积极规模化应用比率y提升至积极规模化应用建筑机器人稳定状态时间不断增长，直至稳定状态突变为消极规模化应用建筑机器人。这表明，政府建立建筑机器人规模化应用示范基地和数字化建造评优体系所承担的增量成本过高时，将会造成行业发展的负社会效益，其监管和奖罚体系下建筑企业将承担更大的竞争压力和隐性政策倾斜，导致规模化应用建筑机器人效率降低，甚至可能突变为（弱激励政策，消极规模化应用）的被动局势。因此，应当在建立规划支持体系时考虑建筑企业的竞争压力，优化体系建设方针，减少建设投入。

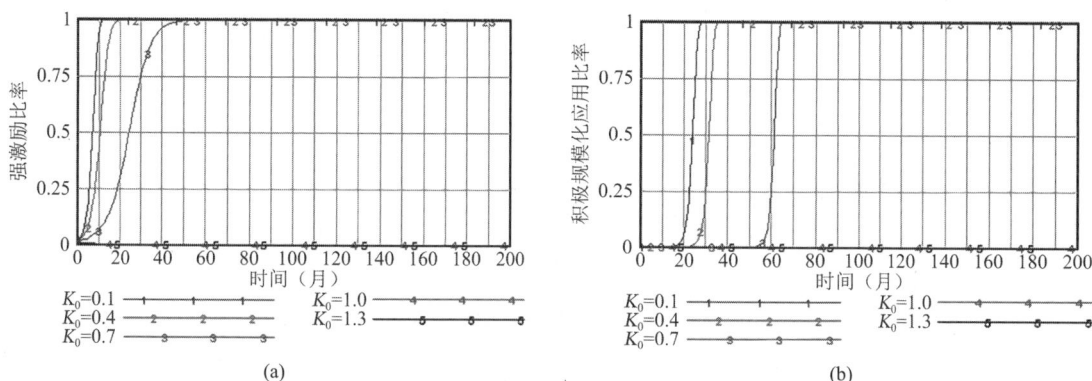

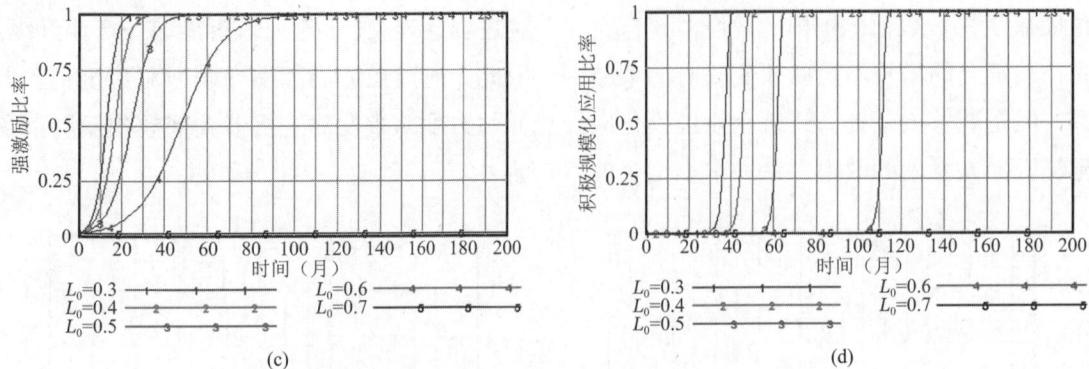

图7　不同规划支持力度下政府强激励、建筑企业积极规模化应用比率

4.4　规模化应用成本的影响

保持博弈主体的初始值和其他参数取值不变，分别取$N_1 = 1.5$，$N_1 = 1.8$，$N_1 = 2.1$，$N_1 = 2.4$，$N_1 = 2.7$，$N_1 = 3.0$，对系统进行模拟仿真分析，如图8所示。建筑企业积极规模化应用建筑机器人成本的提升将加剧企业大批量购置或租赁智能设备的资金困境，降低企业的抗风险能力，导致企业愈加担心无法承担失败的风险，从而导致积极规模化应用比率y到达积极规模化应用建筑机器人的稳定状态的时间不断增长，甚至

稳定状态会突变为消极规模化应用建筑机器人。随着y的增长速率减缓，建筑企业积极规模化应用建筑机器人的效率降低，刺激政府政策支持的需求随之降低，政府的强激励比率x到达稳定状态的速度减缓。由于建筑企业的应用成本提升始终无法影响建筑机器人产业发展的社会效益，当规模化应用成本达到一定范围内造成建筑企业的稳定状态突变时，并不改变政府的最终稳定策略为强激励政策。因此，应当加强建筑机器人研发与制造产业建设，在合理范围内缩减建筑企业规模化应用建筑机器人的成本。

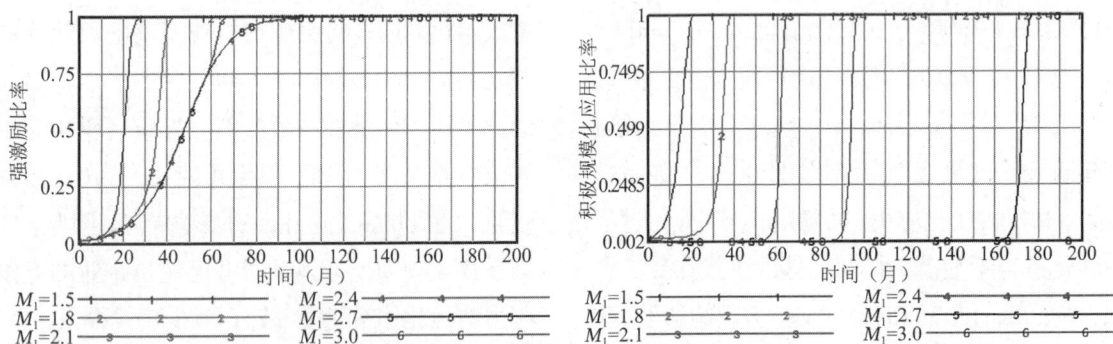

图8　不同研发应用成本下政府强激励、建筑企业积极规模化应用比率

5　结论与对策建议

在建筑工业化智能装备的规模化发展过程中，政府和建筑企业的策略选择和外生变量的取值共同影响着建筑机器人规模化应用的现实效果。因此，本文基于演化博弈理论构建建筑机器人规模化应用系统动力学模型，分析

政府和建筑企业策略选择的演化均衡路径，并运用数值模拟对外生变量进行敏感性分析，得出如下结论：

（1）外生变量的参数确定时，政府和建筑企业的初始策略选择只能够改变到达稳定状态的演化过程，无法改变系统演化的最终稳定策略。

（2）在新型建筑工业化持续推进建筑智能装备转型升级的背景下，建筑机器人的规模化应用能够从极大程度上促进行业发展，并为建筑企业带来长远收益。此时，博弈系统纯策略存在唯一的演化稳定路径：政策采取强激励政策，鼓励建筑企业在生产施工阶段选择积极规模化应用建筑机器人。

（3）政府和建筑企业在建筑机器人规模化应用发展中的投入程度对其现实成果至关重要。随着政府对建筑企业补贴力度的增强，双方趋向于最优稳定局面的速率不断加快；而加强政府激励成本支出、规划支持支出和建筑企业规模化应用成本的支出则无法为系统带来稳定的正面效应。

基于上述理论研究结论，提出如下对策建议：

（1）在建筑机器人规模化应用发展初期，政府应当迅速建立和完善激励政策，丰富宣传手段，从而提升建筑企业对建筑机器人规模化应用前景的认知水平，制定规模化普及智能装备作为建筑业工业化发展潜在内生动力的发展规划，减轻建筑企业资金、技术和管理压力，激发建筑机器人规模化应用市场的活力。

（2）政府可以建立动态补贴机制，丰富补贴形式，设立补贴门槛，对购入或租赁建筑机器人和智能装备达到定额的企业发放补贴；对中小型建筑企业提供额外津贴支持和政策倾斜；加强建筑机器人研发、生产企业与建筑企业合作机制，降低建筑企业规模化应用的基础成本。

（3）适当的政策规划支持调动建筑机器人规模化应用市场活性，优化行业环境，但力度应当结合市场规律和建筑企业的反馈进行动态调整，引入专业团队优化规划体系建设，以免造成不必要的风险和社会舆论损失。

（4）建筑企业应当密切联系建筑机器人相关高校及实验室的研发团队，提升技术能力

及经验，创造行业内标杆品牌，提高企业核心竞争力；在注入规模化应用投入资金时，应做好风险控制预警，密切关注市场政策变化，避免在建设过程中出现资金链断裂等问题，从而造成额外损失。

本文的主要贡献在于，针对机器人规模化应用动力不足问题背后的根本原因，从动态演化博弈的角度进行了深入的理论研究，为政府和建筑企业的行为决策提供理论依据。据此，可以帮助政府确定合理强度和方式的激励政策；同时，在该政策环境下，帮助建筑企业权衡资金投入和风险管控的比重，以尽可能多地享受政策红利，规避风险与损失。

参考文献

［1］ JUSTIN WERFEL, KIRSTIN PETERSEN, RADHIKA NAGPAL. Designing collective behavior in a termite-inspired robot construction team[J]. Science, 2014, 343 (6172): 754-758.

［2］ WANG Z L, HENG L, ZHANG X L. Construction waste recycling robot for nails and screws: Computer vision technology and neural network approach[J]. Automation in Construction, 2019(97): 220-228.

［3］ DETERT T, EDDINE S C, FAUROUX J C, et al. Bots2ReC: Introducing mobile robotic units on construction sites for asbestos rehabilitation[J]. Construction Robotics, 2017, 1(1-4): 29-37.

［4］ 袁烽, 阿希姆·门格斯. 建筑机器人: 技术、工艺与方法[M]. 北京: 中国建筑工业出版社, 2019: 16-18.

［5］ 刘海波, 武学民. 国外建筑业的机器人化: 国外建筑机器人发展概述[J]. 机器人, 1994, 16(2): 119-128.

［6］ 韩靓. 智能制造时代下机器人在建筑行业的应用[J]. 建筑经济, 2018, 39(3): 23-27.

［7］ PAN M I, et al. Influencing factors of the future utilisation of construction robots for buildings: A

Hong Kong perspective[J]. Journal of Building Engineering, 2020(30): 101220.

［8］ PAN M I, et al. Structuring the context for construction robot development through integrated scenario approach[J]. Automation in Construction, 2020(114): 103174.

［9］ 朱菲菲, 严小丽, 李桃, 等. 基于演化博弈的建筑智能机器人激励政策研究[J]. 数学的实践与认识, 2023(4): 24-34.

［10］ 程敏, 刘彩清. 基于系统动力学的拆迁行为演化博弈分析[J]. 运筹与管理, 2017, 26(2): 35-41.

［11］ 罗建强, 张秦洪, 杨子超, 等. 装备制造企业混合产品提供的多主体行为博弈分析[J]. 管理评论, 2021, 33(9): 237-248.

［12］ FERNANDO VEGA REDONDO. Economics and the theory of games[M]. England: Cambridge University Press, 2003.

［13］ 谢识予. 经济博弈论[M]. 3 版. 上海: 复旦大学出版社, 2007.

［14］ FRIEDMAN D. On economic applications of evolutionary game theory[J]. Journal of Evolutionary Economics, 1998(8): 15-43.

［15］ 罗利, 李玥, 单仁邦, 等. 基于演化博弈的家庭医生与核心医院行为策略选择研究[J]. 工业工程与管理, 2022, 27(1): 46-55.

［16］ 胡俏, 齐佳音. 基于 SD 演化博弈模型的数字货币扩散演化仿真研究[J]. 系统工程理论与实践, 2021, 41(5): 1211-1228.

新型基础设施建设项目的价值共毁行为关键评价指标研究

朱金垒　王　婷　武田艳

（上海应用技术大学城市建设与安全工程学院，上海　201418）

【摘　要】 新型基础设施建设（以下简称"新基建"）是推动科技创新的新平台，但诸多新基建项目并未达到理想的价值产出效果，如资源滥用、数据泄露等导致价值共毁行为频发，危害巨大，且当前理论研究相对匮乏。因此，本文旨在识别新基建项目典型的价值共毁行为类别。具体而言，通过问卷调研共收集470份有效数据，随后运用SPSS 26.0软件对数据质量以及新基建价值共毁行为的 5 种突出类型进行分析，并结合模糊集理论确定 13 个关键评价指标。本研究旨在丰富新基建价值管理理论，对于遏制和防范当前频发的新基建项目价值共毁行为具有积极意义。

【关键词】 新基建；价值管理；模糊集理论；扎根理论

Research on the Critical Criteria of Value Co-destruction Behaviors in New Infrastructure Projects

Zhu Jinlei　Wang Ting　Wu Tianyan

（College of Urban Construction and Safety Engineering，Shanghai Institute of Technology，Shanghai　201418）

【Abstract】 New infrastructure is a new platform for promoting scientific and technological innovation. However, many new infrastructure projects have not achieved the desired value output effects. For example, value co-destruction behaviors caused by resource abuse, data leakage, etc. occur frequently, which pose great harm. Nevertheless, the current theoretical research is relatively scarce. Therefore, this paper aims to identify the typical categories of value co-destruction behaviors in new infrastructure. Specifically, 470 valid data were collected through a questionnaire survey. Subsequently, the SPSS26.0 software was used to analyze the data quality and five prominent types of value co-destruction behaviors in new infrastructure. Combined with the fuzzy set theory, 13 key evaluation indicators were then determined. This research aims to enrich the theory of value management in new infrastructure, and it has positive significance for curbing and preventing the frequently occurring value co-destruction behaviors in current new infrastructure projects.

【Keywords】 New Infrastructure；Value Management；Fuzzy Set Theory；Grounded Theory

1 引言

随着数字化、智能化、绿色化的持续推进，政府、企业和社会各界等日益关注作为推动经济增长和社会发展重要引擎的新基建。以"数字技术""融合技术"等为支撑的新基建，提供了高度智能化、集成化的公共服务，但由于缺乏必要的资源、主观滥用资源、资源配置不合理等因素的存在，使部分新基建项目并未达到理想的价值产出效果，而是导致价值共毁行为发生。例如，上海建设的约 11 万根新能源汽车充电桩中大约 27% 为一年内一次都没有利用过的"僵尸桩"，造成了巨大的资源浪费[1]。"价值共毁行为"起源于市场营销学领域，最初指服务系统之间的交互过程导致至少一个系统的福利下降[2]。然而，社会各界对近年频繁出现的新基建项目价值共毁行为关注不足，相应的理论研究匮乏，对新基建领域的价值共毁行为内涵及典型类型尚不明晰，无法提出针对性管理措施，阻碍了新基建项目的价值实现与价值扩散。

因此，本研究将采用问卷调查法作为主要数据收集方式，立足上海市 16 个行政区域进行调研。具体而言，在收集完相关数据之后将首先采用克朗巴赫α检验对数据进行信度分析[3]，以确保数据的可靠性和有效性。接着采用概率密度函数对收集到的数据进行进一步的处理[4]，以揭示新基建价值共毁行为的各项指标的分布特征、趋势和规律。最后本研究将

运用模糊集理论对数据进行分析，识别出影响新基建价值共毁行为的关键性指标。通过对新基建价值共毁行为的系统研究，旨在为相关领域的决策者、管理者和研究者提供更深入的理解，为有效应对和管理新基建过程中的价值共毁问题提供理论和实践指导。

2 新基建价值共毁行为研究现状

近年来，新基建日益受到关注，其定义与范围也在不断拓展和深化[5]。最初，新基建主要是以信息化为核心[6]，以人工智能、大数据、云计算等新兴技术为工具，对既有的基础设施进行重构，以促进经济社会发展为要义，以点带面。随着时代的发展，新基建的含义逐步扩大，以点带面，以面促点，在拉动经济增长的同时，也将给城市可持续发展带来巨大的促进作用。我国提出以"数字中国""智慧城市"为代表的发展战略，在推动新基建领域不断向纵深发展的同时，也取得了一定的成效[7]。

在新基建研究领域，学者们关注的焦点除了技术本身的创新和应用外，还包括它对经济、社会、环境等方面的影响和作用。现有研究显示，新基建的推进，在改善人民生活、促进可持续发展的同时，能够促进产业升级，提高生产效率[8]。但是，也有一些需要面对和解决的挑战和问题，比如数据隐私和安全、管理不良、缺乏服务能力、缺乏资源条件[9]等价值共毁行为，需要跨学科的研究和合作来应对。

价值共毁这一概念是由价值共创引申而

来。2004 年，Prahalad 和 Ramaswamy 首次明确提出"价值共创"的概念，认为价值必须由企业、消费者，以及其他利益相关者多方共同参与创造[9]。价值共毁理论（Value Co-destruction）作为价值共创理论的对立面，最早出现在 21 世纪初的学术研究中。随着学者们对服务过程中参与者互动行为的深入研究，他们开始关注到由于资源滥用，可能导致至少一方福利减少的现象[10]。例如，2010 年，Plé 和 Cáceres 首次明确提出了"价值共毁"的概念，指出在服务主导逻辑中，并非所有的互动都会创造价值，有时也会导致价值的共同破坏[11]。2011 年，Echeverri 和 Skålén 则进一步探讨了价值共毁的理论基础，认为价值共毁是由于参与者之间在互动过程中，低效率地利用资源或存在其他负面行为，导致至少一方福利减少[12]。

当前，已有学者指出，价值共毁并不是简单的价值共创对立面，其内涵更为丰富，包含负面的、中性的和低于预期的结果产出[13]。而"共"字则可体现出服务系统中的主体交互过程[14]。鉴于此，本文将新基建项目价值共毁行为概念界定为：新基建参与者在项目运营过程中造成非最优化且令参与者不满意的价值产出的互动行为。

3　研究方法

3.1　问卷数据收集

首先，进行问卷设计。考虑到材料数据的可获取性，以及新基建项目与公众联系的紧密程度，研究人员重点选取了融合新基建项目及信息新基建项目中的在线医疗、城际与城市轨道交通、新能源汽车与充电桩作为案例对象进行数据收集。具体而言，采用扎根理论质性研究方法，基于 144 条新基建价值共毁行为的有效数据，依次进行开放性编码、主轴编码和选择性编码，初步识别出 5 类共 20 项指标（包括基于"服务能力不足"的价值共毁行为、基于"资源条件缺乏"的价值共毁行为、基于"信息数据安全"的价值共毁行为、基于"价值利益冲突"的价值共毁行为、基于"运营管理不良"的价值共毁行为），以此作为问卷基础。

第一部分为调研受访者的基本信息，例如居住状态、年龄、性别等人口学因素和调研者主管论调上对于"新基建"和"价值共毁"的了解程度，以此展开。在第一部分同样简单列举了各种新基建设施，例如新网络、新算力、新数据、新设施、新终端，让受访者对于新基建这一概念有深入认识，以便于后续调研。第二部分则为问卷主体部分，分为 5 个维度，在每一个维度之下构建了相关的问题进行调查。而在评分标准上，本问卷使用了 1～5 分的记分制（五点量表）。其中"1"表示非常不认同；"2"表示不认同；"3"表示中立；"4"表示认同；"5"表示非常认同。

3.2　问卷可靠性检验

克朗巴赫系数 α 可以用于检测研究数据的可靠性，根据之前的研究，如果克朗巴赫系数 α 的值为 0.7 或者更高，则充分说明该指标的可靠性。作者总计收集到 470 份有效问卷数据，基于这 470 份的基础样本，计算各维度中的克朗巴赫系数 α，分别为 0.838、0.790、0.872、0.757、0.881，均超过 0.7。由此可见，通过该问卷所调查获得的数据具有极强的可靠性。

4　研究结果与讨论

4.1　基于模糊集分析

如前所述，作者已经验证了问卷样本数据的可靠性，接下来将对数据进行进一步的处理，考虑到"问卷"打分本身具有一定的主观性和模糊性，因此作者决定使用模糊集理论进一步分析新基建中价值共毁行为的评价指标[15]。

模糊集理论在工程指标上的应用十分广泛，特别是在处理模糊、不确定、复杂等问题上，具有突出的代表性。工程项目中的风险可以用模糊集理论进行评估。

通过将风险因素的不确定性描述为模糊集，并基于这些模糊集进行风险评估和决策，可以使不确定性得到更好的处理。在项目中，往往需要面对可能存在不确定性和模糊性的多重决策因素。模糊集理论可以用来建立决策支持系统，这些决策支持系统之间可能存在复杂的相互关系，通常需要考虑多个指标来评估系统的性能。模糊集理论可以用来应对这种复杂情况，为决策者更好地决策提供支持。

在模糊集理论中，隶属度概念是指元素属于一个模糊集合的程度或者概率。在传统的集合理论中，一个元素完全属于一个集合，或完全不属于该集合，不存在中间状态。但在模糊集合理论中，元素与集合之间的关系是模糊的，即元素可能以一定的程度属于集合。

隶属度通常用一个介于 0～1 之间的实数来表示，表示元素属于集合的程度。隶属度越接近 1，表示元素越典型地属于集合；隶属度越接近 0，表示元素越不典型地属于集合。在模糊集合理论中，一个元素可以同时属于多个集合，并且其隶属度可以不同。

在模糊集合理论中起关键作用的是隶属关系概念，它可以让我们在控制系统、人工智能、决策支持等各种领域中更好地描述和处理现实世界中的模糊和不确定因素。

在本研究中，问卷分为 1～5 个层次进行评分。1 为非常不认同，优先级较低；5 为非常认同，优先级较高；3 则为中性立场。如果一个评价因素的平均值超过了 3，则该指标落在关键区间内的可能性就大大提高。

在模糊集合中，用来描述模糊集合的集中趋势和分散程度的平均值和标准差是两个重要的统计量。对于模糊集合的整体特征，可以用平均值和标准差的组合来进行全面描述。这两个指标能帮助我们理解模糊集合的分布，从而更好地将模糊集合理论应用于模糊逻辑、模糊控制等领域。故本文引入参数 Z 来确定某一指标是否归入某一关键评估指标[16]，如式（1）所示：

$$Z = (\text{Mean} - 3)/sd \qquad (1)$$

当 $Z = 1.65$ 时，一个指标的得分落在 $[3, \infty]$ 范围内的概率超过 95%。根据模糊集理论，一个变量属于一个集合的可能性称为该变量在模糊集中的隶属度。其计算公式如式（2）所示，其中 P_f 为变量不属于该集合的可能性。

$$m(x_i) = \int_3^{\infty} f(x_i)\,\mathrm{d}x = 1 - P_f \qquad (2)$$

基于式（1）和式（2），得出最终模糊集 $m(x_i)$ 的计算结果，如表 1 所示。

各指标模糊集系数计算结果表　　　　　　　　　　表 1

价值共毁行为	指标代码	平均值	标准差	Z	$m(x_i)$
服务能力不足	x_1：新基建本身质量不足导致的服务感知差（如 5G 信号差、充电桩不够安全等）	3.33	1.206	0.274	0.608
	x_2：运营商缺乏配套服务或服务水平低下	3.47	1.192	0.394	0.653
	x_3：相关 App 使用不畅或不兼容等问题导致的新基建使用效率低下	3.48	1.144	0.420	0.663
	x_4：新基建关键技术不够完善所导致的服务低下（如 AI 坐诊仅能自动简单回复）	3.63	1.121	0.562	0.713

续表

价值共毁行为	指标代码	平均值	标准差	Z	$m(x_i)$
服务能力不足	x_5：App 或者平台的适老性不足、缺少老年人服务环节等	3.76	1.122	0.677	0.751
资源条件缺乏	x_6：缺少满足服务需求的特定技术等而导致新基建使用受限	3.48	1.155	0.416	0.661
	x_7：因某些必要条件缺乏，使公众无法使用新基建（如小区线路老化、变电线归属问题等无法安装充电桩）	3.72	1.109	0.649	0.742
	x_8：平台发展水平有限，资源不平衡（如平台不良竞争、资源抢夺等）	3.53	1.119	0.474	0.682
信息数据安全	x_9：网络（平台）安全泄露问题	3.75	1.188	0.631	0.736
	x_{10}：个人隐私数据存在安全隐患	3.88	1.187	0.741	0.771
	x_{11}：缺乏对隐私或数据信息的有效保障机制	3.81	1.187	0.682	0.753
价值利益冲突	x_{12}：因价值主张或者利益冲突所导致的问题（如新能源车主不愿共享私桩、居民不愿在附近安装5G 基站）	3.67	1.138	0.589	0.722
	x_{13}：因观念保守或者知识认知滞后等造成的新基建项目推广困难	3.6	1.122	0.535	0.704
运营管理不良	x_{14}：因新基建项目建设运营而导致的地方或相关部门或企业财务压力增大（甚至亏损）	3.45	1.077	0.418	0.662
	x_{15}：运营商各自为战、缺乏互通而导致运营市场混乱	3.61	1.129	0.540	0.706
	x_{16}：缺乏专门制定的行业标准或准入门槛	3.61	1.133	0.538	0.705
	x_{17}：分布不均、规划不科学而导致的新基建使用率较低（如充电桩距离较远）	3.71	1.057	0.672	0.749
	x_{18}：收费不够合理，费用偏高（如充电收费高）	3.64	1.123	0.570	0.716
	x_{19}：平台在线服务存在违法违规行为（如垄断加价、在线医疗误诊等）	3.53	1.14	0.465	0.679
	x_{20}：平台管理不规范或者管理水平低下	3.59	1.091	0.541	0.706

4.2　指标结果讨论

为了最终评价新基建价值共毁行为的关键指标，作者采用 λ-cut 集合的方法[17]。λ-cut 可以将模糊集合清晰化，即将模糊的集合转化为具体的集合，使集合中的元素变得清晰可辨。通过设定 λ 值，可以确定模糊集合的边界，将隶属度大于等于 λ 的元素划分为集合的一部分，而将隶属度小于 λ 的元素排除在外。λ-cut 还可以帮助量化模糊集合的模糊性程度。λ 的取值越大，表示集合越清晰，模糊性越低；λ 的取值

越小，表示集合越模糊，模糊性越高。

将模糊集合通过 λ-cut 转化为具体的集合后，为模糊集合的分析和处理提供了重要支持，具体的集合更容易被计算机或者数学模型处理。

在 0.5～0.8 范围内的 λ 值对于分析是有效的。在本研究中，作者将 $\lambda = 0.7$ 作为选择关键评价指标的标准，即 $m(x_i) \geqslant 0.7$ 时，指标 $m(x_i)$ 可以作为评价新基建价值共毁行为的关键指标。

通过表 1 数据可以发现，本研究最终得出

13 项关键影响因素。在基于"服务能力不足"的价值共毁行为中，包含"新基建关键技术不够完善所导致的服务低下（如 AI 坐诊仅能自动简单回复）"和"App 或者平台的适老性不足、缺少老年人服务环节等"共 2 项；在基于"资源条件缺乏"的价值共毁行为中，包含"因某些必要条件缺乏，使公众无法使用新基建（如小区线路老化、变电线归属问题等无法安装充电桩）"共 1 项；在基于"信息数据安全"的价值共毁行为中，包含"网络（平台）安全泄露问题""个人隐私数据存在安全隐患"和"缺乏对隐私或数据信息的有效保障机制"共 3 项；在基于"价值利益冲突"的价值共毁行为中，包含"因价值主张或者利益冲突所导致的问题（如新能源车主不愿共享私桩、居民不愿在附近安装 5G 基站）"和"因观念保守或者知识认知滞后等造成的新基建项目推广困难"共 2 项；在基于"运营管理不良"的价值共毁行为中，包含"运营商各自为战、缺乏互通而导致运营市场混乱""缺乏专门制定的行业标准或准入门槛""分布不均、规划不科学而导致的新基建使用率较低（如充电桩距离较远）""收费不够合理，费用偏高（如充电收费高）"和"平台管理不规范或者管理水平低下"共 5 项。

5 研究结论和启示

本文针对当前新基建项目领域频发的价值共毁行为开展研究。首先，采用扎根理论质性研究方法，基于 144 条新基建价值共毁行为的案例数据，依次进行开放性编码、主轴编码和选择性编码，初步识别出 5 类共 20 项指标。其次，运用问卷调研，在上海市 16 个行政区域共回收 470 份有效数据，并运用 SPSS 26.0 软件对数据质量以及新基建价值共毁行为的 5 种突出类型进行分析。最后，结合模糊集理论最终确定 13 个关键评价指标。计算结果显示，排

在前 5 位的指标依次为："个人隐私数据存在安全隐患""缺乏对隐私或数据信息的有效保障机制""App 或者平台的适老性不足、缺少老年人服务环节等""分布不均、规划不科学而导致的新基建使用率较低（如充电桩距离较远）"，以及"某些必要条件缺乏，使公众无法使用新基建（如小区线路老化、变电线归属问题等无法安装充电桩）"。依据研究结果，本文提出三点管理建议：第一，加快推进新基建治理体系顶层设计，强化网络安全支撑能力；第二，创新投资融资模式，激发市场投资活力，但避免过度过热投资及企业不良竞争；第三，广泛听取公众意见，做好新基建相关政策宣讲。

本研究可丰富新基建价值管理的理论与方法，对于遏制和防范当前频发的新基建项目价值共毁行为具有积极意义。

参考文献

［1］谢琳琳, 黄玉翠, 蒋浩洋, 等. 基于扎根理论的重大工程价值共创行为多维结构研究[J]. 建筑经济, 2024, 45(4): 78-86.

［2］陈梦娇. 产业组织视角下的工程项目价值共创行为研究[D]. 桂林: 桂林理工大学, 2020.

［3］陈丽先, 曾妮, 石冰, 等. Asher-McDade 鼻唇评价量表的汉化及信效度初步研究[J]. 华西口腔医学杂志, 2024, 42(1): 97-103.

［4］刘腾, 翁叶耀, 张玄一, 等. 二阶混沌多项式的概率密度精确计算及其结构可靠度应用[J]. 防灾减灾工程学报, 2024, 44(1): 28-38.

［5］曹效义, 张伟, 曹子烨. 面向"新基建"的全过程工程咨询服务管理平台构建及展望: 基于"互联网+"的关键技术应用研究[J]. 物联网技术, 2023, 13(10): 129-132, 137.

［6］欧国立, 王俊伟. "数据要素×"背景下交通领域新基建投融资分析[J]. 长安大学学报 (社会科学版), 2024, 26(2): 98-111.

［7］周俊杰. AIoT 背景下智慧工地的建设研究: 评

《新基建: "互联网+智慧工地"》[J]. 中国科技论文, 2023, 18(7): 831.

［8］ 王诗语. "新基建" 能促进长江经济带城乡融合发展吗[D]. 成都: 西南民族大学, 2023.

［9］ PRAHALAD C K, RAMASWAMY V. Co-creation experience: The next practice in value creation[J]. Journal of Interactive Marketing, 2004, 18(3): 5-14.

［10］ AKAKA M A, VARGO S L. Technology as an operant resource in service (eco)systems[J]. Information Systems and E-business Management, 2014, 12(3): 367.

［11］ PLÉ L, CÁCERES R C. Not always co-creation: introducing interactional co-destruction of value in service-dominant logic[J]. Journal of Services Marketing, 2010, 24(6): 430-437.

［12］ ECHEVERRI P, SKÅLÉN P. Co-creation and co-destruction: A practice-theory based study of interactive value formation[J]. Marketing Theory, 2011, 11(3): 351-373.

［13］ 何尉铭, 符宁杨. 高校基建项目监理工作自行管理模式实施要点[J]. 建设监理, 2024(4): 22-24, 33.

［14］ ASSIOURAS I, VALLSTRÖM N, SKOURTIS G, et al. Value propositions during service mega-disruptions: Exploring value co-creation and value co-destruction in service recovery[J]. Annals of Tourism Research, 2022(97): 103501.

［15］ STHAPIT E, GARROD B, STONE M J, et al. Value co-destruction in tourism and hospitality: A systematic literature review and future research agenda[J]. Journal of Travel & Tourism Marketing, 2023, 40(5): 363-382.

［16］ 焦红, 谢亚慧, 王松岩. 基于改进证据理论的装配式建筑施工安全风险评估[J]. 土木工程与管理学报, 2023, 40(5): 75-81.

［17］ PENG XU P, CHAN E H W, QIAN Q K. Key performance indicators (KPI) for the sustainability of building energy efficiency retrofit (BEER) in hotel buildings in China[J]. Facilities, 2012, 30(9/10): 432-448.

数字经济赋能智慧城市发展评价指标体系构建实证研究

任 强 张 冉

（沈阳建筑大学管理学院，沈阳 110168）

【摘 要】 数字经济与智慧城市的深度融合为城市高质量发展提供了新动能。本研究聚焦于数字经济对智慧城市发展的赋能作用，构建了一套涵盖信息基础、惠民服务、经济基础、生态宜居、城市吸引、智慧保障六个维度的评价指标体系，采用因子分析和聚类分析等统计方法，深入剖析数字经济对城市智慧发展水平的影响。研究表明，智慧城市发展水平与经济基础、信息基础、公共服务保障等因素密切相关，且存在显著的区域差异。揭示了数字经济赋能智慧城市的具体机制与路径，为城市制定智慧发展策略提供了理论依据与实践参考，助力城市在数字经济浪潮中实现高效、可持续的智慧化转型。

【关键词】 数字经济；智慧城市；因子分析；聚类分析

An Empirical Study on the Construction of an Evaluation Index System for Smart City Development from the Perspective of Digital Economy

Ren Qiang　Zhang Ran

（Shenyang Jianzhu University，College of Management，Shenyang 110168）

【Abstract】 The deep integration of the digital economy and smart cities has provided new momentum for high-quality urban development. This study focuses on constructing an evaluation index system for smart city development from the perspective of the digital economy. By establishing an evaluation framework encompassing six dimensions: Information infrastructure, public services, economic foundation, ecological livability, urban attractiveness, and smart governance, employing statistical methods such as factor analysis and cluster analysis, this research thoroughly examines the impact of the digital economy on urban smart development levels. The findings indicate that the development level of smart cities is closely related to factors such as economic foundation, information infrastructure, and public service guarantees, with significant regional disparities observed. This study offers theoretical foundations and practical references for cities to formulate smart development strategies, facilitating efficient and sustainable smart transformation amid the wave of the digital economy.

【Keywords】 Digital Economy；Smart City；Factor Analysis；Cluster Analysis

1 引言

在数字化转型浪潮重塑全球竞争格局的当下，Python 作为一种强大的编程语言，以其高效的数据处理能力和灵活的分析工具，为数据要素价值释放提供了关键技术支撑。数字经济时代，数据要素正以指数级增长态势重构社会生产函数，深刻变革着人类社会的运行范式与价值创造模式。城市作为人类活动最为密集的空间载体，正面临着一系列复杂且严峻的挑战，如人口快速增长、资源环境约束趋紧、城市治理难度加大等。在此背景下，陈加友等[1]、黄潇倩等[2]、张艳丰等[3]学者对数字经济的兴起进行了研究，为城市的赋能发展带来了新的契机和思路，城市智慧发展成为推动城市可持续发展、提升城市竞争力的关键路径。

本研究旨在通过实证研究的方法，参考何琴[4]、胡军燕等[5]学者对智慧城市建设水平评价模型及实证的方法探讨数字经济赋能城市智慧发展的模式、实施路径以及效果评估等问题。通过对多个城市的数据分析，揭示数字经济在城市智慧发展中的作用机制和影响因素，为城市的可持续发展提供理论支持和实践指导，以期为推动我国城市智慧发展贡献一份力量。

2 研究设计

2.1 评价指标体系构建

在当今复杂多元且快速发展的时代背景下，构建一套全面、科学、实用的评价指标体系对于深入剖析和衡量城市的综合发展水平具有至关重要的意义。本研究构建的六维度评价指标体系涵盖信息基础、经济基础、惠民服务、生态宜居、城市吸引、智慧保障六个关键维度，旨在全方位、系统性地评估城市智慧水平的发展状态。由于目前尚未有广泛认可的标准体系，本研究在参考杜建国等[6]、于文轩等[7]、刘小平[8]、田晖等[9]众多学者对智慧城市经济发展水平指标体系研究的基础上，结合Python 的数据处理能力，进一步优化和筛选指标，构建了智慧城市发展水平的二级指标体系，如表 1 所示。

在指标体系构建过程中，Python 的 Pandas库被用于数据清洗和预处理，确保数据的准确性和完整性。同时，利用 Python 的可视化库对指标数据进行初步分析，为后续的因子分析和聚类分析提供数据基础。

智慧城市发展评价指标体系　表 1

一级指标	二级指标	单位	指标属性	指标代码
信息基础	互联网宽带接入用户	万户	+	X_1
	快递业务收入	万元	+	X_2
	电信业务总量	亿元	+	X_3
经济基础	地区生产总值	亿元	+	X_4
	人均 GDP	元/人	+	X_5
惠民服务	城市天然气供气总量	亿 m^3	+	X_6

续表

一级指标	二级指标	单位	指标属性	指标代码
惠民服务	公共汽电车运营数	辆	+	X_7
	公共图书馆总藏量	万册	+	X_8
	普通小学学校数	所	+	X_9
生态宜居	公园绿地面积	万 hm^2	+	X_{10}
	建成区绿化覆盖率	%	+	X_{11}
	城市污水日处理能力	万 m^3	−	X_{12}
城市吸引	人口自然增长率	‰	+	X_{13}
	年末常住人口	万人	+	X_{14}
智慧保障	城乡居民社会养老保险参保人数	万人	+	X_{15}
	地方财政一般公共服务支出	亿元	+	X_{16}

2.2 方法介绍

2.2.1 因子分析

因子分析是一种降维的统计分析技术，旨在从众多可观测的变量中，提取出少数几个不可直接观测但影响可观测变量的潜在公共因子，以此简化数据结构，揭示数据背后所隐藏的关系和规律[10]。它的主要作用在于数据降维，简化复杂的数据结构，降低分析的复杂性；同时，它能揭示变量间的潜在关系，帮助研究者挖掘数据背后隐藏的信息，为进一步研究提供方向。因此，本文采用因子分析方法来对城市的智慧发展水平进行综合评价。

2.2.2 聚类分析

聚类分析是数据挖掘和统计学领域中的一种重要分析方法，它旨在将物理或抽象对象的集合分组为由类似对象组成的多个类[11]。它的核心目的是通过对数据的分析和处理，揭示数据间的自然分组模式，为进一步的数据分析、理解和决策提供支持。它帮助研究者发现数据中隐藏的信息，识别出具有相似特征的数据子集，而不需要事先知道这些子集的具体类别或特征。

3 实证分析

3.1 数据来源与处理

本文以中国 31 个省（市）的智慧城市发展水平作为研究对象，选取 2023 年相关数字经济指标作为智慧城市发展相关数据，构建二级指标体系，具体数据来源于国家统计局。根据付平等[12]对智慧城市发展水平实证研究，本文使用 SPSS24.0 软件先对唯一的逆向指标进行正向化处理，再对相关的指标数据进行规范化、标准化处理。之后进行因子分析检验。可以看到，使用 KMO 和 Bartlett 检验进行效度验证，从表 2 可以看出，KMO 为 0.801，大于 0.6，通过 Bartlett 球形度检验（$p < 0.05$），满足主成分分析的前提要求，意味着数据可用于主成分分析研究。

KMO 和 Bartlett 检验   表 2

KMO 值		0.801
Bartlett 球形度检验	近似卡方	876.951
	df	120
	p 值	0.000

如表 3 所示，对于共同度，涉及"建成区绿化覆盖率（%）""人口自然增长率（‰）"这 2 项对应的共同度值小于 0.4，说明主成分和研究项之间的关系非常薄弱，主成分不能有效地提取出研究项信息。因而应该将此 2 项删除，删除之后再次进行分析。

旋转后因子载荷系数表格   表 3

名称	载荷系数		共同度（公因子方差）
	主成分 1	主成分 2	
S_互联网宽带接入用户（万户）	0.943	−0.262	0.957
S_快递业务收入（万元）	0.720	0.443	0.715

续表

名称	载荷系数		共同度（公因子方差）
	主成分1	主成分2	
S_电信业务总量（亿元）	0.987	0.044	0.976
S_地区生产总值（亿元）	0.971	0.148	0.964
S_城市天然气供气总量（亿 m³）	0.737	0.466	0.761
S_公共图书馆总藏量（万册）	0.916	0.278	0.916
S_公园绿地面积（万 hm²）	0.950	0.077	0.908
S_建成区绿化覆盖率（%）	0.444	−0.072	0.203
S_城市污水日处理能力（万 m³）	0.948	0.135	0.916
S_人口自然增长率（‰）	−0.156	0.026	0.025
S_年末常住人口（万人）	0.944	−0.318	0.993
S_地方财政一般公共服务支出（亿元）	0.958	−0.108	0.930
S_公共汽电车运营数(辆)	0.964	−0.013	0.929
S_人均 GDP（元/人）	0.318	0.838	0.803
S_普通小学学校数（所）	0.600	−0.691	0.837
S_城乡居民社会养老保险参保人数（万人）	0.654	−0.702	0.921

3.2 公因子命名

根据表3、表4，本研究通过因子分析法提取了两个主要的公因子，并对其进行了命名。一个是智慧城市公共服务保障因子（F_1），方差贡献率为 64.729%，可以看到负荷较高的指标有互联网宽带接入用户、电信业务总量、普通小学学校数等。这些指标主要反映了城市的经济实力、惠民服务和智慧保障等方面的表现，强调了城市在公共服务和基础设施方面的综合保障能力。另一个是智慧城市基础建设因子（F_2），其中负荷较高的指标有人均 GDP、快递业务收入、城市天然气供气总量等。这些指标主要反映了城市的基础设施建设和经济发展水平，强调了城市在基础设施建设和经济发展方面的表现。

方差解释率　表4

编号	特征根			主成分提取		
	特征根	方差解释率（%）	累积（%）	特征根	方差解释率（%）	累积（%）
1	10.357	64.729	64.729	10.357	64.729	64.729
2	2.399	14.995	79.725	2.399	14.995	79.725

3.3 因子分析评价

如表5所示，计算得到中国 31 个省（市）的智慧城市发展水平因子得分系数矩阵，用 F_1、F_2 代表 2 个公因子的综合评价得分，则：

$$F_1 = 0.295 \cdot X_1 + 0.230 \cdot X_2 + 0.310 \cdot X_3 + 0.305 \cdot X_4 + 0.099 \cdot X_5 + 0.230 \cdot X_6 + 0.302 \cdot X_7 + 0.289 \cdot X_8 + 0.188 \cdot X_9 + 0.298 \cdot X_{10} + 0.299 \cdot X_{12} + 0.296 \cdot X_{14} + 0.203 \cdot X_{15} + 0.301 \cdot X_{16}$$

$$F_2 = -0.171 \cdot X_1 + 0.278 \cdot X_2 + 0.025 \cdot X_3 + 0.093 \cdot X_4 + 0.545 \cdot X_5 + 0.304 \cdot X_6 - 0.010 \cdot X_7 + 0.175 \cdot X_8 - 0.448 \cdot X_9 + 0.047 \cdot X_{10} + 0.083 \cdot X_{12} - 0.208 \cdot X_{14} - 0.453 \cdot X_{15} - 0.072 \cdot X_{16}$$

综合得分是方差解释率与成分得分乘积后累加计算得到。针对当前数据的计算公式为：$F = (72.510 \cdot F_1 + 17.1.9 \cdot F_2)/89.620$

因子得分系数矩阵　表5

名称	成分		权重
	成分1	成分2	
X_1互联网宽带接入用户（万户）	0.295	−0.171	6.91%
X_2快递业务收入（万元）	0.230	0.278	8.02%
X_3电信业务总量（亿元）	0.310	0.025	8.58%
X_4地区生产总值（亿元）	0.305	0.093	8.86%
X_5人均 GDP（元/人）	0.099	0.545	6.15%
X_6城市天然气供气总量（亿 m³）	0.230	0.304	8.17%
X_7公共汽电车运营数（辆）	0.302	−0.010	8.13%
X_8公共图书馆总藏量（万册）	0.289	0.175	8.95%
X_9普通小学学校数（所）	0.188	−0.448	2.22%
X_{10}公园绿地面积（万 hm²）	0.298	0.047	8.39%
X_{12}城市污水日处理能力（万 m³）	0.299	0.083	8.63%

续表

名称	成分		权重
	成分1	成分2	
X_{14}年末常住人口（万人）	0.296	−0.208	6.69%
X_{15}城乡居民社会养老保险参保人数（万人）	0.203	−0.453	2.61%
X_{16}地方财政一般公共服务支出（亿元）	0.301	−0.072	7.69%

表6展示了中国31个省（市）的智慧城市发展水平综合评价得分，可以看到共有13个省（市）的综合得分大于0，占全国的41.9%。这些省份的智慧城市发展水平相对较高，表明它们在公共服务保障和基础设施建设方面表现较好；共有18个省（市）的综合得分接近或小于0，占全国的58.1%。这些省份的智慧城市发展水平相对较低，表明它们在公共服务保障和基础设施建设方面存在较大提升空间。

中国智慧城市发展水平综合评价得分　表6

省（市）	F_1		F_2		综合评价	
	得分	排名	得分	排名	得分	排名
广东省	9.87	1	1.05	6	8.19	1
江苏省	6.02	2	1.86	3	5.23	2
山东省	5.44	3	−1.18	25	4.18	3
浙江省	3.86	4	1.81	4	3.47	4
河南省	3.65	5	−3.45	31	2.30	5
四川省	2.61	6	−0.87	23	1.94	6
上海市	0.46	11	4.01	1	1.14	7
河北省	1.80	7	−2.00	30	1.07	8
湖北省	1.10	9	−0.22	19	0.85	9
北京市	0.05	12	3.71	2	0.75	10
湖南省	1.16	8	−1.33	27	0.68	11
安徽省	0.87	10	−1.16	24	0.49	12
福建省	−0.07	13	0.60	8	0.06	13
辽宁省	−0.64	15	0.18	14	−0.48	14
陕西省	−0.74	17	−0.18	17	−0.64	15
江西省	−0.69	16	−0.82	22	−0.72	16
广西壮族自治区	−0.57	14	−1.66	28	−0.78	17

续表

省（市）	F_1		F_2		综合评价	
	得分	排名	得分	排名	得分	排名
重庆市	−1.34	19	0.48	9	−0.99	18
云南省	−0.94	18	−1.79	29	−1.10	19
山西省	−1.47	20	−0.39	20	−1.26	20
新疆维吾尔自治区	−1.81	22	0.11	15	−1.45	21
贵州省	−1.57	21	−1.21	26	−1.50	22
内蒙古自治区	−2.10	24	0.61	7	−1.58	23
黑龙江省	−2.09	23	−0.19	18	−1.73	24
天津市	−2.59	27	1.61	5	−1.79	25
吉林省	−2.40	26	−0.04	16	−1.95	26
甘肃省	−2.39	25	−0.79	21	−2.08	27
海南省	−3.65	28	0.24	12	−2.91	28
宁夏回族自治区	−3.81	29	0.42	10	−3.00	29
青海省	−3.94	30	0.33	11	−3.13	30
西藏自治区	−4.08	31	0.23	13	−3.26	31

排名前五的省份分别为广东、江苏、山东、浙江和河南，其中，广东以8.19的高分遥遥领先，智慧城市发展水平相对较高。排名后五的省份分别为西藏、青海、宁夏、海南和甘肃。公共服务保障和基础设施建设方面均表现较差，这与中国各省（市）的经济发展水平差异基本相符。

3.4　聚类分析

为进一步分析智慧城市发展水平的空间异质性，本文采用聚类分析方法进行了分析。本文将中国31个省（市）智慧城市发展水平分为"较好""一般"与"较低"三类。

如表7所示，可以看到，广东、江苏、山东、浙江、河南等省份在经济基础、信息基础、公共服务保障等方面表现突出，整体发展水平较高；上海、河北、湖北、北京、湖南等地区在某些方面表现较好，但在信息基础或公共服务保障方面存在不足，整体发展处于中等水平；最后，甘肃、海南、宁夏、青海、西藏等地区在经济基础、信息基础、公共服务保障等方面表现较差，整体发展水平较低。

中国智慧城市发展水平聚类
分析结果　　　　表7

类别	省（市）	数量
较好	广东、江苏、山东、浙江、河南、四川	6
一般	上海、河北、湖北、北京、湖南、安徽	6
较低	福建、辽宁、陕西、江西、广西、重庆、云南、山西、新疆、贵州、内蒙古、黑龙江、天津、吉林、甘肃、海南、宁夏、青海、西藏	19

4 结论

本研究通过构建评价指标体系并运用因子分析和聚类分析方法，对中国31个省（市）的智慧城市发展水平进行了综合评估。研究发现，智慧城市发展水平与经济基础、信息基础、公共服务保障能力等因素密切相关，并呈现出显著的区域差异。数字经济作为驱动智慧城市发展的核心动能，其影响机制主要体现在以下方面：

4.1 数字经济通过技术赋能重构城市发展底座

数字经济以数据要素为核心，通过5G、云计算、物联网等新一代信息技术的深度应用，直接强化城市信息基础设施建设。例如，互联网宽带接入用户数、电信业务总量等指标的提升，本质上是数字经济基础设施布局的结果，这些基础设施为智慧城市的感知层、网络层和平台层提供了底层支撑，推动城市治理从经验驱动转向数据驱动。同时，数字技术与实体经济的融合催生了智慧交通、智慧医疗、智慧教育等惠民服务场景，如公共图书馆数字资源共享、智慧公交系统优化等，显著提升了公共服务的精准性和普惠性，对应研究中"惠民服务"维度的指标优化。

4.2 数字经济通过产业融合夯实城市经济基础

数字经济通过推动传统产业数字化转型与新兴数字产业集聚，双重提升城市经济发展质量。地区生产总值、人均GDP等经济基础指标与数字经济规模呈强正相关，数字经济不仅通过技术创新提高生产效率，更通过平台经济、共享经济等新模式创造新的价值增长点。例如，广东、江苏等数字经济发达省份，其智慧城市综合得分领先，得益于数字产业集群对经济基础的强化，以及由此带来的财政收入增长，为智慧保障（如地方财政公共服务支出）和生态宜居（如污水治理数字化）提供了资金与技术支持。

4.3 数字经济通过治理创新优化城市发展生态

在智慧保障维度，数字经济推动政府治理模式从科层制向扁平化、智能化转型。城乡居民养老保险参保数字化、财政预算管理智能化等应用，通过"数据多跑路、群众少跑腿"提升治理效能，对应研究中"智慧保障"指标的改善。同时，数字经济促进城市吸引力提升，人口自然增长率与常住人口规模的正向关联，反映了数字经济创造的就业机会（如数字技术岗位）和宜居环境（如智慧社区、绿色能源管理）对人才的集聚效应。例如，上海、北京等城市通过数字治理优化公共服务，间接提升城市竞争力，尽管在部分基础设施指标上存在短板，仍凭借数字生态优势维持较高智慧城市水平。

4.4 区域差异化发展策略与数字经济协同路径

从区域差异来看，大部分东部沿海地区凭

借数字经济先发优势，在信息基础设施、产业数字化转型等方面领先，但其发展仍需破解"数据孤岛"、强化绿色数字技术应用，以实现可持续的智慧化转型；部分中部地区需抓住数字经济"后发优势"，通过加快 5G 基站、工业互联网平台等新型基础设施建设，推动制造业数字化改造，缩小与东部的数字鸿沟；西部地区则应将数字经济作为"弯道超车"的突破口，依托本地特色资源（如能源、文旅）发展数字孪生、区块链等应用场景，同时通过东西部数字经济协作机制，引入东部技术与人才，弥补经济基础与信息基础设施的短板。

习近平总书记关于区域协调发展的系列重要论述，为不同地区智慧城市建设提供了明确的政策指引和行动方向[13]。未来，各地区应立足数字经济赋能，将数据要素市场化配置、数字技术创新应用与城市治理需求深度耦合，形成"数字经济—智慧城市—区域协调"的良性互动格局，最终实现城市发展质量的整体跃升。

参考文献

［1］ 陈加友, 张崇彬. 数字经济赋能低碳发展的理论逻辑与实证检验: 基于"智慧城市"试点政策[J]. 南京大学学报(哲学·人文科学·社会科学), 2024, 61(6): 63-76.

［2］ 黄潇倩, 高爽. 数字经济赋能郑州市智慧城市发展策略研究[J]. 市场周刊, 2025, 38(10): 54-57.

［3］ 张艳丰, 黄亚婷, 赵资澧. 数字空间视角下区域智慧城市群发展水平测度实证研究[J]. 情报探索, 2024(11): 82-89.

［4］ 何琴. 基于 AHP 的智慧城市建设水平评价模型及实证[J]. 统计与决策, 2019, 35(19): 64-67.

［5］ 胡军燕, 修佳钰, 潘灏. 基于面板数据的城市智慧度评价与分类[J]. 统计与决策, 2020, 36(7): 76-80.

［6］ 杜建国, 王玥, 赵爱武. 智慧城市建设对城市绿色发展的影响及作用机制研究[J]. 软科学, 2020, 34(9): 59-64.

［7］ 于文轩, 许成委. 中国智慧城市建设的技术理性与政治理性: 基于 147 个城市的实证分析[J]. 公共管理学报, 2016, 13(4): 127-138, 159-160.

［8］ 刘小平. 大数据视域下智慧城市发展评价与提升策略研究: 基于山东省 15 市的实证研究[J]. 商展经济, 2024(5): 156-160.

［9］ 田晖, 宋清. 创新驱动能否促进智慧城市经济绿色发展: 基于我国 47 个城市面板数据的实证分析[J]. 科技进步与对策, 2018, 35(24): 6-12.

［10］ 薛伟, 蔡超. 基于多层次因子分析法的我国高质量发展综合评价[J]. 统计与决策, 2022, 38(18): 22-25.

［11］ 任利成, 张明柱. 我国智慧城市发展水平的聚类分析[J]. 科技管理研究, 2014, 34(14): 58-62.

［12］ 付平, 刘德学. 智慧城市技术创新效应研究: 基于中国 282 个地级城市面板数据的实证分析[J]. 经济问题探索, 2019(9): 72-81.

［13］ 赵扬. 以高水平区域协调发展推进中国式现代化[N]. 红旗文稿, 2024-7-14(11).

塔式起重机司机警觉性对不安全行为的影响：基于脑电图的研究

袁景怡[1]　王壹伦[2]　刘　梅[1]

（1. 北京建筑大学城市经济与管理学院，北京　100044；

2. 清华大学土木水利学院，北京　100084）

【摘　要】　塔式起重机操作复杂且风险高，司机警觉性是预防事故的关键。本研究采用双任务范式结合脑电图（EEG）技术，模拟塔式起重机操作场景，探究警觉性对不安全行为及任务绩效的影响。22 名被试者参与实验，通过 EEG 信号实时监测警觉性。数据经降噪、伪影去除及主成分分析（PCA）处理后，采用鲁棒最小二乘法和广义线性模型进行分析。结果显示，不同 EEG 通道及时间段的警觉性与不安全行为显著相关，揭示了复杂环境下司机的认知机制，为基于警觉性监测的实时干预提供了科学依据。

【关键词】　不安全行为；塔式起重机司机；警觉性；脑电图；工作效率

The Impact of Tower Crane Operators' Vigilance on Unsafe Behaviors: An EEG-Based Study

Yuan Jingyi[1]　　Wang Yilun[2]　　Liu Mei[1]

（1. School of Urban Economics and Management, Beijing University of Civil Engineering and Architecture, Beijing　100044；

2. School of Civil Engineering, Tsinghua University, Beijing　100084）

【Abstract】　Tower crane operations are complex and high-risk, with operator vigilance being critical to accident prevention. This study investigates the impact of vigilance on unsafe behaviors and task performance using a dual-task paradigm combined with electroencephalogram (EEG) technology in a simulated tower crane operation scenario. Twenty-two participants were recruited, and EEG signals were recorded in real-time to monitor vigilance levels. The data

基金项目：国家自然科学基金（72301018）。

underwent noise reduction, artifact removal, and principal component analysis (PCA) for feature extraction, followed by analysis using robust least squares and generalized linear models. The results revealed significant correlations between vigilance levels across different EEG channels and time segments with unsafe behavior, uncovering the cognitive mechanisms of operators in complex environments. This research provides a scientific foundation for real-time intervention strategies based on vigilance monitoring, offering significant implications for enhancing safety management in tower crane operations.

【Keywords】 Unsafe Behaviors；Tower Crane Operators；Vigilance；Electroencephalogram (EEG)；Work Efficiency

1 引言

近年来，智能建造作为融合物联网与自动化技术的新型建设模式，正推动建筑业全生命周期的智能化转型。其中，人机协作系统因其结合人类决策优势与机器执行效率的特点，是目前智能建造的核心工作模式之一，仍面临突出的安全隐患。塔式起重机作业作为高危人机协作的施工垂直作业环节，由司机疲劳引发的操作失误是导致安全事故的关键因素。研究表明，疲劳作业会导致注意力下降和反应迟缓，进而增加误操作风险，最终诱发重大安全事故。典型案例包括：2023年3月深圳某塔式起重机因司机疲劳未能识别超载状况而发生倾覆，造成人员伤亡及重大经济损失；类似地，2022年8月休斯敦一名连续工作12h的塔式起重机司机也因疲劳失误引发碰撞事故。这些事故从实证角度揭示了当前人机协同作业系统中存在的安全隐患，特别是疲劳因素对操作可靠性的显著影响。

警觉性，即长时间保持注意力和意识的能力，对塔式起重机司机至关重要。研究表明，高警觉状态可使操作人员的判断准确率提升40%~60%，决策反应时间缩短0.5~1.2s，从而显著降低不安全行为发生率[1]。警觉性与不安全行为间存在非线性阈值效应。保持高警觉性的塔式起重机司机可以在提高工作效率的同时避免不安全行为[2]，从而实现安全与效率的双重优化。传统的警觉性评估方法，如卡罗林斯卡嗜睡量表等主观量表法，受回忆偏差影响；现场观察法存在观察者间差异；绩效指标具有2~3个作业周期的滞后性[3]。因此，这些基于量表的方法在实时监测和客观性方面存在不足。相比之下，脑电图（EEG）等生理测量技术能够实时、客观量化警觉性波动，为安全管理提供更精确的数据支持[4]。本研究采用双任务范式结合脑电图技术，探讨塔式起重机司机的警觉性对不安全行为和任务绩效的影响。通过在受控环境中模拟塔式起重机操作，本研究旨在为塔式起重机司机的认知状态提供见解，并为实时干预提供基础，以提升安全管理。

2 研究方法

2.1 实验设计与数据收集

2.1.1 实验设备与参与者选择

为了全面评估塔式起重机司机在复杂工作环境中的认知负荷和注意力分配，实验设计采用了双任务范式结合脑机接口（BCI）技术。实验设备包括定制头盔和无线脑电图设备，用于准确收集和记录被试者的皮层电信号。被试者根据严格的筛选标准招募，确保研究的有效性和可靠性。参与者年龄为 20～30 岁之间具有工程背景的本科生与研究生，认知能力稳定且高效，能够模拟经过系统培训的塔式起重机司机的特征。共有 22 名参与者（16 名男性和 6 名女性）参与研究（图 1）。

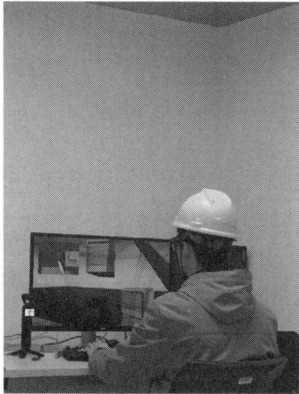

图 1　被试者实验过程图

2.1.2　实验过程

实验过程分为四个阶段：准备阶段、EEG 设备设置阶段、任务执行阶段和数据采集阶段。在准备阶段，参与者接受实验目的、程序细节和安全措施的全面指导。在 EEG 设备设置阶段，按照标准协议应用电极并进行阻抗校准，以确保高质量信号的获取。任务执行阶段，涉及在受控实验室环境中进行 30min 的模拟吊装任务。实验系统提供任务进度的实时反馈，并记录操作行为数据。数据采集阶段涉及无线传输 EEG 信号并实时存储到本地服务器。实验结束后，参与者完成主观情境意识问卷，涵盖疲劳和注意力维度。

2.1.3　数据采集与预处理

EEG 信号通过脑机接口设备采集，采样频率为 250Hz，重点关注前额叶皮层（PFC）的信号，关键电极位置包括 Fp1、Fp2、F3 和 F4，同时记录 TP9 和 TP10 的信号以减少噪声干扰（图 2）。原始 EEG 数据在 MATLAB 中进行预处理，包括降噪和伪影去除，随后使用主成分分析法（PCA）进行特征提取。基于先前研究，引入了四个警觉性指标：α/β 比率、θ/β 比率、$(\theta+\alpha)/\beta$ 比率和 $(\theta+\alpha)/(\alpha+\beta)$ 比率[5-7]。通过快速傅里叶变换（FFT）计算功率谱密度（PSD），并结合 PCA 进行特征提取，以获取脑疲劳和警觉状态的多维表征。

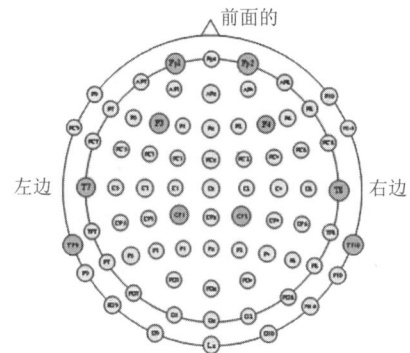

图 2　电极分布图

安全绩效指标数据采集。在模拟吊装实验中，不安全行为通过违规操作次数量化。违规操作次数需统计明显违反安全规程的行为，如吊装区域仍有行人作业、高处放箱、箱间碰撞、吊臂撞箱、无视红色警示灯等，每次违规记录一次。

任务绩效指标数据采集。任务绩效是 30min 内有效完成吊装任务的次数。每顺利完成吊装三个集装箱任务，记录一次任务绩效。

任务有效完成率指标数据采集。任务有效完成率以 30min 内完成吊装任务次数与总吊装次数的比值评估。

2.2　数据分析方法

本研究采用多模型分析策略，旨在增强鲁棒性和可解释性。使用鲁棒最小二乘（RLS）回归分析 EEG 指标与绩效变量之间的线性关系，以减少异常值的影响。采用泊松分布的广义线性模型（GLM）对违规次数进行建模，准确捕捉不安全行为的分布。此外，引入截尾正态模型（Tobit）处理任务完成率的截断性质，确保对中断或未完成任务的有效建模。使用 Akaike 信息准则（AIC）和贝叶斯信息准则（BIC）评估模型拟合和复杂性，基于参数合理性和解释力选择最优模型。这种多维分析方法确保了数据分析的科学性和可靠性，能够精确探索警觉性、安全绩效和任务绩效之间的关系。

3 结果与讨论

3.1 初步实验结果

对 22 名被试者在模拟塔式起重机操作中的行为数据进行分析，初步结果显示，参与者在 30min 模拟中，平均发生 16 次安全违规，成功完成 18 次，平均任务完成率为 0.8937，反映了参与者较高的工作效率。表明不安全行为与任务完成能力之间存在差异性，采用最小二乘法对不安全行为与任务完成能力进行了相关性分析。P 值均高于 0.05，并无显著相关性。进而，研究借助脑电图（EEG）分析不同通道在各时间点的警觉性水平，旨在识别与不安全行为和任务绩效密切相关的高警觉状态的关键通道和时间节点。通过对提取出的 6Hz（α 波）、10Hz（β 波）、22Hz（θ 波）进行分析，绘制被试者清醒与疲劳状态的脑电频谱图和地形图，发现 β 波变化最显著，α 波能量在 22Hz 处同步减少，θ 波变化较小，从而区分轻度疲劳、中度疲劳和重度疲劳。如图 3 所示。

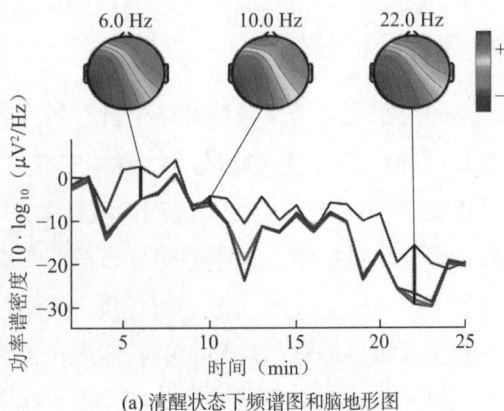

(a) 清醒状态下频谱图和脑地形图

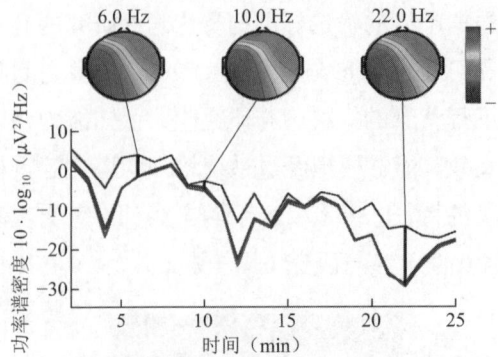

(b) 疲惫状态下频谱图和脑地形图

图 3 不同状态下频谱图和脑地形图

3.2 不同脑电轨道的警觉性水平对塔式起重机司机行为的时序性影响差异

本研究将塔式起重机司机连续 30min 的模拟操作时段划分为 29 个连续 1min 时间切片，通过对 Fp1、Fp2、F3、F4 四个脑电通道的警觉性指标 [α/β 比率、θ/β 比率、$(\theta+\alpha)/\beta$ 比率和 $(\theta+\alpha)/(\alpha+\beta)$ 比率] 进行分析，探究了不同脑区在塔式起重机作业中对安全绩效、任务绩效的时序性影响。分析不同脑电通道及时间切片的警觉性与行为关联性。其中，Fp1 和 F4 通道对安全绩效与任务绩效均有显著影响，第 22～23min 为不安全行为多发期，在 13～14min 任务绩效最高。

分析 Fp1 通道的警觉性指标 α/β 比率动态变化，结果表明，Fp1 通道的 α/β 比率是警觉性状态与安全绩效和任务绩效的有效指标。在操作初期（1～18min），Fp1 通道的 α/β 比率与 β 波的功率谱密度（PSD）共同反映了被试者的良好认知状态，此时安全违规次数最低，任务效率最高。在该时间段内，α/β 比率相对稳定，未超过 6.0 的阈值。随着操作时间的延长（15～29min），Fp1 通道的 α/β 比率显著上升，20min 后突破 6.0，伴随着 α 波的增长和 β 波的降低。这一变化与安全违规次数的显著增加相关，在 22min 时 PSD 值达到最高 8.2。不安全行为发生次数最多，表明大脑开始进入疲劳状态，导致塔式起重机司机的安全决策失误显著增加，进而引发不安全行为。这一结果与 Hao 等的研究一致[5]，当驾驶员处于疲劳状态时，α波能量增加，β波能量减少，这种变化反映了大脑从警觉到疲劳的转变。进而得出 Fp1 通道的α波与β波的脑电活动与安全绩效之间存在显著相关性。

通过分析对 Fp2 通道两个警觉性指标θ/β比率和$(\theta+\alpha)/\beta$比率，揭示了其在认知-安全行为调控中的相位依赖特性。研究结果表明 Fp2 通道仅与不安全行为显著相关，对任务绩效并没有显著影响。如图 4 所示，稳定期θ/β比率均值为 13.09，波动幅度剧烈，尤其在 1～10min 出现多次陡峭升降，最高峰值达 25，尤其至 13～14min，两个警觉性指标均达到最高值，表明该阶段前额叶皮层处于高频调节状态，具备精确识别不安全行为的能力。与 Kingphai 等人[6]的研究提出 Fp2 通道脑电节律的减慢与认知能力下降相关，这与本研究结果相似。认知能力的下降使个体难以及时识别和纠正不安全行为，从而影响个体的安全绩效。

F4 通道对θ波（4～8Hz）的高度敏感性，表明 F4 通道与安全绩效和任务绩效均呈负显著相关。尤其在疲劳早期阶段，增强的θ波活动与抑制控制能力提高相关，从而减少不安全行为。Eisma 等人[7]通过 Go/Nogo 任务、AX-CPT 和修改版 Flanker 任务，评估了前额中线θ波在不同认知控制策略下的激活情况，进一步证实了 F4 通道在大脑抑制控制中的调节作用。在 10～11min 时，α/β比率、θ/β比率和$(\theta+\alpha)/(\alpha+\beta)$比率对安全绩效有显著影响，此时，$\theta$波和$\alpha$波能量相对减少，$\beta$波能量相对增加，使个体在面对潜在危险时能够更加冷静和理智地做出决策，这与 Lin[8]等人的研究结果一致。F4 通道的θ/β比率和$(\theta+\alpha)/\beta$比率与任务绩效显著负相关，较高的θ波与任务绩效下降相关，这

与任立海等[9]的研究中提到的θ波段功率增大导致分心的观点一致，表明右半球活动在长时间任务中可能导致疲劳，影响安全绩效。

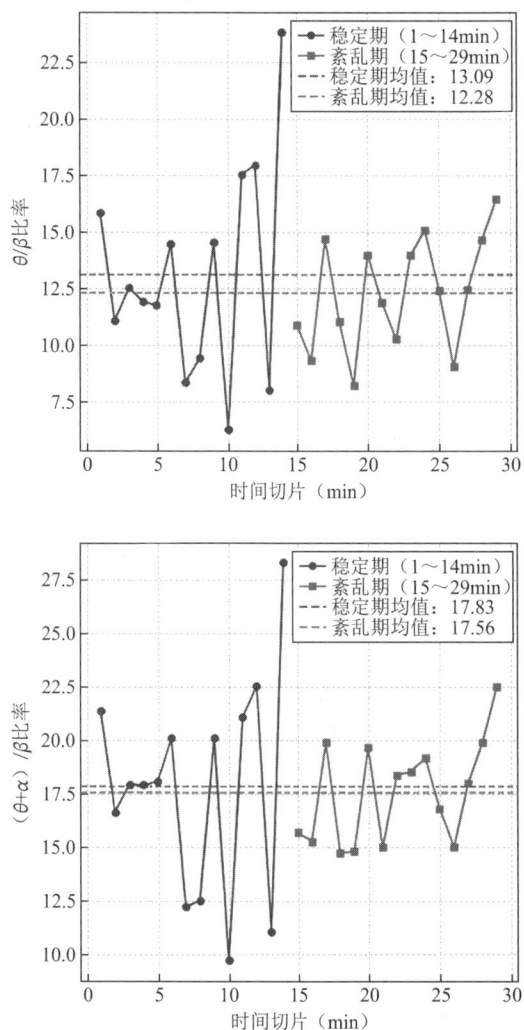

图 4　Fp2 警觉性指标时间趋势图

F3 通道在α/β、θ/β、$(\theta+\alpha)/\beta$警觉性指标下，与任务有效完成率负向显著相关，这与 F3 通道位于左脑的脑电活动密切相关，影响任务完成的准确性和稳定性。θ波和α波能量相对减少，β波能量相对增加，有助于个体在面对潜在危险时做出更冷静和理智的决策，在 10～11min 时，α/β比率、θ/β比率和$(\theta+\alpha)/(\alpha+\beta)$比率对任务绩效有显著影响，在 20～21min 时，α/β比率与任务完成次数正相关，而θ/β比率和

$(\theta+\alpha)/\beta$ 比率负相关，表明不同脑区脑电波变化对认知表现有不同的影响。Chikhi 等[10]研究强调通过神经反馈训练增加特定脑区的θ波或高α波频率对认知表现的影响，这与本研究中脑电波指标与任务有效完成次数在不同时间切片下的相关性有相似之处。25～26min，α/β、θ/β、$(\theta+\alpha)/\beta$指标又都与任务有效完成次数显著正相关，说明此时大脑极度疲劳下的脑电变化。虽然整体工作效率下滑，但是在Fernandez 等[11]的研究中提出，管理方面的调整可能会对任务绩效产生影响。

4　结论与未来方向

4.1　研究结论

本研究分析了塔式起重机司机模拟操作期间的脑电图（EEG）数据，探讨了 Fp1、Fp2、F3、F4 通道警觉性指标对安全和任务绩效的时间依赖性影响。结果显示，Fp1 通道在操作初期（1～18min）α/β比率稳定，与安全绩效和任务效率相关；20min 后比率上升，与安全违规次数增加相关，22～23min 达到高峰，表明大脑疲劳加剧。Fp2 通道在操作前半段（1～14min）θ/β比率和$(\theta+\alpha)/\beta$比率波动剧烈，与安全绩效显著正相关，表明前额叶皮层高频调节状态下有助于识别不安全行为。F4 通道对θ波敏感，早期疲劳阶段与抑制控制能力提高相关，从而减少不安全行为，其中，10～11min 对安全绩效有显著影响，15～16min 和25～26min 与任务完成次数呈负相关，表明大脑在关键点的综合决策能力。F3 通道警觉性指标与任务完成率负相关，影响准确性和稳定性；20～21min的α/β比率与任务完成次数正相关，而θ/β比率和$(\theta+\alpha)/\beta$比率负相关，表明不同脑区对认知表现的不同影响。这些发现强调了监测脑电活动在提高塔式起重机作业安全性和效率中的重要性，为神经工效学干预提供了科学依据。

4.2　研究贡献与未来方向

从理论角度来看，本研究有助于理解高风险建筑环境中人机协作的认知行为机制。从实践角度来看，它为优化工作安排和确定干预关键期提供了见解，以提升安全性和效率。未来的研究应扩大样本量，纳入实际施工现场的塔式起重机司机群体，并整合多模态数据以提高行为预测模型的准确性。此外，结合认知和情绪调节理论，可以进一步深入了解塔式起重机司机在长时间工作期间的动态心理状态。

参考文献

［1］ VAN S, MOJCA K, LAMMERS G J, et al. Vigilance: Discussion of related concepts and proposal for a definition[J]. Sleep Medicine, 2021(83): 175-181.

［2］ HUANG H, HU H, XU F. Electroencephalography-based assessment of worker vigilance for evaluating safety interventions in construction[J]. Advanced Engineering Informatics, 2025(64): 102973.

［3］ KULKARNI W, RAMTIRTH S, AMBASKAR M, et al. Driver alertness detection algorithm[C]// 2018 Fourth International Conference on Computing Communication Control and Automation (ICCUBEA). IEEE, 2018: 1-4.

［4］ LIU M, LIANG M, YUAN J, et al. Time lag between visual attention and brain activity in construction fall hazard recognition[J]. Automation in Construction, 2024(168): 105751.

［5］ HAO T, XU K, ZHENG X, et al. Towards mental load assessment for high-risk works driven by psychophysiological data: Combining a 1D-CNN model with random forest feature selection[J]. Biomedical Signal Processing and Control, 2024(96): 106615.

［6］ KINGPHAI K, MOSHFEGHI Y. On channel selection for EEG-based mental workload classification[C]//NICOSIA G, OJHA V, LA M E, et al. Machine learning, optimization and date science. International Conference on Machine Learning, 2024: 403-417.

［7］ EISMA J, RAWLS E, LONG S, et al. Frontal midline theta differentiates separate cognitive control strategies while still generalizing the need for cognitive control[J]. Scientific Reports, 2021, 11(1): 14641.

［8］ LIN C, CHEN S, KO L, et al. EEG-based brain dynamics of driving distraction[C]// The 2011 International Joint Conference on Neural Networks.

IEEE, 2011: 1497-1500.

［9］ 任立海, 聂珍龙, 于潇, 等. 基于脑电信号的不良驾驶状态识别研究综述[J]. 中国公路学报, 2024, 37(8): 216-230.

［10］ CHIKHI S, MATTON N, SANNA M, et al. Effects of one session of theta or high alpha neurofeedback on EEG activity and working memory[J]. Cognitive, Affective & Behavioral Neuroscience, 2024, 24(6): 1065-1083.

［11］ FERNANDEZ M E, JOHNSTONE S J, VARCOE S. EEG activation in preschool children: Characteristics and predictive value for current and future mental health status[J]. Research in Developmental Disabilities, 2024(154): 104840.

基于 YOLOv8 与集成数据集的挖掘机姿态检测应用优化

蔡茹莹 [1,2]　李景茹 [1,2]　谭　毅 [1,2]　荣　霞 [3]　王胜华 [3]

（1. 深圳大学沿海城市弹性基础设施教育部重点实验室，深圳　518060；

2. 深圳大学智能岩土与隧道工程国家重点实验室，深圳　518060；

3. 中建五局华南建设有限公司，深圳　518052）

【摘　要】　准确估计挖掘机的姿态对于智能施工中的安全监测具有重要意义。然而，受限于现有数据集多样性不足，基于视觉的方法在动态施工现场环境中仍面临诸多挑战。针对这一问题，本文首先构建了一个新的集成挖掘机姿态数据集，以提升数据多样性和适应性，增强模型在实际应用中的检测能力。随后，借鉴 YOLO-pose 的设计理念，对 YOLOv8 模型的头部组件中引入关键点检测分支，实现了挖掘机整体位置与关键姿态点的同步精准检测。实验结果表明，所开发的模型在集成数据集训练下，能够在实际施工现场环境中实现更高精度与更强鲁棒性的姿态检测，验证了数据集构建与模型优化方法的有效性。

【关键词】　计算机视觉；施工安全；智能监测；姿态估计；YOLO

Application Optimization of Excavator Pose Detection Based on YOLOv8 and Integrated Dataset

Cai Ruying [1,2]　Li Jingru [1,2]　Tan Yi [1,2]　Rong Xia [3]　Wang Shenghua [3]

（1. Key Laboratory for Resilient Infrastructures of Coastal Cities, Shenzhen University，Ministry of Education，Shenzhen　518060；

2. State Key Laboratory of Intelligent Geotechnics and Tunneling, Shenzhen University，Shenzhen　518060；

3. China Construction Fifth Engineering Bureau South China Construction Co., Ltd，Shenzhen　518052）

【Abstract】　Accurately estimating the pose of excavators is critical for safety monitoring in intelligent construction. However, due to the limited diversity of existing datasets, vision-based methods still face significant challenges in dynamic construction site environments. To address this issue, this study first constructs a new integrated excavator pose dataset to enhance data diversity and adaptability, thereby improving the model's detection capability in practical applications. Subsequently, inspired by the design principles of YOLO-pose, a keypoint detection branch is introduced into the head component of the YOLOv8 model, enabling simultaneous and precise detection of both the overall excavator position and its critical pose points. Experimental results demonstrate that the proposed model, trained on the integrated dataset, achieves higher accuracy and greater robustness in real-world construction site environments, validating the effectiveness of both the dataset construction and the model optimization approach.

【 **Keywords** 】 Computer Vision；Construction Safety；Intelligent Monitoring；Pose Estimation；YOLO

1 引言

由于施工现场环境复杂多变，安全事故发生率居高不下。建筑安全事故不仅造成人员伤亡和经济损失，还会降低行业吸引力，严重影响建筑业的健康发展。目前，80%以上的施工安全事故是由施工现场的不安全行为造成的[1-3]。因此，研究加强施工现场安全管理的有效方法，对建筑业的持续健康发展至关重要。

目前，计算机视觉技术在建筑安全管理中得到了广泛的应用。该技术涵盖了一系列复杂的任务，如目标检测、目标分割、姿态估计和目标跟踪，所有这些都可以有效地用于建筑安全管理。对于目标检测和分割方面，现有的研究主要集中在个人防护装备检测[4,5]、危险区域和不安全的人类行为等方面[6]。然而，这些研究都局限于单一任务。此外，一些研究试图使用多个任务。例如，YOLOv5 目标检测算法和 OpenPose 姿态估计算法相结合，可以识别没有正确佩戴安全带的工人，从而防止高空坠落事故[7]。结合 YOLOv4 目标检测算法和 Siamese Network 进行目标跟踪，连续跟踪同一轨迹，避免与挖掘机设备发生碰撞[8]。

结合目标检测与目标姿态估计方法不仅能够有效识别目标的位置，还能实现姿态估计，多功能感知能更有效地保证施工安全。在工程机械姿态估计方面，Zhao 等[9]采用改进的 AlphaPose 和 YOLOv5-FastPose 模型，提高了施工设备姿态估计的精度。Chen 等[10]提出了一种摄像机标记网络的理论框架，该网络可以估计复杂施工设备的姿态，降低了估计的不确定性。Liang 等[11]利用深度卷积网络实现了施工机器人的实时 2D 和 3D 姿态估计，而无需额外的标记或传感器。Luo 等[12]基于历史监测数据，利用神经网络预测施工设备的姿态，预防安全隐患。姿态估计在施工安全管理中应用广泛，实时姿态分析可以显著提高现场安全性。然而，目前的研究仍然面临着一些挑战，包括数据集的稀缺性[9]，在复杂环境[10]和遮挡条件[11]下的性能较差，以及模型[12]的泛化能力有限。

为了解决数据集有限且实际应用效果差的局限性，本文构建了一个新的集成挖掘机姿态数据集，提高了数据集的多样性，从而确保在实际场景中的准确检测和稳健应用。此外，本文借鉴了 YOLO-pose 的设计原则，在 YOLOv8 模型的头部组件中加入了关键点分支，不仅能检测挖掘机的位置，还能检测挖掘机所需关键姿态点。

2　方法

2.1　集成挖掘机姿态数据集

本文整合了四种类型的数据，包括开源裁剪图像[6]、合成图像、拍摄图像和虚拟图像，形成了集成挖掘机姿势数据集。

开源数据集提供了一个由 1280 张裁剪图像组成的挖掘机姿态数据集[6]，如图 1 所示。标注文件为 CSV 格式，包含 6 个关键点信息，但缺少挖掘机的边界框信息。因此，本文添加了与图像尺寸相对应的边界框信息，并将 CSV 标注文件转换为多个 YOLO 格式的 TXT 文件。这些文件包含类号、标准化边界框信息、6 个关键点的坐标及其可见性信息。

图 1　Luo 等[6]提供的图像信息

开源数据使用的是裁剪后的图像，它们显示干净的背景，这可能会导致泛化问题。为了解决这个问题，本文通过添加更复杂的背景来增强这些图像，从而创建了一个背景图库。通过将裁剪后的原始图像叠加到这些不同的背景上，合成图像就生成了，如图 2 所示。同时，标注文件被更新，以反映裁剪后的原始图像在这些背景场景中的新位置。

本文还涉及通过拍摄挖掘机模型和使用 Unity 生成挖掘机姿势的虚拟图像来创建专有数据集，如图 3 所示。该数据集由 7914 张图像组成。注释文件采用 YOLO 格式，包含多个 TXT 文件，其中包括类别号、标准化的边界框信息和四个关键点的坐标，但不包含可见性信息。

背景图像　　　　原始图像　　　　合成图像

图 2　合成图像

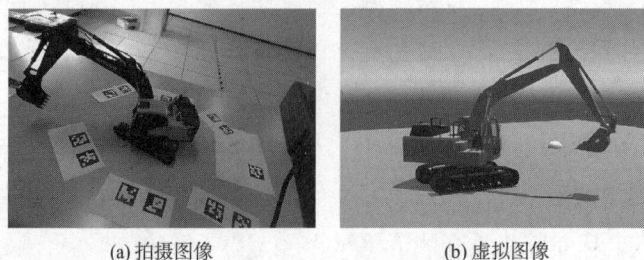

(a) 拍摄图像　　　　(b) 虚拟图像

图 3　创建的图像

数据集的集成过程主要解决了关键点注释和可见性标记的不一致。开源裁剪和合成图像包括六个关键点的注释和可见性信息，如图4（a）所示。对拍摄的和虚拟的图像进行了四个关键点的统一标注，不包含可见性信息，如图4（b）所示。出于集成的目的，通过从裁剪和合成图像中删除最后两个关键点及其可见性信息，将标注文件标准化为图4（b）所示的格式。因此，集成数据集的标注文件包含类别号、标准化边界框信息和四个关键点的坐标。

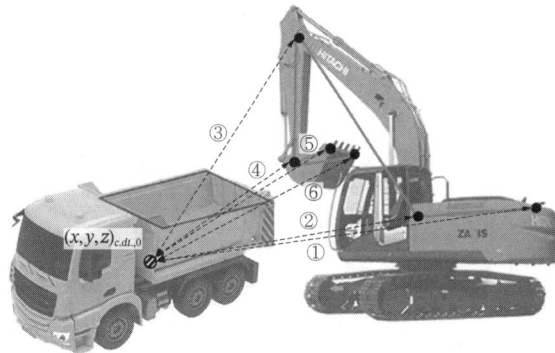

(a) Luo 等人的数据集

(b) 创建的数据集

图 4　不同数据集的挖掘机关键点信息

2.2　YOLOv8 模型架构

现有的技术有很多，但为了实现高精度和高速度，本文选择了轻量级的 YOLOv8 模型。模型的架构如图 5 所示，主要包括提取图像特征的主干、处理和融合特征的颈部和输出结果执行各种任务的头部。

骨干组件主要由 CBS 和 C2f 模块组成，最后一层是空间金字塔池化（SPPF）。CBS 包括卷积、批量归一化（BN）和激活函数层（SILU）。C2f 模块比 YOLOv5 有了显著的改进，如图 6 所示。C2f 具有跨不同层的更多连接，支持更多

特性的连接，从而捕获更丰富的特性信息。如图 6 所示，SPPF 是对 SPP 网络的增强，在提取和融合多尺度特征的同时减少了参数，提高了计算速度。颈部组件通过上采样将三种不同尺度的特征映射拼接在一起，对主干输出的特征映射进行集成。通过 C2f 模块后，生成第一个特征映射。通过额外的 C2f 和 CBS 模块的后续处理产生第二个和第三个特征映射，如图 5 所示。头部组件处理来自颈部的三个特征映射。与 YOLOv5 不同，它利用了解耦的头部方法，其中特征映射通过 CBS 模块和卷积层来生成用于预测类和边界框的特征映射，如图 5 所示。

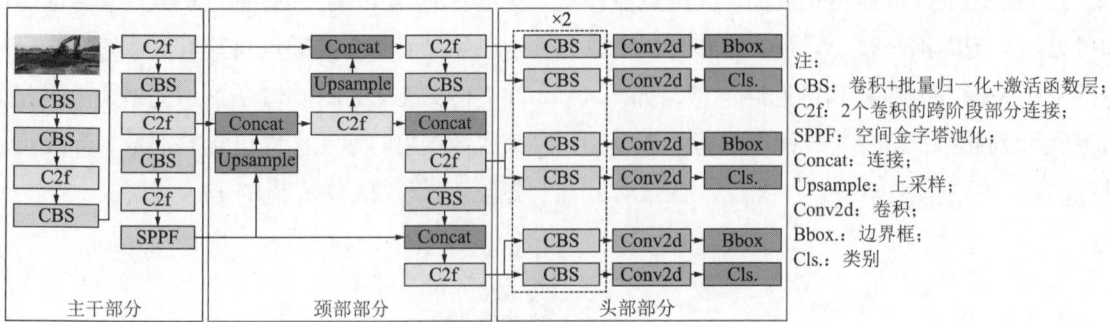

图 5 YOLOv8 模型架构

注：CBS：卷积+批量归一化+激活函数层；
C2f：2个卷积的跨阶段部分连接；
SPPF：空间金字塔池化；
Concat：连接；
Upsample：上采样；
Conv2d：卷积；
Bbox.：边界框；
Cls.：类别

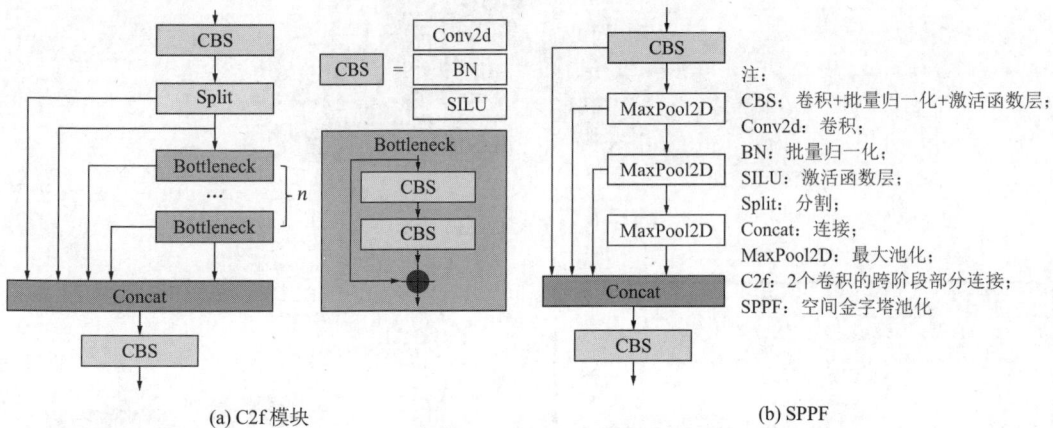

注：
CBS：卷积+批量归一化+激活函数层；
Conv2d：卷积；
BN：批量归一化；
SILU：激活函数层；
Split：分割；
Concat：连接；
MaxPool2D：最大池化；
C2f：2个卷积的跨阶段部分连接；
SPPF：空间金字塔池化

(a) C2f 模块　　　　　　(b) SPPF

图 6 C2f 模块与 SPPF

2.3 关键点分支

姿态估计任务借鉴了 YOLO-pose[13]的设计原则，将关键点分支添加到头部组件中，如图 7 所示。具体而言，关键点分支在三个不同尺度的特征图上均进行了添加，与类别（Cls.）分支和边界框（Bbox.）分支并行设计，从而实现对多尺度关键点特征的有效捕捉。该分支结构由两个 CBS 模块和一个输出卷积层组成，能够在保证计算效率的同时，提升关键点检测的准确性和鲁棒性。在建筑安全的背景下，这项任务有助于挖掘机的姿势估计，从而能够分析和识别建筑工地上的不安全姿势和行为。

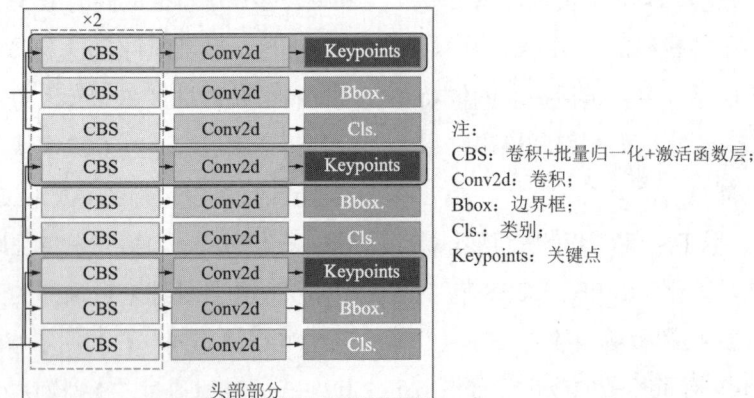

注：
CBS：卷积+批量归一化+激活函数层；
Conv2d：卷积；
Bbox.：边界框；
Cls.：类别；
Keypoints：关键点

图 7 姿态估计的头部组件

2.4 模型评估指标

在基于计算机视觉的模型评估中，常用的指标包括精确度（*Precision*）、召回率（*Recall*）、平均精度（*AP*）以及平均精度均值（*mAP*），其定义如式(1)～式(4)所示。本文在姿态估计模型的实验评估中主要采用 *AP* 和 *mAP* 作为性能指标，同时将 *Precision* 作为实际应用效果的评估依据。

$$Precision = \frac{TP}{TP + FP} \qquad (1)$$

$$Recall = \frac{TP}{TP + FN} \qquad (2)$$

$$AP = \frac{1}{11} \sum_{r \in \{0, 0.1, \ldots, 1\}} \max_{\tilde{r}:\tilde{r} \geq r} p(\tilde{r}) \qquad (3)$$

$$mAP = \frac{1}{N_{cls}} \sum_i AP_i \qquad (4)$$

3 实验与结果分析

3.1 实验配置

本文的实验是在 4 块 NVIDIA GeForce RTX 3090 GPUs 上进行的。集成挖掘机姿态数据集包含的子数据集及对应的数量如表 1 所示。每个数据集被分成训练集（80%）、验证集（10%）和测试集（10%）。开源数据集、合成数据集、拍摄和虚拟数据集及其对应的集成挖掘机姿态数据集的关键点个数分别为 6、6、4、4。批量大小设置为 16，模型总共训练 100 个 epoch。

集成挖掘机姿态数据集　表 1

数据集	训练集	验证集	测试集	关键点个数
开源数据集	1024	128	128	6
合成数据集	1024	128	128	6
拍摄和虚拟数据集	6332	791	791	4
集成挖掘机姿态数据集	8380	1047	1047	4

3.2 姿态估计实验

本文不仅在开源、复合、捕获和虚拟数据集上分别进行了挖掘机姿态估计实验，还在集成的综合数据集上进行了实验。开源数据集上训

练的模型的边界框和姿态的精确度-召回率曲线如图 8 所示。在 IoU 阈值为 0.5 时，测试集中所有类别的 *mAP* 都为 0.995。图 9 展示了开源数据集中的检测结果，包括六个关键点。虽然关键点预测有轻微偏差，但总体表现令人满意。

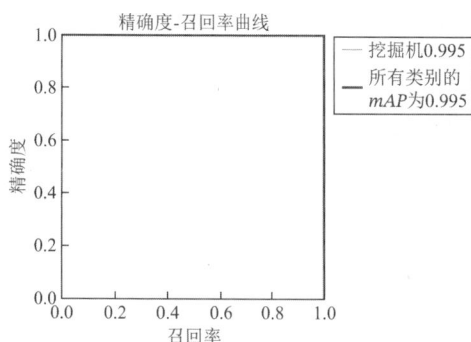

(a) 边界框精确度-召回率曲线

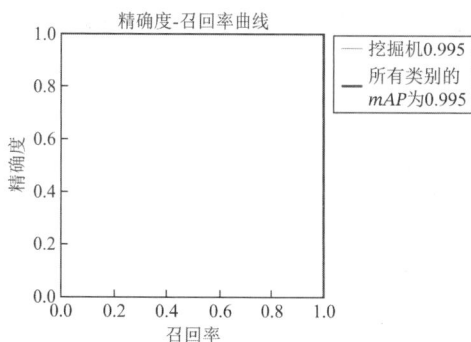

(b) 姿态精确度-召回率曲线

图 8　开源数据集的精确度-召回率曲线

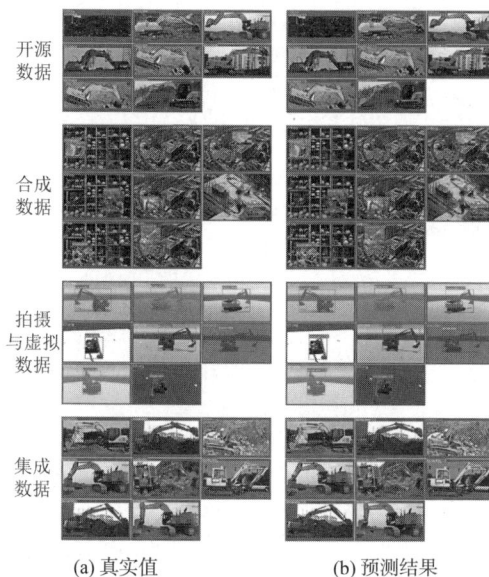

(a) 真实值　　(b) 预测结果

图 9　对应数据集的姿态结果

考虑到开源数据集是裁剪图像，背景有限，导致检测的边界框的大小与图像本身大小一致。因此，本文构建了合成图像，它是通过在原始数据集中添加背景生成的，它也包含六个关键点。合成数据集上训练的模型测试结果与开源数据集上训练的模型保持相同的 *mAP*，如图 8 所示，其检测结果如图 9 所示，边界框大小不局限于整个图像大小，能够精准检测出挖掘机的位置以及对应的关键点，表明该方法解决了使用裁剪的挖掘机图像的局限性。

捕获数据集和虚拟数据集（仅包括挖掘机模型）上训练的模型与开源数据集上训练的模型也保持了一致的 *mAP* 结果，如图 8 所示。虚拟数据集上的检测结果如图 9 所示，包含四个关键点，并且在边界框检测和关键点预测方面都表现出良好的性能。

集成挖掘机姿态数据集包括挖掘机边界框和四个关键点。模型训练之后，在测试时与图 8 所示的开源数据集上训练的数据集的 *mAP* 也一致。对应的检测结果如图 9 所示，虽然关键点的预测有一点偏差，但是总体结果很好。

总的来说，在单独数据集上训练的结果与在集成数据集上训练的结果都保持较高的 *mAP*，在各自数据集上的检测效果也都比较好。为了验证这些模型在其他数据集上训练的效果或者实际应用的效果是否都保持很好，本文又进行了下面的验证。

3.3　数据集交叉验证

模型在各自数据集上都保持较好的结果，为了验证在其他数据集上是否同样保持很好的结果，本文进行了数据集交叉验证。由于不同模型对应的关键点不同，不能全部进行交叉验证。因此，本文对关键点相同的模型进行了交叉验证。

开源数据集与合成数据集拥有相同的 6 个关键点，因此本文对这两个数据集训练的模型进行交叉验证，结果如图 10 所示，从图中看出，*mAP* 很低，检测的效果也很差，这说明两个数据集上训练的模型的泛化能力太差，只能在各自类似的数据中保持较好的结果。

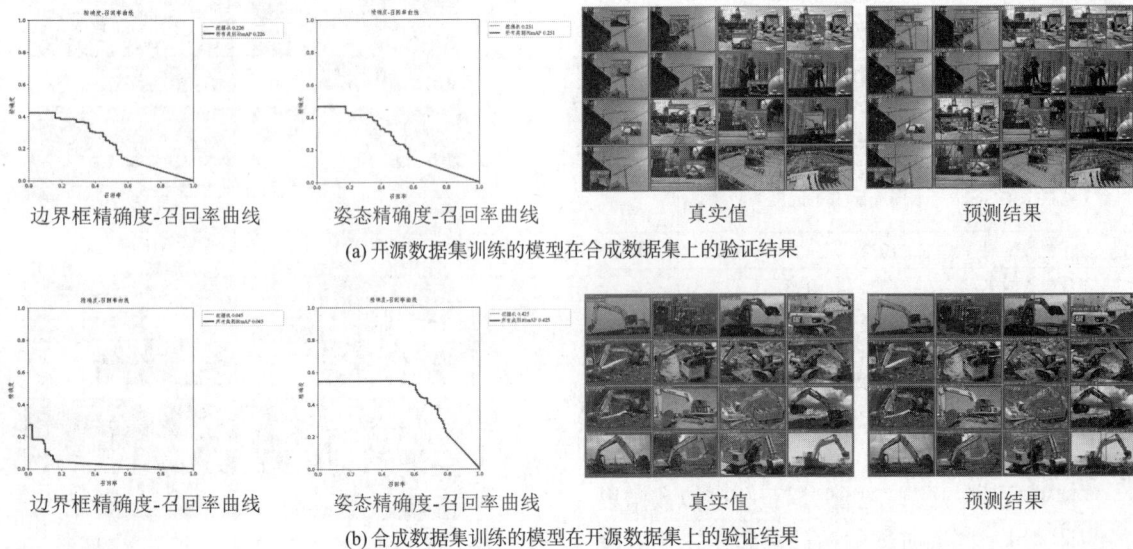

边界框精确度-召回率曲线　　姿态精确度-召回率曲线　　真实值　　预测结果

(a) 开源数据集训练的模型在合成数据集上的验证结果

边界框精确度-召回率曲线　　姿态精确度-召回率曲线　　真实值　　预测结果

(b) 合成数据集训练的模型在开源数据集上的验证结果

图 10　开源数据集与合成数据集之间的交叉验证

拍摄与虚拟数据集和集成数据集拥有相同的 4 个关键点，因此本文对这两个数据集训练的模型进行交叉验证，结果如图 11 所示，从图中看出，mAP 都很高，说明拍摄与虚拟数据集和集成数据集两者的有效性。但是拍摄与虚拟数据集训练的模型的 mAP 为 0.995 下降到 0.930，模型性能有所下降。而集成数据集的 mAP 与其在自身的测试集的结果差不多，都能达到 0.995。这证明集成数据集的性能更高，体现了将多源数据集集成的有效性。

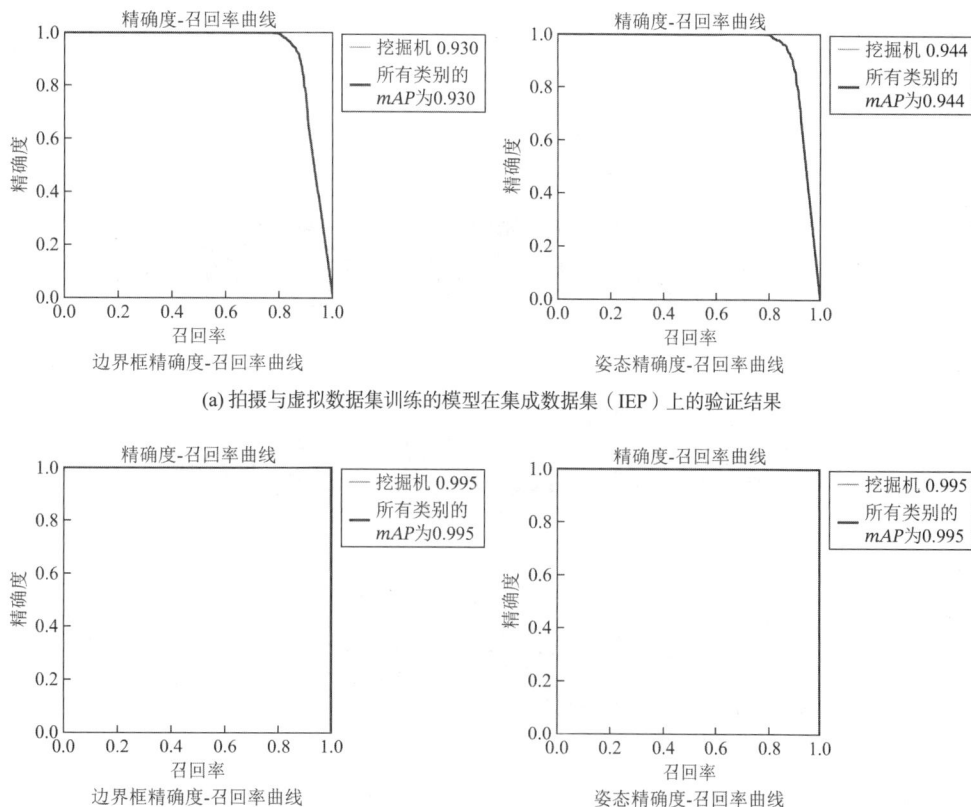

(a) 拍摄与虚拟数据集训练的模型在集成数据集（IEP）上的验证结果

(b) 集成数据集（IEP）训练的模型在拍摄与虚拟数据集上的验证结果

图 11　拍摄与虚拟数据集和集成数据集之间的交叉验证

3.4　实际应用效果验证

为了验证模型的实际应用效果，本文将它们应用到一段施工视频中，共计 500 帧图像，其中有 23 张图像中没有挖掘机，其余都有挖掘机。为了量化实际应用的结果，本文使用 Precision 作为评估指标，未考虑边界框和关键点的位置的准确性，计算的结果如表 2 所示。从表中可以发现，开源数据集训练的模型在识别挖掘机类别时拥有最高的精度，但是本文发现它是把所有图像都识别为挖掘机，且边界框的大小全部是图像的大小，如图 12（a）所示，关键点全部未识别出来（23 张图像中没有挖掘机），明显训练的模型是错误的。

实际应用的量化结果　表 2

模型	测试集	类别		关键点	
		TP	Precision	TP	Precision
开源数据集训练的模型	500	477	0.954	23	0.046
合成数据集训练的模型	500	34	0.068	34	0.022
拍摄和虚拟数据集训练的模型	500	114	0.228	114	0.228
集成数据集训练的模型	500	333	0.667	333	0.667

合成数据集训练的模型明显能精准识别部分图像中的挖掘机以及关键点的位置信息，如图 12（b）所示，但是从表 2 中看出只能识别十几张有挖掘机的图像，漏检率太大，明显模型训练不充足。

拍摄和虚拟数据集训练的模型比合成数据集训练的模型精度高，但是本文从检测的效果中看出，检测到的挖掘机边界框与部分关键点全部发生偏移（100%），图 12（c）展示了部分图像，明显拍摄（挖掘机模型）和虚拟数据集训练的模型不符合实际应用场景。

集成数据集训练的模型的类别和关键点的精度为 0.667，检测的效果也明显准确如图 12（d）所示。这些数据都能说明该模型拥有最好的性能，比其他模型能更好地应用于施工现场，有效地解决单个数据集观察到的问题，也证明了多样化的数据能增强实际应用的效果。

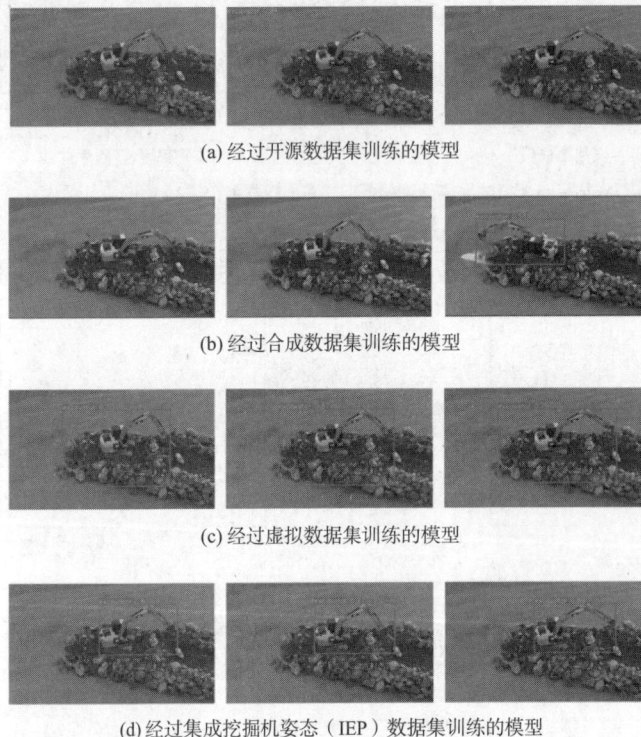

(a) 经过开源数据集训练的模型

(b) 经过合成数据集训练的模型

(c) 经过虚拟数据集训练的模型

(d) 经过集成挖掘机姿态（IEP）数据集训练的模型

图 12　对应模型的实际应用效果

4　结论

本文基于 YOLO-pose 的设计原则，在 YOLOv8 模型的头部组件中引入了关键点检测分支，既实现了对挖掘机整体位置的检测，也实现了对关键姿态点的精准定位。同时，本文整合了开源、复合、捕获及虚拟数据集，构建了一个集成挖掘机姿态数据集，显著提升了数据的多样性与场景适应性，为实际应用中的准确检测和稳健性能提供了保障。在姿态估计实验中，本文发现，基于单一数据集训练的模型在其对应的测试集上可以达到较高的检测精度，*mAP* 可达 0.995。然而，为了进一步验证模型的泛化能力，本文进行了交叉验证与实际应用测试。实验结果表明，虽然单一数据集训练的模型在本数据集上表现良好，但在应用于其他数据集或实际施工场景时，性能显著下降。相比之下，基于集成数据集训练的模型展现出更优异的跨场景适应性和稳定性，能够有效应用于实际施工现场的姿态检测任务。上述结果验证了集成数据集构建策略与模型优化方法的有效性和实用性。

参考文献

［1］ CHI C F, LIN S Z, DEWI R S. Graphical fault tree analysis for fatal falls in the construction industry[J]. Accident Analysis & Prevention, 2014(72): 359-69.

［2］ JIANG Z, FANG D, ZHANG M. Understanding the causation of construction workers' unsafe behaviors based on system dynamics modeling[J]. Journal of Management in Engineering, 2015, 31(6): 04014099.

［3］ WEI R, LOVE P E D, FANG W L, et al. Recognizing people's identity in construction sites with computer vision: A spatial and temporal attention pooling network [J]. Adv Eng Inform, 2019(42): 9.

［4］ 冯爽, 王万齐, 杨文, 等. 基于改进 RT-DETR 的铁路施工场景下人员安全穿戴检测[J]. 铁道学报, 2025, 47(2): 92-101.

［5］ 刘云海, 冯广, 吴晓婷, 等. 复杂施工场景下的安全帽佩戴检测算法[J]. 计算机与现代化, 2024(12): 66-71.

［6］ FANG W, LOVE P E D, LUO H, et al. Computer vision for behaviour-based safety in construction: A review and future directions[J]. Adv Eng Inform, 2020(43): 100980.

［7］ LI J, ZHAO X, ZHOU G, et al. Standardized use inspection of workers' personal protective equipment based on deep learning[J]. Safety Science, 2022(150): 105689.

［8］ SON H, KIM C. Integrated worker detection and tracking for the safe operation of construction machinery [J]. Automation in Construction, 2021(126): 103670.

［9］ ZHAO J, CAO Y, XIANG Y. Pose estimation method for construction machine based on improved AlphaPose model[J]. Engineering, Construction and Architectural Management, 2024, 31(3): 976-96.

［10］ CHEN F, KAMAT V R, CAI H. Camera marker networks for articulated machine pose estimation[J]. Automation in Construction, 2018(96): 148-60.

［11］ LIANG C J, LUNDEEN K M, MCGEE W, et al. A vision-based marker-less pose estimation system for articulated construction robots[J]. Automation in Construction, 2019(104): 80-94.

［12］ LUO H, WANG M, WONG P K-Y, et al. Vision-based pose forecasting of construction equipment for monitoring construction site safety[M]. Springer, 2020.

［13］ MAJI D, NAGORI S, MATHEW M, et al. YOLO-pose: Enhancing YOLO for multi person pose estimation using object keypoint similarity loss[J]. ArXiv E-prints, 2022(2204): 06806.

业主信息需求对 BIM 技术集成应用意愿影响研究

张 雷 苏 越 胡云霞

（山东建筑大学管理工程学院，济南 250000）

【摘 要】 本研究旨在探讨业主信息需求对 BIM 技术集成应用意愿的影响，通过引入心理资本和技术需求作为中介变量，构建影响机制模型。采用结构方程模型方法，设计量表并收集建筑业从业人员的调研数据进行分析。研究结果表明，业主信息需求显著影响 BIM 技术集成应用意愿，心理资本和技术需求在其中起到中介作用，并提出提升 BIM 技术集成应用意愿的建议。

【关键词】 业主信息需求；BIM 技术集成应用；心理资本；技术需求；结构方程模型

Research on the Impact of Employer Information Requirments on the Willingness to Integrated Application of BIM

Zhang Lei Su Yue Hu Yunxia

（School of Management Engineering，Shandong Jianzhu University，Jinan 250000）

【Abstract】 This study aims to explore the impact of Employer Information Requirements (EIR) on the willingness to integrated application of Building Information Modeling (BIM) by introducing psychological capital and technical needs as mediating variables and constructing a mechanism model. The Structural Equation Modeling (SEM) method was employed to design questionnaires and collect data from practitioners in the construction industry for analysis. The results show that EIR significantly affects the willingness to integrate BIM technology, with psychological capital and technical needs playing mediating roles. Suggestions for enhancing the willingness to integrate BIM technology have also been proposed.

【Keywords】 Employer Information Requirements；Integrated Application of BIM；Psychological Capital；Technical Needs；Structural Equation Modeling

1 引言

随着经济的快速发展，建筑业作为国民经济的支柱产业之一，长期以来在推动经济增长、改善基础设施和创造就业机会等方面发挥了重要作用。然而，近年来建筑业面临着信息传递效率低下、资源浪费严重、项目管理复杂等诸多挑战[1]。在数字化时代背景下，建筑信息模型（BIM）技术的出现为解决这些问题提供了新的思路和方法。BIM 技术通过实现建筑项目的全生命周期数字化管理，能够有效提升信息传递效率、优化资源配置、提高项目管理水平，从而推动建筑业的数字化转型和可持续发展[2]。然而，尽管国家出台了一系列政策推动 BIM 技术的应用，但在实际项目中，BIM 技术的集成应用仍面临诸多困难和挑战，其中最为关键的问题之一是项目参与方对 BIM 技术集成应用的意愿较低，导致其应用效果难以达到预期目标[3]。本研究旨在探讨业主信息需求对 BIM 技术集成应用意愿的影响机制，以期为提升项目参与方的 BIM 技术集成应用意愿、推动建筑业数字化转型提供理论支持和实践指导。

在现有研究中，部分学者从心理资本的角度探讨了对 BIM 技术集成应用意愿的影响，例如褚振威等基于心理资本理论研究了 BIM 技术使用行为意愿，指出心理资本的提升能够增强项目参与方对 BIM 技术的接受度和应用意愿[4]。此外，也有研究从技术需求的角度分析了对 BIM 技术集成应用意愿的作用，如张吉松等指出业主信息需求中明确的技术需求会推动项目参与方学习和掌握 BIM 技术，进而提升其应用意愿[5]。作为项目成本的控制方和 BIM 技术集成应用的最终受益方，业主方即项目建设方是推动 BIM 技术集成应用的最重要的力量。

考虑到在我国目前的 BIM 技术集成应用的相关研究中，对于业主信息需求的研究相对不足，本研究将心理资本和技术需求同时作为中介变量，系统地探讨了业主信息需求对 BIM 技术集成应用意愿的影响机制。通过构建包含心理资本和技术需求的中介模型，不仅揭示了业主信息需求如何影响 BIM 技术集成应用意愿，还进一步剖析了心理资本和技术需求在这一过程中的中介作用，为理解项目参与方的 BIM 技术应用意愿提供了更全面的理论框架。这一创新性研究框架为推动 BIM 技术在建筑项目中的广泛应用提供了新的理论支持，也为建筑业数字化转型提供了更具针对性的实践指导。

2 理论基础与假设模型的构建

2.1 业主信息需求与 BIM 技术集成应用意愿

根据业主设计、施工、运营的信息需求标准中的阐述，业主信息需求（Employer Information Requirments，EIR）是规定供应商需要交付的信息以及需要采用的标准和流程的文件[6]，这些要求涉及 BIM 模型的精细度级别，有关培训的要求、管理系统、信息交换的格式等[7]。EIR 主要由信息管理、商业管理和职能评估三部分构成。

BIM 技术的集成应用可以分为技术集成、管理集成、信息集成三部分。其中技术集成指的是 BIM 技术与各种其他技术的集成，实现不同的需求；管理集成指的是通过 BIM 技术为项目参与方建立统一管理的平台，实现对项目资源、进程等的统一协调和管理；信息集成指的是 BIM 技术将建筑项目的各个阶段和相关信息进行集成，包括设计、施工、运营等，通过建筑模型和相关信息的集成，实现建筑项目各个阶段的无缝对接和信息的高效流通。

本研究基于 Taherdoost 的理性行为理论，行为意愿受到自身态度和主观规范的影响。在组织行为学中理性行为理论可以用于分析行为意愿和决策，个体的行为意愿是由其态度和主观规范共同决定的[8]。态度指的是个体对某一对象的积极或消极的评价,主观规范指的是个体在环境中感受到压力。根据理性行为理论,业主信息需求作为主观规范影响了 BIM 技术的使用行为意愿。因此提出如下假设:

假设 H1:业主信息需求对 BIM 技术集成应用意愿具有正向影响。

2.2 心理资本的中介影响

心理资本(Psychological Capital Appreciation)指的是个体的心理状态,由满足感、期许感、乐观感等多种心理因素组成[9]。

根据心理资本理论结合技术采纳模型(Technology Acceptance Model),业主信息需求的感知易用性和感知有用性会对心理资本产生影响。在本研究中,业主信息需求的感知有用性指的是项目的参与方对于业主信息需求文件的有效性认知;感知易用性指的是项目参与方对于业主信息需求文件应用在项目中的难易程度。业主信息需求作为外部因素影响了心理资本的产生。

在工程领域,研究者将心理资本与 BIM 技术应用相结合,进行 BIM 技术应用意愿的研究。心理资本的活动会影响到 BIM 使用的满意度,并直接影响了 BIM 技术集成应用的意愿。因此提出如下假设:

假设 H2:业主信息需求对心理资本具有正向影响。

假设 H3:心理资本对 BIM 技术集成应用意愿具有正向影响。

2.3 技术需求的中介影响

实现业主信息需求的信息管理、商业管理和智能评估三部分均需要项目参与方使用各种技术,其中包括项目参与方需要使用的软件平台、数据的交换格式、模型的精细程度等。

由此产生了技术需求。

工作需求资源理论是解释工作环境中的不同心理如何影响员工心理和工作态度。业主信息需求文件规定了 BIM 技术应当使用的技术,技术需求产生后需要 BIM 技术与其他技术集成应用的支持。同时,技术需求作为外部影响因素会对心理资本的产生造成影响。因此,根据工作需求资源理论,技术需求会对心理产生影响,即技术需求影响了心理资本的产生;且为实现技术需求,需要的工作资源是 BIM 技术的集成应用,因此技术需求对 BIM 技术的集成应用意愿产生了影响。

因此提出如下假设:

假设 H4:业主信息需求对技术需求具有正向影响。

假设 H5:技术需求对心理资本具有正向影响。

假设 H6:技术需求对 BIM 技术集成应用意愿具有正向影响。

综上,以业主信息需求作为自变量,BIM 技术集成应用作为因变量,心理资本和技术需求作为中介变量,参照了相关领域专家的成熟理论以及模型,基于理性行为理论、技术采纳模型理论、工作需求资源理论和心理资本理论,提出研究假设见表1。确定了业主信息需求与 BIM 技术集成应用意愿之间的结构模型[5],绘制出结构模型图,如图1所示。

研究假设汇总　　　　表 1

假设序号	假设内容
H1	业主信息需求对 BIM 技术集成应用意愿具有正向影响
H2	业主信息需求对心理资本具有正向影响
H3	心理资本对 BIM 技术集成应用意愿具有正向影响
H4	业主信息需求对技术需求具有正向影响
H5	技术需求对心理资本具有正向影响
H6	技术需求对 BIM 技术集成应用意愿具有正向影响

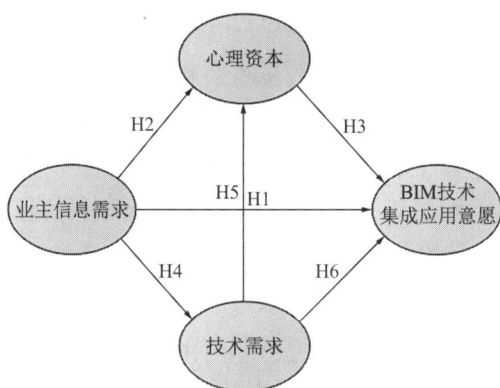

图 1 结构模型图

3 实证研究设计

3.1 问卷设计

本研究采用 Likert5 级量表，通过参照前人成熟的量表以及专家的意见设计了本研究关于业主信息需求、心理资本、技术需求和 BIM 技术集成应用意愿的问卷量表，并选择建筑业的相关从业人员和专家作为本文的研究对象，再通过预调研验证了问卷的信度和效度[10]。最终问卷设计见表 2。

问卷设计表　　表 2

变量	编号	题项
业主信息需求	A1	我了解业主信息需求
	A2	我认为业主信息需求非常重要
	A3	我认为 BIM 项目的成功实施需要业主信息需求文件
	A4	我认为业主信息需求可以为 BIM 项目创造价值
	A5	我认为业主信息需求可以提高 BIM 的实施效果
	A6	我认为业主信息需求减少了 BIM 项目的信息变更次数
	A7	我认为业主信息需求可以提升信息的传递效率
	A8	我认为业主信息需求运用推广围很广
	A9	我认为业主信息需求的经济效益非常理想
	A10	我认为在项目中需要制定清晰的业主信息需求文件

续表

变量	编号	题项
心理资本	B1	我觉得业主信息需求文件的制定是简单的
	B2	我觉得可以很容易地掌握业主信息需求
	B3	使用业主信息需求可以达成项目的预期效果
	B4	业主信息需求可以使我的工作效率增加
	B5	我认为业主信息需求对我有很大的帮助
	B6	我认为业主信息需求使得项目效益更高
	B7	我认为业主信息需求的前景是乐观的
	B8	我认为业主信息需求可以为我解决困难
	B9	即使效果不理想，我也会坚持使用业主信息需求
	B10	使用业主信息需求遇到困难时，我会想办法解决
技术需求	C1	为了业主信息需求我愿意使用更多的技术
	C2	我在工作时愿意使用各种技术
	C3	我认为技术需求非常重要
	C4	我认为技术的应用可以提高我的工作效率
BIM 技术集成应用意愿	D1	我愿意将 BIM 技术与其他技术集成应用
	D2	我认为 BIM 技术集成应用可以带来很大的收益
	D3	BIM 技术集成应用可以取得预期的效果
	D4	我认为可以很容易地掌握 BIM 技术集成应用
	D5	BIM 技术的集成应用可以使我的工作效率增加
	D6	BIM 技术的集成应用可以使我的工作质量提高

3.2 数据收集

本次调研的目的是研究业主信息需求对 BIM 技术集成应用意愿的影响，因此调研对象主要面向建筑业相关从业人员。

问卷的发放主要采取线上与线下相结合的方式[11]，展开为期三个月的调研。线上主要通过问卷星的方式，通过微信等工具发放问卷链接，线下通过纸质问卷的方式展开调研，调研对象结合自身丰富的从业经验，回答问卷中所设置的问题。

最终一共发放问卷 400 份，回收有效问卷

376 份，有效回收率为 94%。

4 实证分析

4.1 描述性统计分析

描述性统计分析是对各问题的均值、标准差、偏度、峰度进行分析[12]，当标准差大于 0.7，偏度在 -3~3 之间，峰度在 -10~10 之间时，样本数据符合正态分布，可以进行下一步的分析。将收集到的样本数据导入 SPSS 中进行描述性分析，发现统计分析结果显示样本数据符合正态分布。

4.2 信度分析和效度分析

4.2.1 信度分析

数据样本采用 Cronbach's α 系数来测试整体信度[13]，根据分析结果可知，样本数据的整体信度为 0.943，说明量表的信度非常好。

4.2.2 效度分析

对业主信息需求进行效度分析发现：所有研究项对应的共同度值均高于 0.4，说明研究项信息可以被有效地提取。另外，KMO 值为 0.948，大于 0.6，数据可以被有效提取信息。另外，1 个因子的方差解释率值分别是 61.218%，旋转后累积方差解释率为 61.218% > 50%。意味着研究项的信息量可以有效地提取出来。

对心理资本进行效度分析发现：所有研究项的共同度均大于 0.4，另外 KMO 值为 0.951，大于 0.6，数据能被有效提取信息，因子的方差解释率为 58.163%，大于 50%，意味着信息可以被有效提取。

对技术需求进行效度分析发现：所有研究项的共同度均大于 0.4，另外 KMO 值为 0.791，大于 0.6，数据能被有效提取信息，因子的方差解释率为 70.181%，大于 50%，意味着信息可以被有效提取。

对 BIM 技术集成应用意愿进行效度分析发现：所有研究项的共同度均大于 0.4，另外 KMO 值为 0.879，大于 0.6，数据能被有效提取信息，因子的方差解释率为 64.2%，大于 50%，可以进行下一步分析。

4.3 结构模型拟合与假设检验

4.3.1 整体模型的拟合与检验

本研究将业主信息需求作为自变量，心理资本和技术需求作为中介变量，BIM 技术集成应用意愿作为因变量构建理论模型，借助 AMOS21.0 对模型进行验证，模型的 M1 分析图如图 2 所示，拟合优度检验结果如表 3 所示。

模型 M1 拟合优度检验结果表　　　　　　　　　　　表 3

常用指标	χ^2	df	p	卡方自由度比 χ^2/df	GFI	RMSEA	RMR	CFI	NFI	NNFI
判断标准	—	—	> 0.05	< 3	> 0.9	< 0.10	< 0.05	> 0.9	> 0.9	> 0.9
值	422.006	399	0.205	1.058	0.932	0.012	0.035	0.997	0.941	0.996

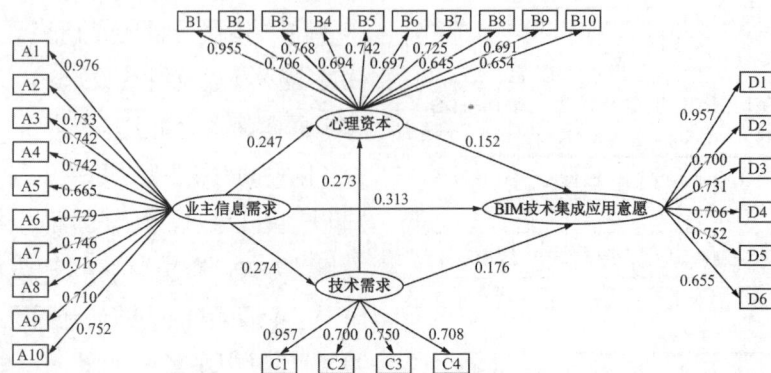

图 2 理论模型 M1 分析图

由表可知，模型的卡方自由度比、*GFI*、*RMSEA*值均符合要求，模型的拟合度非常好，模型的拟合优度检验结果如表4所示，所有路径均达到显著。

综上所述，假设H1、H2、H3、H4、H5、H6都成立。

模型拟合优度检验结果表 表4

路径	非标准化回归系数	*SE*	*z*（CR值）	*p*	标准化回归系数	是否显著
业主信息需求→心理资本	0.236	0.049	4.790	0.000	0.247	是
业主信息需求→技术需求	0.257	0.049	5.241	0.000	0.274	是
业主信息需求→BIM技术集成应用意愿	0.313	0.051	6.092	0.000	0.313	是
心理资本→BIM技术集成应用意愿	0.159	0.055	2.867	0.004	0.152	是
技术需求→心理资本	0.279	0.054	5.158	0.000	0.273	是
技术需求→BIM技术集成应用意愿	0.188	0.057	3.327	0.001	0.176	是

4.3.2 心理资本与技术需求中介效应检验

中介效应主要有两种分析方法，分别是因果逐步回归分析法和乘积系数检验法。因果逐步回归分析法由温忠麟等学者提出，因其简单易用而被广泛应用，但其检验效能较低[14]。因此，本研究采用乘积系数检验法对中介效应进行检验。

本研究通过乘积系数检验法中的Bootstrap方法，运用SPSS软件进行中介效应检验，检验结果如表5所示。

中介效应检验结果表 表5

项	*c* 总效应	*a*	*b*	*a·b* 中介效应值	*a·b*（Boot SE）	*a·b*（*z*值）	*a·b*（*p*值）	*a·b*（95%BootCI）	*c'* 直接效应	检验结论
业主信息需求→心理资本→BIM技术集成应用意愿	0.390**	0.269**	0.168**	0.045	0.017	2.692	0.007	0.014~0.080	0.318**	部分中介
业主信息需求→技术需求→BIM技术集成应用意愿	0.390**	0.258**	0.106*	0.027	0.014	2.017	0.044	0.001~0.055	0.318**	部分中介

注：*代表*p* < 0.05，在0.05水平上显著；**代表*p* < 0.01，在0.01水平上显著。

由此可知，心理资本和技术需求对BIM技术集成应用意愿起到了部分中介的效应。

4.3.3 假设检验

据前面所进行的数据建模和假设检验，本文对全部假设结果进行了分析与总结，发现理论模型中提出的6个假设的检验结果均为支持。

4.4 结果讨论

本研究通过结构方程模型检验业主信息需求对BIM技术集成应用意愿的影响。根据结构方程模型的检验结果，业主信息需求对BIM技术集成应用意愿具有正向影响，说明明确的业主信息需求可以使建筑业相关企业员工更倾向于BIM技术的集成应用。

（1）业主信息需求对BIM技术集成应用意愿具有正向影响，说明明确的业主信息需求可以提升项目参与方BIM技术集成应用的意愿。当业主方能够清晰地表达自己的信息需求时，项目参与方能够理解并满足这些需求，同时详细规范的业主信息需求文件可以为项目参与方制定BIM执行计划提供指导，增强BIM技术集成应用意愿，并积极将BIM技术集成应用。这一影响为推动建筑业的数字化转型提供了有力的支持，表明通过优化信息传递的机制，可以有效提升BIM技术的接受度和应用效果。

（2）心理资本在业主信息需求与 BIM 技术集成应用意愿之间起到了部分中介作用，业主信息需求的感知易用性和感知有用性会对心理资本产生正向的影响。在本研究中，业主信息需求的明确性提升了项目参与方的心理资本，使项目参与方能够自信地面对 BIM 技术的应用挑战，进而增强了应用意愿。因此心理资本的提升会提升项目参与方的 BIM 技术集成应用意愿。因此提升心理资本，有助于提升项目参与方员工的积极性，以及对 BIM 技术集成应用的信心。

（3）技术需求作为中介变量影响了业主信息需求与 BIM 技术集成应用意愿之间的关系[15]。为实现业主的信息需求，项目相关参与方需要使用各种技术，由此产生了技术需求。技术需求的产生推动了项目参与方学习和掌握 BIM 技术，进而提升了其应用意愿，因此技术需求对项目参与方心理产生了影响，且技术需求对 BIM 技术的集成应用意愿产生了正向的影响。

进一步分析发现，业主信息需求的直接作用高于心理资本和技术需求的中介作用，这表明虽然心理资本和技术需求在影响 BIM 技术集成应用意愿方面发挥着重要作用，但业主信息需求的明确仍是推动 BIM 技术集成应用意愿提升的关键因素。因此，在建筑业数字化转型的过程中，应高度重视制定清晰明确的业主信息需求文件，确保项目参与方能够准确地理解和满足业主方的需求。

综上所述，本研究通过分析验证了业主信息需求对 BIM 技术集成应用意愿具有正向影响，清晰的业主信息需求会提升 BIM 技术的集成应用意愿。同时心理资本和技术需求起到了一定的中介作用。而且业主信息需求的直接作用高于心理资本和技术需求的中介作用。这些

发现为建筑业数字化转型提供了有益的启示和建议。未来研究可以进一步探讨不同行业、不同规模项目中的业主信息需求特点及其对 BIM 技术集成应用意愿的影响差异，以丰富和完善理论体系。

5 结语

本研究通过理论模型构建与实证分析，揭示了业主信息需求对 BIM 技术集成应用意愿的正向影响，以及心理资本和技术需求的中介作用。明确的业主信息需求不仅能直接提升项目参与方的 BIM 应用意愿，还能通过增强心理资本和技术需求，进一步促进其应用积极性。

据此，业主方可以制定清晰、规范的信息需求文件，为项目实施提供明确指导；同时，通过培训和技术支持提升项目参与方的心理资本，明确技术需求，推动 BIM 技术的广泛应用。这些措施将有助于提高 BIM 技术在建筑项目中的应用效果，加速建筑业的数字化转型[16]。

未来研究可进一步扩大样本范围，结合更多实际案例，深入探讨影响机制，为行业发展提供更全面的参考。

参考文献

[1] 赖华辉，邓雪原，刘西拉. 基于 IFC 标准的 BIM 数据共享与交换[J]. 土木工程学报，2018，51(4): 121-128.

[2] 李勇，管昌生. 基于 BIM 技术的工程项目信息管理模式与策略[J]. 工程管理学报，2012，26(4): 17-21.

[3] 徐世杰. BIM 技术应用面临的困难障碍分析及相关建议[J]. 施工技术，2017，46(S1): 496-501.

[4] 张雷，褚振威. 基于心理资本理论的建筑信息模型技术使用行为意愿研究[J]. 土木工程与管理学报，2019，36(4): 54-61.

[5] 张吉松，吕锦牧，任国乾，等. 英国 BIM 业主信

息需求 (EIR) 研究[C]//中国图学学会建筑信息模型 (BIM) 专业委员会. 第五届全国 BIM 学术会议论文集. 大连交通大学土木工程学院, 英国卡迪夫大学工学院, 2019: 171-175.

［6］ CAVKA B H, STAUB FRENCH S, POIRIER A E. Developing owner information requirements for BIM-enabled project delivery and asset management[J]. Automation in Construction, 2017(83): 169-183.

［7］ SHIN T. Building information modeling (BIM) collaboration from the structural engineering perspective[J]. International Journal of Steel Structures, 2017, 17(1): 205-214.

［8］ YU J, LEE S. Comparative study on BIM acceptance model by adoption period[J]. Buildings, 2023, 13(6): 1450.

［9］ LUTHANS F, AVOLIO B J, AVEY J B, et al.Positive psychological capital: Measurement and relationship with performance and satisfaction[J]. Personnel Psychology, 2007(60): 541-572.

［10］ PAUL O, HARRIE C M V, NIELS S. Methods for questionnaire design: A taxonomy linking procedures to test goals[J]. Quality of Life Research: An International Journal of Quality of Life Aspects of Treatment, Care and Rehabilitation, 2019, 28(9): 2501-2512.

［11］ 秦文力. 大数据背景下的线上、线下混合访问调查方法研究[J]. 统计与决策, 2020, 36(9): 16-21.

［12］ MARCIN R, WŁODZIMIERZ O, IWONA Z, et al.Personality profiles and meteoropathy intensity: A comparative study between young and older adults[J]. PloS one, 2020, 15(11): e0241817.

［13］ JORDI H, DIRK S, LIEVE W D. A practical academic reading and vocabulary screening test as a predictor of achievement in first-year university students: Implications for test purpose and use[J]. International Journal of Bilingual Education and Bilingualism, 2020, 24(10): 1-16.

［14］ 温忠麟, 叶宝娟. 中介效应分析:方法和模型发展[J]. 心理科学进展, 2014, 22(5): 731-745.

［15］ 管亚君. 基于 KANO 模型视角的全过程 BIM 应用需求研究[J]. 建筑施工, 2022, 44(9): 2224-2226.

［16］ 王广斌. 如何认识建筑业数字化转型[J]. 施工企业管理, 2022(12): 23-25.

基于 Dynamo 的高铁北站 G524 工程可视化编程研究：技术创新与投资管控

王　超[1]　何龙飞[2]　尤静岚[3]　李　璐[1]　王　维[1]　沈佳擎[1]　魏文莉[1]　袁　雯[1]

（1. 诚信金泰建设管理（苏州）有限公司，苏州　215000；

2. 苏州市财政评审中心，苏州　215000）

【摘　要】　建筑信息模型（BIM）技术是建筑行业数字化转型的关键驱动力。本研究以高铁北站落客快速联络道 G524 工程为案例，探索 Dynamo 可视化编程技术在复杂结构（变截面箱梁、花瓶墩、变截面道路及立交桥匝道）参数化建模、自动化算量及投资管控中的应用。通过 Dynamo 脚本优化 BIM 建模流程，实现设计自动化与算量精确化，为投资决策和资源优化提供数据支撑。研究结果表明，该技术显著降低人为误差，提升项目效率与经济效益，为高铁等基础设施数字化建设提供可复制范式。

【关键词】　Dynamo；高铁北站；BIM；可视化编程；参数化建模；投资管控

Research on Visual Programming of the G524 Project at High-Speed Rail North Station Based on Dynamo: Technological Innovation and Investment Control

Wang Chao[1]　He Longfei[2]　You Jinglan[3]　Li Lu[1]　Wang Wei[1]　Shen Jiaqing[1]
Wei Wenli[1]　Yuan Wen[1]

（1. Chengxin Jintai Construction Management (Suzhou) Co., Ltd., Suzhou，215000；

2. Suzhou Municipal Fiscal Review Center，Suzhou，215000；

3. Suzhou High-Speed Railway Hub Investment and Development Co., LtD., Suzhou，215000）

【Abstract】　Building Information Modeling (BIM) technology serves as a pivotal driver for the digital transformation of the construction industry. This study investigates the application of Dynamo visual programming technology in the G524 drop-off rapid connection road project at the High-Speed Rail North Station, focusing on parametric modeling, automated quantity takeoff, and investment control for complex structures (e.g., variable-section box girders, vase piers, variable-section roads, and interchange ramps). By optimizing the BIM modeling process with Dynamo scripts, this research achieves design automation and precise quantity takeoff, providing data support for investment decisions and resource optimization. Results demonstrate that this approach significantly reduces human errors, enhances project efficiency, and improves economic benefits, offering a replicable paradigm for digital construction in high-speed rail infrastructure.

【Keywords】 Dynamo；High-Speed Rail North Station；BIM；Visual Programming；Parametric Modeling；Investment Control

1 概况

1.1 项目背景

高铁北站落客快速联络道工程 G524 高架立交桥作为连接高铁与城市交通的关键基础设施，涉及变截面箱梁、花瓶墩、变截面道路及立交桥匝道等复杂几何结构（图 1）。面对压缩的建设周期和高精度要求，传统设计与施工方法已难以满足需求。BIM 技术作为数字化转型的核心工具，通过与 Dynamo 可视化编程平台结合，为复杂工程提供创新解决方案。本研究以 G524 工程为案例，探讨利用 Dynamo 如何提升项目全生命周期效率。

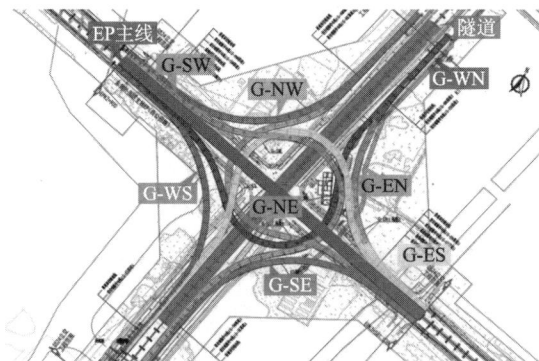

图 1　G524 高架立交桥可视化视图

1.2 国内外研究现状

国内外对 BIM 技术的研究已取得显著进展。国外方面，Autodesk 公司开发的 Dynamo 自 2011 年推出以来，广泛应用于参数化设计与自动化建模。国内研究起步较晚，但发展迅速。李云贵等（2020）探讨了 BIM 在高铁站房设计中的应用[1]，张建平等（2018）研究了其在复杂桥梁工程中的实践[2]。然而，现有研究多集中于单一功能（如建模或算量），缺乏对 Dynamo 在投资管控与全流程优化方面的系统性探索。本文基于 Dynamo 的集成应用，针对复杂结构提出参数化建模与自动化算量的综合解决方案，体现了技术的先进性与创新性。

1.3 研究目的

本研究旨在通过 Dynamo 与 BIM 技术的融合，针对高铁北站 G524 工程的复杂结构，开发一套参数化建模与自动化算量的技术体系。研究聚焦变截面箱梁、花瓶墩、变截面道路和立交桥的建模优化与算量精确化，借助 Dynamo 脚本实现设计自动化与投资管控智能化，旨在提升项目效率、降低成本并确保进度与质量目标的实现，为类似工程提供可复制的技术范式（图 2）。

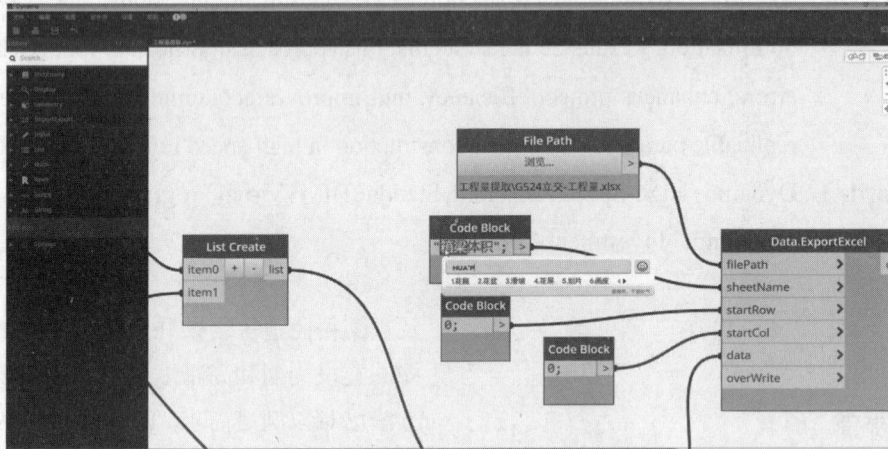

图 2　Dynamo 箱梁、花瓶墩编程节点

1.4　研究意义

本研究通过对 Dynamo 在高铁北站集疏运高架立交桥项目中应用的探索，揭示了 BIM 技术与可视化编程相结合的巨大潜力。Dynamo 工具在变截面箱梁、花瓶墩、变截面道路与立交桥等复杂结构建模与算量计算中的应用，不仅能够提高设计与施工的精度、速度与质量，还能实现项目全生命周期内设计方案的实时调整与优化。该研究为其他类似项目的 BIM 应用提供了具体的技术方案，也为智能建造与数字化转型提供了技术支撑。传统工程算量与 Dynamo 编程对比见图 3。

传统算量方法（花瓶桥墩）	传统算量方法（变截面箱梁）	Dynamo参数化建模方法1	Dynamo参数化建模方法2
1. 传统方法：表面积 x 高度（手算）	1. 箱梁体积计算公式：箱梁体积=箱梁截面积 x 箱梁长度（手算）　$V=A\times L$	1. 通过Dynamo编程驱动，根据定义的参数进行自动化建模	1. 参数化体积计算：自动提取每段截面面积并计算总体积
通过手动计算表面积和高度，求得体积	箱梁的计算误差通常发生在变截面、非规则形状或设计变化较大的情况下	利用Dynamo脚本驱动参数化建模，根据桥墩的实际形态自动生成模型	Dynamo编程可以精确控制每个截面的尺寸与位置，避免人为误差，提高精度
2. 弧形复杂，变量难以控制，导致计算误差	2. 变截面箱梁手工计算：按段计算每一段的截面面积	2. 参数化建模方法灵活可调整，避免人工干预，提高建模精度	2. 自动生成变截面箱梁：Dynamo通过输入参数，自动计算每段的截面面积并更新总体积
弧形表面难以精确度量，导致面积计算误差	依靠手工逐段计算，每个截面、长度、体积均需单独测量和计算，且易忽略小细节	参数化模型能够灵活调整形态，且每次变化会自动更新工程量	Dynamo通过自动化模型，能够精确提取每段工程量，并直接生成工程量报表
3. 表面造型无法精确度量，导致误差较大	3. 手动修正误差：每次变动都需人工调整，容易出现误差	3. 参数化模型能够根据实际形态变化进行即时更新，减少反复修改	3. 自动更新与修正：模型自动根据设计变更调整，避免人为误差
手算方式难以控制花瓶造型复杂表面，造成较大误差	若设计发生变动，需手动调整每个段落或截面的尺寸、形状，且修改较为繁琐	每次修改都能快速更新模型，避免手动调整引起的误差	Dynamo参数化模型可灵活调整，任何设计变动都能快速自动更新
常见误差与困难			
手动输入几何数据，修改繁琐	修改后可能产生不一致的工程量数据，且更新时容易出现遗漏或错误	基于参数化模型，数据更精准、更新更快捷	Dynamo能够自动同步更新所有相关数据，确保数据一致性与实时性
难以处理复杂几何与变化	修改后的模型需重新绘制和修改，特别是变截面箱梁或曲线箱梁，导致较高的工作负担	通过Dynamo控制，自动生成工程量，避免手工重复计算	利用Dynamo，模型更新便捷，所有参数修改直接驱动整个模型，减少重复劳动
每次修改都需要重新计算	针对复杂的箱梁形态（如变截面、曲线等），灵活性较差，难以快速适应设计更改	通过脚本实现自动计算和自动更新工程量，显著提升效率和准确性	Dynamo提供高灵活性，可以根据不同形状、尺寸和设计需求快速调整建模参数

图 3　传统算量与 Dynamo 编程对比

1.5　研究方法

（1）Dynamo 可视化编程：采用 Dynamo 工具通过编写可视化程序，实现 BIM 模型的自动化生成，尤其是箱梁、变截面道路和立交桥的建模与优化（图 4）。

（2）参数化设计方法：通过在 Dynamo 中设定灵活的设计参数，使得模型在需要调整时能自动生成新的设计方案，确保设计方案高效动态调整。

（3）算量目标实现：利用 Dynamo 与 Revit API 的结合，自动提取工程量数据中的体积、面积、钢筋数量等各项工程量，为项目概预算与施工提供数据支持。

（4）可视化效果评估：通过可视化编程手段，对高铁北站项目的各项结构进行图形化展示，并对模型的准确性进行评估，确保其符合设计标准。

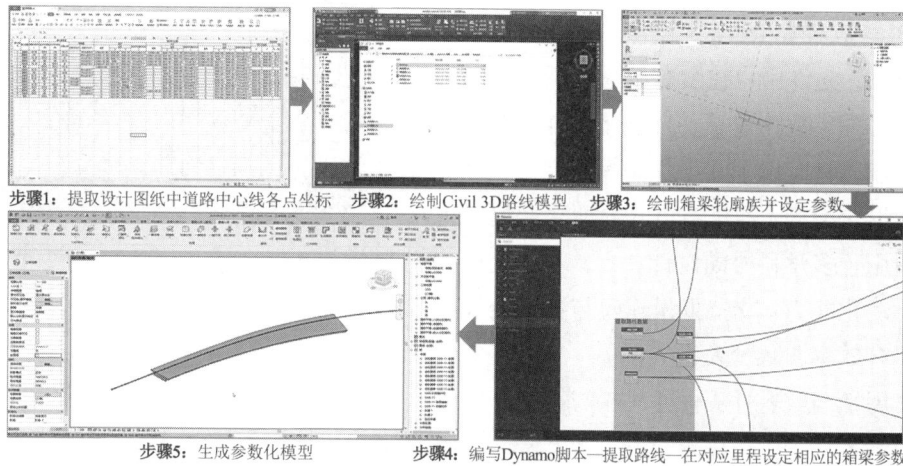

步骤1：提取设计图纸中道路中心线各点坐标　步骤2：绘制Civil 3D路线模型　步骤3：绘制箱梁轮廓族并设定参数

步骤5：生成参数化模型　　步骤4：编写Dynamo脚本—提取路线—在对应里程设定相应的箱梁参数

图 4　Dynamo 脚本编写及工作步骤

研究原理图用于展示 Dynamo 可视化编程与 BIM 建模及算量计算的整合流程以及 Dynamo 自动化建模流程图，如图 5、图 6 所示。

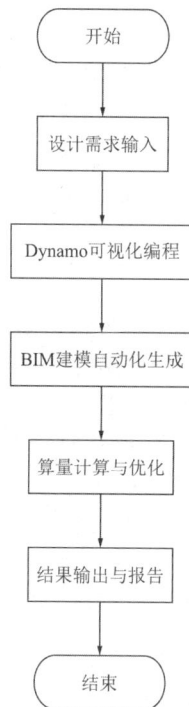

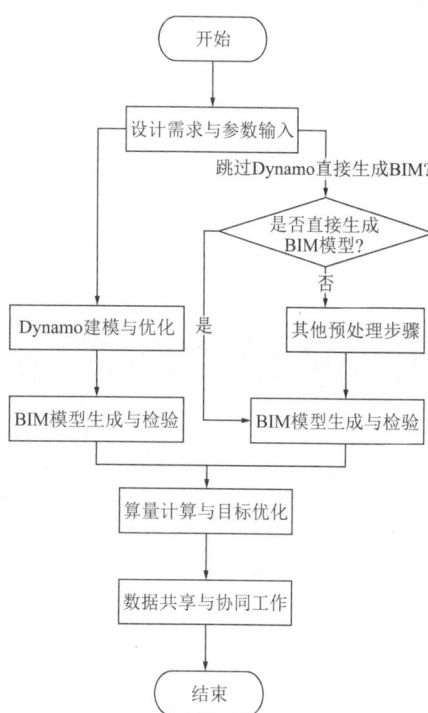

图 5　研究原理图　　图 6　Dynamo 自动化建模流程图

2　Dynamo 技术框架与 G524 工程需求分析

2.1　Dynamo 技术特性

Dynamo 是一款开源的可视化编程工具，专为建筑、工程与施工（AEC）行业设计，能够与主流 BIM 软件如 Revit 无缝集成。它通过图形化的方式，允许用户在没有编写复杂代码的情况下，实现参数化建模、自动化设计、算量计算等功能，具有以下几个显著特点：

（1）图形化编程：通过节点式界面降低编程门槛，适用于多学科协同设计。

（2）自动化能力：支持批量建模与数据处理，显著提升效率并减少人为失误。

（3）扩展性与兼容性：通过 API 与第三方工具对接，满足复杂工程需求。

（4）动态参数化：实现设计方案的实时调整，增强适应性与创新性。

2.2　G524 工程需求与 Dynamo 应用

高铁北站 G524 高架立交桥项目涉及多层次复杂结构，传统建模方法在效率与精度上存在瓶颈。Dynamo 的应用针对以下关键需求提供了解决方案。

2.2.1　变截面箱梁参数化建模

变截面箱梁是项目中的核心结构，如果采用传统的手动建模方法，不仅费时费力，还容易出错。通过 Dynamo 参数化编程脚本，可以根据设计图纸自动生成箱梁的几何模型，并确保其尺寸、截面形状等符合设计要求。参数化控制能够精确生成符合要求的三维模型（图 7）。

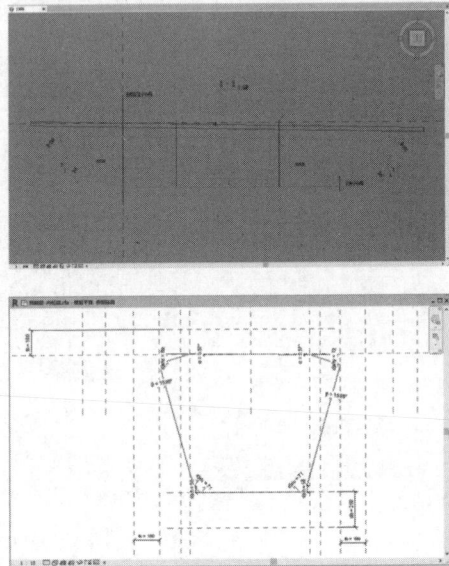

图 7　变截面箱梁的参数化族

2.2.2　变截面道路建模

变截面道路的设计要求道路截面随着纵向的变化而变化，传统建模方法要求逐段调整，工作量大且容易出错。Dynamo 能够通过设定相关设计参数（如路宽、坡度、纵向变化等），自动生成符合要求的道路模型，并计算各段的几何特征，为后续施工提供精确依据（图 8~图 11）。

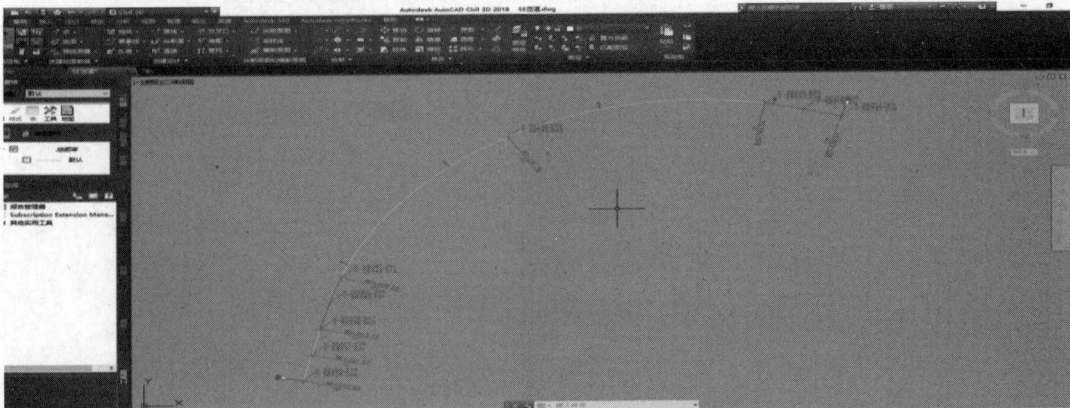

图 8　绘制 Civil 3D 路线模型一

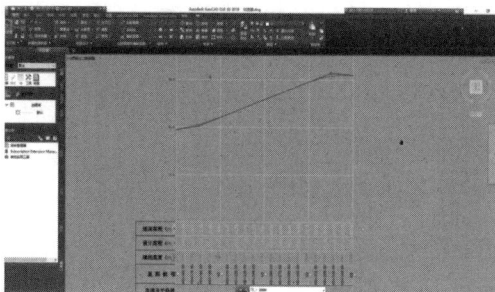

图 9　绘制 Civil 3D 路线模型二

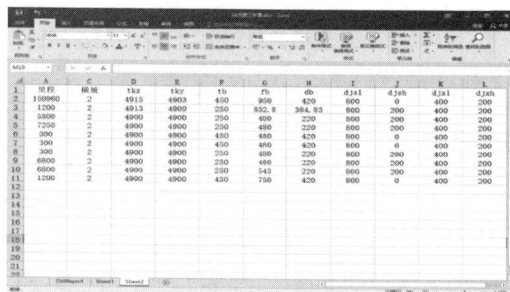

图 10　生成路线数据并录入箱梁截面参数

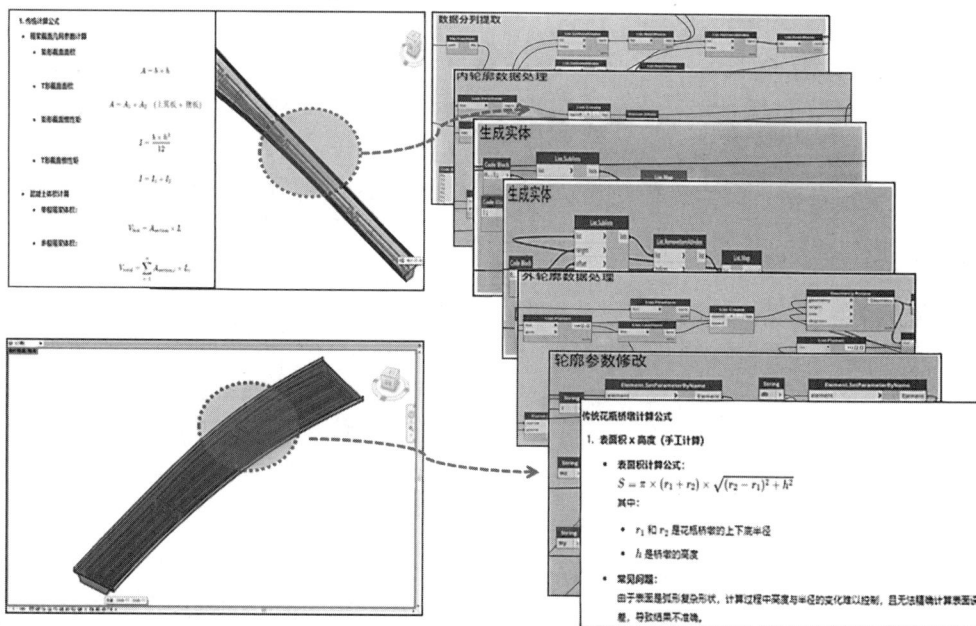

图 11　运行 Dynamo 生成局部实体箱梁模型

2.2.3　立交桥自动化建模

立交桥涉及多路段交会与几何协调，传统方法易出错且耗时。Dynamo 通过自动化脚本，可以根据设计图纸自动生成每个交叉口的三维桥梁模型，并自动调整桥梁的尺寸、位置和跨度，确保各部分构件之间的精确配合（图 12）。

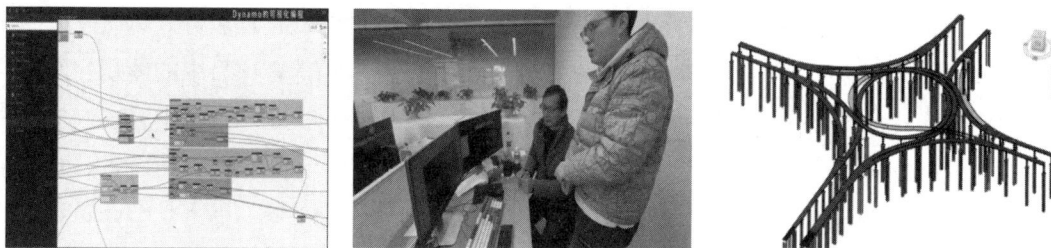

图 12　最终生成自动化参数化的立交模型

2.2.4　算量与投资管控

Dynamo 结合 Revit API，自动化提取箱梁、道路及立交桥的工程量（如体积、钢筋用量），并生成详细清单。通过实时数据分析，支持投资概预算与资源优化，确保项目成本控制在预算范围内，这种自动化计算不仅减少了人工操作，还能够确保算量的准确性，为项目的后续跟踪评审与施工提供数据支持（图 13、图 14）。

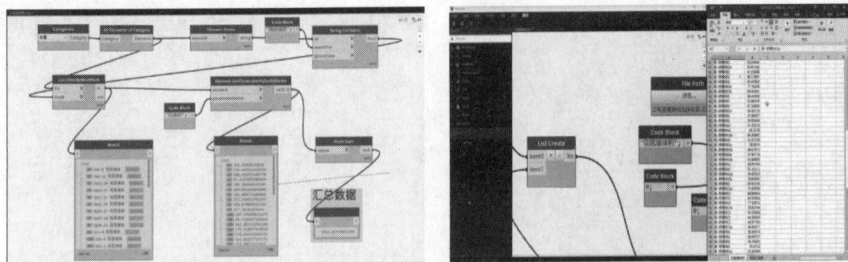

图 13　Dynamo 快速提取模型工程量并汇总

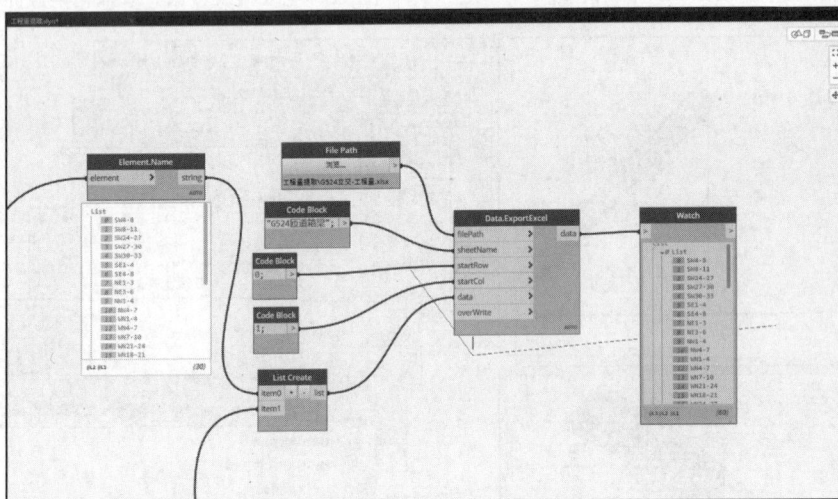

图 14　通过 Dynamo 将工程量明细导出为 Excel 文件

为了更清楚地展示 Dynamo 如何与 Revit 等 BIM 工具集成，以下是 Dynamo 与 BIM 工作流程的示意图（图 15）。

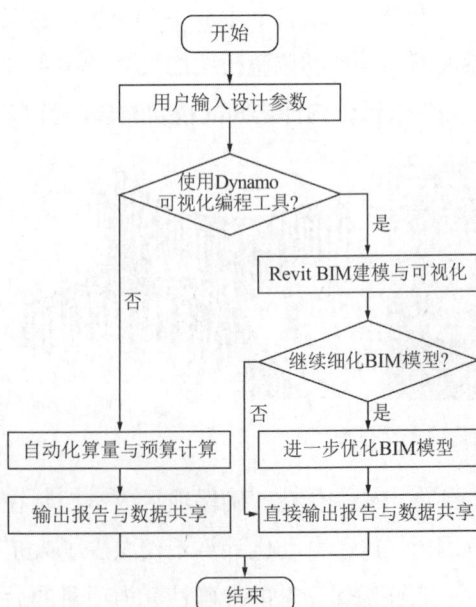

图 15　Dynamo 与 BIM 工作流程图

3　基于Dynamo的高效建模与投资管控实现

3.1　自动化建模与算量实现

Dynamo 通过脚本化编程实现高效建模与算量，为 G524 工程提供了技术突破，并提供了一种高效的自动化计算方式，通过编写脚本代码，能够自动计算项目中的体积、面积、钢筋数量等。在高铁北站项目中，这一功能对于复杂的结构如变截面箱梁、花瓶墩、变截面道路和立交桥尤为重要。以下是 Dynamo 在高铁北站项目中的算量计算应用。

3.1.1　箱梁算量计算

Dynamo 可以根据箱梁的尺寸自动计算其体积、面积、钢筋配置等。例如，以下 Dynamo 脚本可以用来计算箱梁的体积（图 16）：此方法减少了手动建模时间，确保算量数据的高精度。

```
beamLength = IN[0]  # 箱梁长度
beamWidth = IN[1]   # 箱梁宽度
beamHeight = IN[2]  # 箱梁高度
beamVolume = beamLength * beamWidth * beamHeight
OUT = beamVolume
```

图 16　示例代码（一）

3.1.2　变截面道路算量计算

变截面道路的算量计算需要根据每段道路的不同截面宽度与坡度变化，自动化计算道路的总面积。以下为 Dynamo 脚本（图 17）；此自动化流程显著提升了设计与算量效率。

```
startWidth = IN[0]  # 起始宽度
endWidth = IN[1]    # 终止宽度
roadLength = IN[2]  # 道路长度
slope = IN[3]       # 坡度
totalArea = 0
for i in range(roadLength):
    currentWidth = startWidth + (endWidth - startWidth) * (i / roadLength)
    totalArea += currentWidth * slope
OUT = totalArea
```

图 17　示例代码（二）

3.1.3　立交桥算量计算

对于立交桥的体积与表面积计算，涉及多个结构单元。Dynamo 能够通过输入桥梁的长度、宽度与高度，自动计算各项数据。以下为 Dynamo 脚本（图 18）；此方法确保了模型与算量的同步精准性。

```
bridgeLength = IN[0]  # 桥梁长度
bridgeWidth = IN[1]   # 桥梁宽度
bridgeHeight = IN[2]  # 桥梁高度
bridgeVolume = bridgeLength * bridgeWidth * bridgeHeight
bridgeArea = 2 * (bridgeLength * bridgeWidth + bridgeWidth * bridgeHeight + br
OUT = (bridgeVolume, bridgeArea)
```

图 18　示例代码（三）

3.2　投资管控优化

在计算完成后，Dynamo 能够对结果进行校验与优化，确保项目的预算目标不被超支。例如，通过以下编写脚本，Dynamo 能够判断计算的总量是否超出预算，并实时优化设计（图 19）。

```
totalBudget = IN[0]     # 预算目标
calculatedTotal = IN[1] # 计算结果
if calculatedTotal > totalBudget:
    OUT = "超出预算，需优化设计"
else:
    OUT = "符合预算要求"
```

图 19　示例代码（四）

通过这种自动化的优化与校验，能够在项目中及时发现问题，避免预算超支。

3.3 数据协同与效率提升

在多方协同的设计与施工项目中，数据共享与协同工作是提高工作效率的关键。Dynamo 通过与 Revit、Navisworks 等 BIM 软件的无缝连接，实现不同团队之间的数据共享与实时协作。

3.3.1 实时数据共享与更新

Dynamo 能够与 Revit 等 BIM 工具进行紧密集成，将项目中的所有设计数据实时同步至共享平台，确保所有团队成员都能够获取到最新的设计信息。这种实时共享机制极大地提高了团队之间的协同效率，减少了因信息滞后而导致的错误和延误。

3.3.2 协同工作与自动化生成报告

Dynamo 支持在不同团队间自动生成并分享定制化的报告。比如，结构团队可以通过 Dynamo 自动生成箱梁的计算报告，而预算团队则可以通过 Dynamo 实时更新工程量和材料清单。各方团队通过共享平台进行实时协作，确保项目目标的一致性和数据的一致性。

4 总结与展望

4.1 研究总结

本研究基于 Dynamo 的可视化编程技术，在高铁北站落客快速联络道 G524 工程中实现了复杂结构的参数化建模与自动化算量。通过技术创新，项目设计效率提升约 30%，算量误差降低至 1% 以内，投资管控精度显著提高。这些成果不仅推动了 G524 工程的顺利实施，还为高铁等基础设施的数字化建设提供了前沿范式。

4.2 技术创新与应用价值

Dynamo 的应用突破了传统 BIM 建模的局限，其自动化与参数化特性为投资管控和效率提升注入新动能。研究成果表明，该技术可广泛应用于类似复杂工程，助力建筑行业向智能化、数字化迈进。

4.3 未来展望

随着大数据和人工智能技术的融合，Dynamo 的潜力将进一步释放。未来研究可探索其与机器学习的结合，通过预测分析优化设计方案；同时，基于云计算的 Dynamo 协同平台有望实现更大规模的项目管理，实现智能建造在全球范围内的领先地位。

参考文献

[1] 李云贵, 王浩然, 张健. 基于 BIM 的高铁站房设计与施工管理研究[J]. 建筑科学, 2020, 36(8), 45-52.

[2] 张建平, 刘洋, 李琦. BIM 技术在复杂桥梁工程中的应用研究[J]. 中国公路学报, 2018, 31(5), 112-120.

[3] 王强, 陈明. 基于 Dynamo 的建筑参数化设计与优化方法[J]. 建筑结构, 2021, 51(12), 78-85.

[4] 赵刚, 李明. 高铁基础设施建设中的数字化技术应用[J]. 铁道工程学报, 2019, 41(10), 23-29.

[5] 刘芳, 张三明. 基于 BIM 的投资估算与成本控制研究: 以高铁项目为例[J]. 工程造价管理, 2022, 35(3): 19-25.

[6] 周红波, 李小龙. Dynamo 在 BIM 模型自动化生成中的应用研究[J]. 土木工程信息技术, 2021, 13(4), 56-63.

[7] 孙伟, 王宁. 基于 BIM 的复杂几何结构建模与可视化研究[J]. 建筑技术, 2019, 50(11), 124-130.

基于 DeepSeek 构建工程管理本地知识库方法探讨

卢锡雷　叶芷含　陈炫男

（绍兴文理学院土木工程学院，绍兴　312000）

【摘　要】　随着人工智能技术的飞速发展，在工程管理领域，大语言模型的深度应用已成为数智化转型的重要方向所在。本文将聚焦于工程管理场景，对基于 DeepSeek 的本地知识库构建方法进行系统研究，通过利用本地知识库实现智能检索以及决策支持。此研究成果能够为企业构建具备工程专业特性的知识管理系统给予方法论层面的指导，进而促使传统工程管理朝着数据驱动型模式逐步演进。

【关键词】　DeepSeek；工程管理；构建流程；本地知识库

Discussion on the Method of Constructing Engineering Management Local Knowledge Base on DeepSeek

Lu Xilei　Ye Zhihan　Chen Xuannan

（College of Civil Engineering，Shaoxing University，Shaoxing　312000）

【Abstract】　With the rapid development of artificial intelligence technology, the in-depth application of large language models in the field of engineering management has become an important direction for transformation. This paper focuses on engineering management scenarios, systematically expounds the construction method of local knowledge base based on DeepSeek, and uses local knowledge base to achieve retrieval and decision support. The research results provide methodological guidance for enterprises to build knowledge management systems with engineering professional characteristics, and promote the evolution of traditional engineering management to data-driven model.

【Keywords】　DeepSeek；Engineering Management；Construction Process；Local Knowledge Base

1 引言

DeepSeek 大模型本地化部署应用是人工智能具体实践的重要方向之一，是新时代我国建设科技强国的重要内容[1]。其支持私有化部署与领域定制，擅长解析非结构化文档数据（如合同、邮件、会议记录等），为构建专业化本地知识库提供可靠技术基座。当前工程管理面临两大核心问题：一是资料检索困难，表现为信息孤岛现象严重、大量非结构化文档数据因未统一管理而难以发挥价值[2]。二是资料溯源困难，具体体现为施工过程中文件收集没有随着工程建设进度同步开展，无法确保准确性与时效性，使得资料收集与工程进度脱节，跨部门协作缺失导致关键文件版本混乱，严重制约工程目标的实现[3]。本文利用 DeepSeek 构建本地知识库，通过解析非结构化文档，并进行关联索引，实现跨部门资料的精准检索与版本溯源，确保文件流转与施工进度同步，有效破解工程管理难题，从而提升工程管理效率与决策的可靠性。

2 工程管理现状

当前工程管理领域面临两大核心挑战：资料检索困难与资料溯源困难，二者直接影响工程进度、质量与责任追溯。

2.1 资料检索困难

资料检索困难是指在工程管理过程中，因纸质文件与电子文档的信息孤岛式存留、分类标准缺失、技术手段不足等，导致相关人员无法快速、精准地获取所需工程资料的现象[4]。其核心矛盾源于信息存储分散、管理流程不够完善以及缺乏有效的知识分类和组织[5]。

信息孤岛化现象尤为突出，表现为工程资料物理存储的分散性与数据格式的异构性。在实际工程管理中，设计图纸、施工方案等关键资料常常分散于设计院、施工方、监理单位等不同单位的独立系统中，且以纸质档案、本地硬盘、云端存储的多种储存介质并存，形成多重数据壁垒。这导致跨单位协作效率低下，更因数据无法实时同步与交叉验证，埋下工程变更响应滞后、质量责任追溯困难等隐患，严重制约项目全生命周期管理效能。与此同时，工程资料的文件格式具有多样性，其资料种类包括 CAD 图纸、BIM 模型，以及合同、邮件、会议记录等非结构化数据等，检索起来较为复杂。而传统检索方式存在着局限性，无法跨平台、跨格式匹配内容，使得这些资料的潜在价值未能得到充分发挥，导致不同单位间的资料沟通不畅，进一步加剧了信息孤岛现象[6]。

标准化建设滞后是另一重要诱因。尽管《建设工程文件归档规范》GB/T 50328—2014 已明确资料分类原则，但实际执行中普遍存在标签体系混乱现象。这种编码体系的混乱直接导致检索系统无法精准识别文档属性，如某房建项目因"施工日志"与"监理日志"共享同一编码，使系统误将质量验收文件归类至进度管理模块，造成监理单位的查询请求需人工二次分拣。

技术手段的更新迭代速度与工程管理需求间的断层，是导致资料检索困难的重要诱因。当前工程管理依赖的关键词检索方式逐渐暴露瓶颈，在面对复杂专业查询时力不从心，既难以满足用户精准化检索需求，也无法实现专业术语的同义关联匹配[7]。以桩基工程领域为例，中国建筑业协会 2024 年专项调研显示，当用户搜索"灌注桩"时，传统检索系统因缺乏术语关联性识别能力，无法自动关联"旋挖桩""冲孔桩"等工艺同义词，导致关键资料遗漏率高达 63%。而以 DeepSeek 为代表的大语言模型技术，则能通过语义理解实现自然语言的精准查询，其基于上下文语境的智能分析能力，可有效捕捉专业术语间的隐含关联，突破传统关键词匹配的机械性局限，从根本上提升工程资料检索的精准度与全面性。

2.2 资料溯源困难

资料溯源困难是指在工程管理中，因文件版本记录缺失、操作链条断裂或责任追溯机制失效，导致出现无法准确追踪工程数据的产生、流转、变更过程及关联责任方的现象。其本质是工程信息链的可验证性与可信度被破坏，表现为关键文件无法证明原始性、变更历史不可追溯、责任主体难锁定等，直接影响工程质量纠纷处理与安全责任认定[8]。

信息孤岛化对溯源机制有着重大的冲击，由于工程管理中设计图纸、施工方案等关键资料常常分散于设计院、施工方、监理单位等不同单位的独立系统中，造成信息孤岛现象[9]。这不仅造成物理上的信息隔绝，同时也导致了逻辑上的隔离，这种碎片化存储模式使得数据血缘关系断裂，溯源所需的关键证据链难以复原。

管理流程失控是造成资料溯源困难的原因之一，当前资料移交与审批流程的形式化运作，使得责任绑定机制在实践中逐渐失效，形成溯源风险的传导链条[10]。在资料移交过程中，管理的失控最明显的体现就是缺乏对刚性约束的纸质签收或电子化浅层交互（如仅上传扫描件而未触发数字签名）的检查，使得关键操作记录无法形成不可篡改的证据链，从而无法进行溯源。在审批流程中，层级审核常沦为"走过场"，未建立基于时间戳、操作人及修订痕迹的穿透式追溯机制，导致文件生效节点模糊[11]。更为严重的是，多方协同场景下，跨主体移交时责任边界不清，参与方默认"以档案存在代替流程合规"，忽视对文件完整性、关联

性及逻辑一致性的实质审查。这种管理失控使得溯源所需的责任主体信息、操作时序证据及变更依据链断裂，最终将技术性资料缺陷转化为系统性法律风险。

当前工程管理领域面临的资料检索低效与溯源机制失效问题，本质上是数智化转型滞后引发的管理范式冲突。传统管理模式下，多源异构数据的物理分散与逻辑隔离、标准化体系执行缺位、责任追溯技术手段匮乏等问题相互交织，形成工程管理效能提升的"复合瓶颈"。在此背景下，本文提出基于 DeepSeek 构建本地知识库的工程管理体系。通过搭建本地知识库，整合跨部门、跨格式的多源异构数据，打破数据壁垒，实现跨部门、跨格式资料的无缝关联。借助标准化编码规范文件分类与元数据，以消解逻辑层语义冲突。针对管理流程失控问题，接入智能化工具的本地知识库能够将碎片化信息结构化，准确检索资料移交、审批的操作痕迹，形成不可篡改的责任追溯链条。研究成果对提升行业数智化管理能力具有重要参考价值。

3 本地知识库

3.1 本地知识库的概念与特征

知识库（Knowledge Base）是一种结构化存储领域知识、支持高效检索与推理的技术系统，其核心目标是将分散的数据与经验转化为可计算、可复用的决策资产。本地知识库则是指部署在用户自有服务器或私有化环境中的结构化数据集合，通过整合特定领域的专业知识（如工程规范、项目文档、历史案例等），形成支持智能检索、决策辅助、高度定制化的专属数据库[12]。在工程管理领域，本地知识库的价值尤为凸显。其不仅承载通用知识管理功能，更深度嵌入项目全生命周期管理，成为推动行业从"经验驱动"向"数据驱动"跃迁的

核心引擎。本地知识库服务于企业、社区等组织的知识沉淀与共享需求，也可支持个人场景下的信息管理，其本地化部署特性相较于云端知识库，能够提供低延迟的实时响应能力，并通过数据物理隔离确保敏感信息的隐私安全，最终服务于决策支持、流程优化、问题解决等核心应用场景。由于其本地部署的特性，与传统知识库相比具有以下优势。第一，数据主权与自主控制，企业可完全掌握核心数据的存储与流转路径，如地质勘探报告、招标投标文件等核心数据全程留痕于本地服务器，避免第三方云服务的数据泄露风险[13]。第二，支持按项目阶段、部门角色定制访问权限，确保施工图纸、合同条款等敏感信息仅在授权范围内流转，满足工程行业严格的保密合规要求。第三，高效的信息检索。通过分类标签体系快速筛选专业文档（如施工图纸、验收报告），结合语义搜索实现自然语言精准查询（如输入"混凝土强度标准"自动关联规范条款），并支持非结构化文件全文检索，大幅缩短施工现场技术问题响应时间，减少人为操作错误。本地知识库具有极大灵活性，其支持自由组合开源工具与企业内部系统，可自定义文档分类规则（如关联图纸、合同与施工日志），并通过模块化设计快速调整架构，适配不同项目需求（如房建与基建差异），实现从 PC 端到移动端的多场景灵活调用。

3.2 基于 DeepSeek 构建本地知识库的优势

DeepSeek 在本地化知识管理领域展现出显著优势。体现在数据安全保障、深度定制化与行业适配、技术性能与成本优势等多个方面。首先，DeepSeek 有更好的中文场景优化与长文本处理[14]。国际模型（如 GPT、Claude）对中文语义理解弱于英文，且长文本处理易丢失关键信息。而 DeepSeek 通过中文语义增强技术深度理解中文语法、成语、行业术语等，

优化了复杂长文本理解能力，能够精准解析工程领域的专业术语、技术文档和多模态数据，解决了通用模型在中文场景下的语义偏差问题。其次，DeepSeek 有更强合规性与可控性。国际模型（如 GPT）可能因政策限制无法在境内使用，且缺乏符合中国法规的内容过滤机制。而 DeepSeek 的纯本地化部署方案严格遵循《中华人民共和国数据安全法》《生成式人工智能服务管理暂行办法》等法律法规，内置敏感词过滤和内容审核模块。所有数据处理均在本地服务器完成，从根本上杜绝云端传输风险，满足工程数据不出域的合规需求[15]。同时，DeepSeek-R1 的表现优于 ChatGPT 等通用模型，且调用成本与 OpenAI 相比大大降低[16]。采用开源技术架构（MIT 协议），企业可自由调用底层模型并进行二次开发，显著降低授权成本，单节点部署费用相比同类产品大大降低[17]。DeepSeek 的深度定制化能力突出，允许用户基于企业需求进行模型调优，整合行业术语或内部知识库。其强化学习驱动的推理能力在金融、医疗等领域表现突出，文本解析准确率超过 90%，显著降低人工审核成本[18]。

综合以上原因，DeepSeek 凭借数据安全、定制化能力、技术性价比及行业适配性，成为构建本地知识库的理想选择，尤其适用于对工程管理这类隐私保护和专业场景有高要求的领域。

4 构建本地知识库

4.1 构建本地知识库的方法

当下，构建本地知识库存在多种途径，主流方法如下：

（1）使用 FastGPT：需要配置 Docker 环境，创建"docker-compose.yml"文件来启动服务。

（2）使用 Ollama 和对话界面软件：安装

Ollama，配置远程服务（可选），然后安装 DeepSeek。

（3）使用 RAG 技术：结合 DeepSeek 模型和 RAG 技术，通过检索增强生成来提升模型的检索和生成能力。

（4）使用 Cherry Studio 和硅基流动：支持多种 AI 模型的 API 接口，方便用户在本地进行模型的调用和管理。

以上方案都能显著地构建本地知识库，其方法对比如表 1 所示。

构建本地知识库方法对比 表 1

方法	优势	缺点
FastGPT	（1）开源且功能全面，支持工作流编排和多种数据导入 （2）本地部署保障数据安全，支持私有化知识库	（1）依赖 Docker 环境，部署复杂 （2）需手动调整配置文件和模型参数，技术门槛较高
Ollama + 对话界面软件	（1）轻量化部署，适合非技术用户 （2）支持多种本地大模型和 RAG 框架集成	（1）中文支持较弱 （2）处理复杂任务时性能受限 （3）依赖本地硬件资源
RAG 技术	（1）动态数据更新能力强，无须频繁重训模型 （2）成本效益高，减少云端依赖	（1）依赖外部 LLM 模型 （2）灵活性受限，需结合向量数据库和嵌入模型
Cherry Studio + 硅基流动	（1）支持多模型 API 集成（如 DeepSeek） （2）私域部署保障隐私，提供免费资源	（1）分高级功能需付费 （2）特定生态系统有一定的依赖，需要用户适应其特定的操作流程和环境

这些方案当中，Cherry Studio + 硅基流动 + DeepSeek 的组合方案具有显著的优势。在硬件要求方面，Ollama 等本地部署对硬件要求高，而 Cherry Studio + 硅基流动 + DeepSeek 的组合方案通过云端 API 调用，降低本地硬件要求。部署上，其他方法如 FastGPT 需配置 Docker 等复杂过程，而该方案快速，通常 1min 内完成。成本上，硅基流动提供免费资源，降低学习和开发门槛，其他方法可能需额外硬件或更高成本。稳定性上，API 调用更稳定，避免网页版卡顿，本地部署需更多维护。安全性上，该组合方案开源，企业可审计源代码，确保安全。综上所述，Cherry Studio + 硅基流动 + DeepSeek 的组合方案在硬件要求、部署难度、成本、稳定性和安全性等方面都具有明显的优势，是构建本地知识库的更优选择。

4.2 构建本地知识库流程

本地知识库构建过程主要分为下载 Cherry Studio、添加对话框及对话模型、添加嵌入模型、新建&测试&更新知识库几个步骤，构建流程如图 1 所示。

首先，在官方网站下载 Cherry Studio，完成后添加对话框模型，选择 DeepSeek-R1。在硅基流动官网注册并登录，生成并且复制 API 密钥至 Cherry Studio 的设置界面，之后检查 DeepSeek-R1 模型是否存在，若不存在则需要重复"硅基流动官网注册登录"这一步骤。

在检查模型通过后便添加嵌入模型至 Cherry Studio。添加后需新建知识库并且更改知识库为所需的名称，与此同时，将要添加的知识库文件进行整理、预处理、分类、编码，形成文件库。在知识库构建之后检查是否有嵌入模型，若没有则需重新添加。进而将开头准备好的文件添加到知识库并完成向量化。在添加文件后添加对话框并配置对话模型，此时本地知识库已构建完成。完成知识库构建后对其进行测试，检验是否满足需求。测试方法为模糊查询与多轮对话，模糊测试即对知识库进行提问，测试首条回答的匹配度，在模糊测试后进行多轮对话，连续三次追问细节，检查其上下文的连贯性。通过模糊查询与多轮对话保证知识库的检索性能与数据覆盖。通过测试后对知识库进行更新与使用。在使用时首先要选择

所需要的问答模型，一般选择 DeepSeek-R1，同时选择需要的知识库，在选择需要的模型以及知识库后便可以输入问题，等待答案输出。至此，本地知识库从构建到使用的全流程便构建完成。

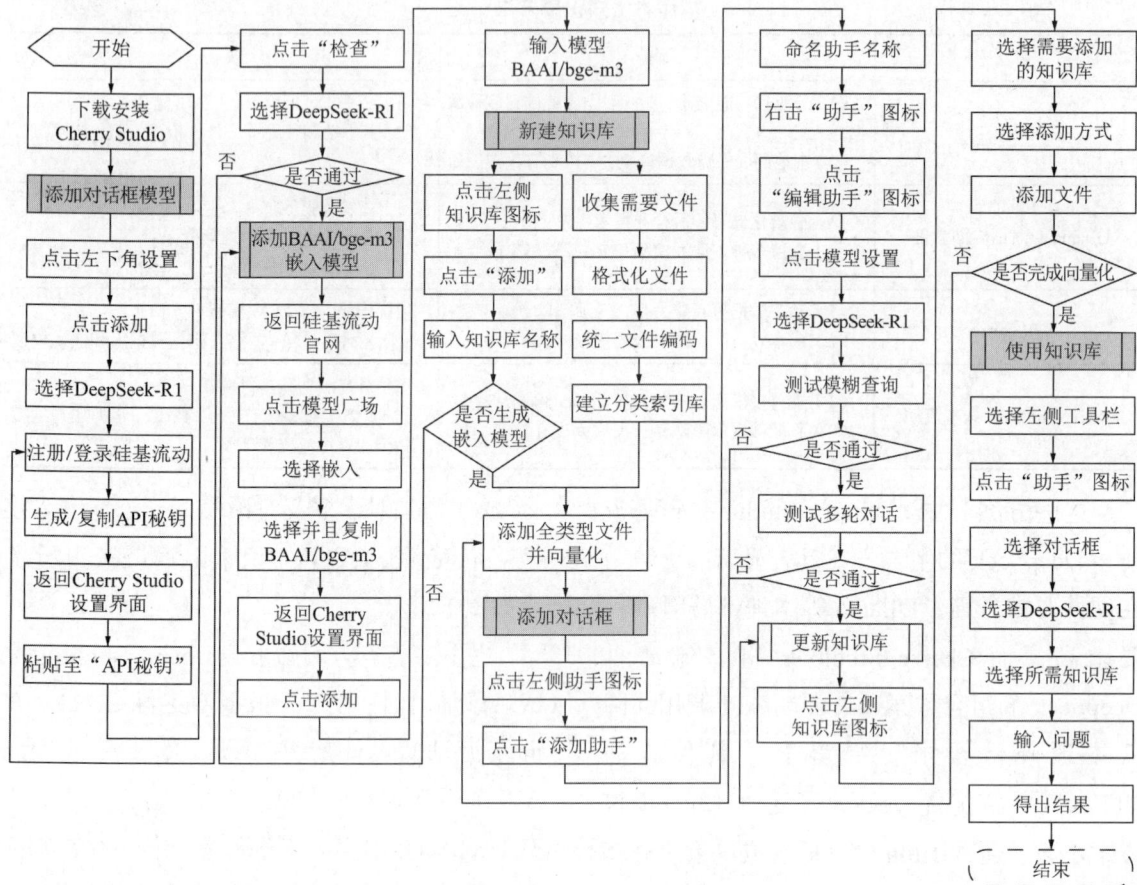

图 1　基于 DeepSeek 构建本地知识库流程图

5　本地知识库效果检验

在构建本地知识库后，其应用效果可通过检索精准度提升、溯源能力强化等维度进行验证。在知识库构建完成后我们准备需要检索的文件。依照上文的流程图，首先收集工程项目内部外部的所有文件，然后对收集到的资料进行预处理（删除空白文档与重复文件，敏感信息脱敏、扫描件 OCR 识别、碎片化文件整合等），去除明显错误。此后对文件进行统一编

码，编码格式统一规定为"名称—版本—日期—负责人"。由于建设工程的资料数量众多，我们根据流程牵引理论中的"九阶十二段"[19]对资料进行分类整理。在文件准备完成后添加文件并且向量化。通过对文件的细化准备能够有效提高检索效率，提升检索性能。然后配置对话框，在对话框中提问"施工策划与准备阶段会产生什么资料？按照工程管理的步骤来回答。"等待片刻后，DeepSeek-R1 跳出其在本地知识库整理后得到的答案，如图 2 所示。

图 2 本地知识库提问效果检验图

由图 2 可见，本地知识库将施工策划与准备阶段产生的资料详细地划分为七大类，且在其中继续细分资料。本地知识库的构建方式选用了 Cherry Studio ＋硅基流动＋ DeepSeek，基于 Cherry Studio 平台调用 API，与网页版相比保证了响应的稳定性。进行提问时选择 DeepSeek-R1 推理模型读取本地知识库的数据，保证其检索性能与回答的准确度。根据问题可精准识别工程文件的专业属性、阶段归属及上下文关系，实现跨部门、跨格式的定位，提升复杂专业术语的查全率，确保检索结果覆盖工艺、技术别称等满足需求，体现出其精准性[20]。同时，整个流程完整记录施工准备阶段的全生命周期操作痕迹，标准化编码体系确保每个文件具备唯一身份标识，可快速定位审批流程、操作人员及历史修订记录，实现从碎片信息到完整证据链的转化。七大类知识形成一条管理流程，通过电子流程驱动与规则校验机制形成闭环管理，优化了工程资料的管理流程。

6 总结

本文针对工程管理领域普遍存在的信息检索效率低下与资料溯源可信度不足问题，提出基于 DeepSeek 构建本地知识库的解决方案。对比多种构建方法后，采用 Cherry Studio 与硅基流动的组合方案构建工程管理本地知识库，通过整合多源异构数据、规范分类编码体系等方法，有效打破部门间信息孤岛，实现跨平台精准检索与全流程溯源。实际检验表明，该知识库能精准识别专业术语关联性，将碎片化文档转化为结构化证据链，有效提升施工文件管理效率与决策可靠性。本研究为工程管理数智化转型提供了可落地的技术路径，兼具数据主权保障与成本效益优势。

参考文献

[1] 杨骏, 李长健. DeepSeek 大模型本地化部署应用: 功能检视、新兴风险及治理路径[J]. 统一战线学研究, 2025(3): 1-14.

[2] 张俊瑞, 张颖, 董南雁. 数据资产管理研究评述与未来研究方向探索[J]. 现代财经(天津财经大学学报), 2024, 44(11): 22-38.

[3] 安元. 水文基础设施工程建设管理工作探讨[J]. 东北水利水电, 2025, 43(3): 31-33.

[4] 黄怡. 水务工程项目档案信息化建设管理思路分析[J]. 大众标准化, 2024(15): 154-156.

[5] 曾博文, 林子祯, 辛鸿基. 核电设备管理领域知识管理系统的构建探究[J]. 中国新通信, 2024, 26(5): 65-67, 70.

[6] 江渐蕾. 浅析媒体素材的智能标签与跨模态检索技术和应用[J]. 现代电视技术, 2024(8): 79-83.

[7] 刘越男, 钱毅, 王平, 等. 挑战与展望: DeepSeek 对档案工作的影响及应用前景[J]. 浙江档案, 2025(2): 5-13.

［8］ 郭蕊. 对《建设工程文件归档规范》(GB/T 50328—2014) 修订的建议[J]. 档案学研究, 2017(5): 65-68.

［9］ 王文倩, 赵福祥. 成效导向下老旧小区雨污分流改造工程质量的调查分析[J]. 水利技术监督, 2025(1): 10-14.

［10］ 赵枫. 关于国有企业电子招标投标模式下电子档案应用的思考[J]. 经济师, 2022(1): 292-293, 295.

［11］ 王景云, 罗浩. 数字赋能中华文化传承发展的时代价值、目标愿景与运行策略[J]. 北京联合大学学报(人文社会科学版), 2024, 22(4): 8-16.

［12］ 朱俊仪, 朱尚明. 利用检索增强生成技术开发本地知识库应用[J]. 通信学报, 2024, 45(S2): 242-247.

［13］ 张婉蒙, 陈刚. 工业互联网标识解析技术在乳制品行业的应用研究[J]. 物联网技术, 2024, 14(1): 67-70.

［14］ 魏钰明, 贾开, 曾润喜, 等. DeepSeek 突破效应下的人工智能创新发展与治理变革[J]. 电子政务, 2025(3): 2-39.

［15］ 李志, 骆行. 智能革命下的人力重构: DeepSeek、Manus 类生成式人工智能对人力资源市场的挑战、影响及治理研究[J]. 重庆大学学报(社会科学版), 2025(4): 1-13.

［16］ LIU A X, et al. DeepSeek-V3 technical report[Z]. 2024.

［17］ 李丽. 大语言模型视角下 DeepSeek 赋能高校图书馆学科服务研究[J]. 图书馆建设, 2025(3): 1-13.

［18］ GUO D Y, et al. DeepSeek-coder: When the large language model meets programming the rise of code intelligence[Z]. 2024.

［19］ 卢锡雷. 流程牵引目标实现的理论与方法: 探究管理的底层技术[M]. 北京: 中国建筑工业出版社, 2020.

［20］ 陈少志, 李平. 专业出版社垂直大模型赋能融合出版流程再造: 机理与路径[J]. 中国编辑, 2025(3): 1-12.

工程管理教育与专业发展

Engineering Management Education &
Professional Development

智能建造背景下应用型高校工程管理专业教学改革现状调研

严小丽　金　昊

（上海工程技术大学管理学院，上海　201620）

【摘　要】　为了应对智能建造对工程管理专业人才培养带来的新挑战，各应用型本科院校开展了针对性教学改革。本研究以某地区应用型高校师生为调研对象，调查当前工程管理专业为应对智能建造变革所进行教学改革的现状，剖析当前工程管理专业人才培养中尚存在的问题，进而提出通过明确专业定位与发展思路、提升师资能力、重构课程体系、深化产教融合等维度协同发力推动工程管理专业健康发展，从而满足智能建造对高素质应用型工程管理人才的需求。

【关键词】　智能建造；应用型高校；工程管理专业；发展现状；人才培养

Research on the Teaching Reform Situation in Engineering Management Major of Application-Oriented Universities under the Background of Intelligent Construction

Yan Xiaoli　Jin Hao

（School of Management，Shanghai University of Engineering and Technology，Shanghai　201620）

【Abstract】　In order to cope with the new challenges brought by intelligent construction to the education of Engineering management professionals, application-oriented undergraduate colleges have carried out corresponding teaching reforms. This study takes teachers and students from applied universities in a certain region as the research objects, investigates the current situation of teaching reform in the engineering management major to cope with the intelligent construction revolution, analyzes the problems existed, and proposes to promote the healthy

本研究受 2023 年度上海高校市级重点课程建设项目（S202303003）、2025 上海工程技术大学产教融合示范专业（z202503002）、2025 年上海工程技术大学产教融合虚拟教研室建设项目（r202503005）资助。

development of engineering management major through clarifying the professional positioning and development ideas, upgrading the teaching staff capacity, reconstructing the curriculum system, deepening the integration of industry and education, and other dimensions to meet the demand for high-quality applied engineering management talents in intelligent construction.

【Keywords】Intelligent Construction ； Application-Oriented Universities ； Engineering Management Major；Development Status；Talent Training

1 引言

建筑业是国民经济的支柱产业，智能建造的兴起，已成为建筑业发展的必然趋势，是推动建筑业高质量发展的关键力量。智能建造以数字化和智能化为特征，融合了各类智能建造技术与工程建造过程，强调新信息技术与建设工程要素资源的深度融合，具有多学科交叉、实践性和创新性强的特点，对工程管理专业人才的综合性知识结构和体系、创新和实践应用能力等提出了更高的要求。同时，与学术型人才相比，应用型人才更注重知识应用能力；与技能型人才相比，应用型人才更强调文化素养与专业基础知识。应用型本科院校需与研究型大学、高职院校形成错位竞争优势，服务区域经济社会发展。

高水平专业人才是支撑智能建造变革的核心力量。高校作为人才培养的主要载体，目前应用型高校师生对智能建造发展的理解和接受度如何？应用型高校人才培养方案是否已经针对智能建造的需求进行了调整？相关的实验室等支持配套是否已经跟上？智能建造背景下工程管理专业应该如何发展？这些问题亟待解决。有必要通过调研，充分了解当前应用型工程管理专业应对智能建造变革背景下人才培养的现状，从而针对性提出改进对策，以适应智能建造对人才培养的需求。

2 调研问卷设计思路与调研开展

为了解应用型高校工程管理本科专业应

对智能建造变革的发展现状，本研究在调查对象与方式上进行了系统设计。调查对象分为两类，即专业教师与学生，以获取多元视角信息。在调查方式上，采用匿名问卷调查与非正式访谈相结合。问卷调查以客观选择题为主，主观题为辅，便于数据统计与分析。非正式访谈则通过一对多和一对一的形式进行，以主观问答题为主，旨在获取问卷调查无法获得的深层次信息及其背后原因，对问卷形成有益补充。

本研究的问卷通过问卷星平台发布，回收后进行分析。参与问卷调查的高校共七所，基本覆盖某地区应用型高校工程管理专业。共回收教师问卷 53 份，学生问卷 361 份。

3 调查问卷结果分析

3.1 工程管理专业教师调查结果

3.1.1 基本信息

参与调研的教师中，女性占 63%，31～50 岁者占 79%，硕博学历达 100%（博士 74.42%）。中级职称 49%，高级职称 47%。8 年以上教龄者 63%（15 年以上 40%）。

3.1.2 针对智能建造发展所进行的教学变革

90.7% 的教师对智能建造"非常熟悉""熟悉"或"一般了解"，62.79%"非常熟悉"或"熟悉"；约 9.3%"完全不了解"或"没听说"；74.42% 的教师已将或计划将智能建造相关内容融入课程，20.93% 未纳入且无计划，4.65% 认为无须纳入；83.72% 的专业已修订培养计划（60.46%

少量修订，23.26%较大修订），9.3%正计划修订，6.98%无计划。修订内容主要是更新课程大纲（36%）、增加智能建造课程（44%）和改革实践环节（17%）；83.72%的专业已对实验室进行改造（69.77%少量改造，13.95%大幅度改造），9.3%正计划改造，6.98%无计划。智能建造背景下专业变革现状如图1所示。

业脱节（83.72%），学科建设未面向产业需求（79.07%），激励机制与资金投入不足（69.77%），人才培养理念滞后（55.81%）。同时，认为改革的着力点包括：改革人才培养理念、目标（81.4%）；改革课程与实践教学体系、深化产教融合（并列第二）；推进创新创业教育（62.79%）。存在问题的原因和改革着力点如图2、图3所示。

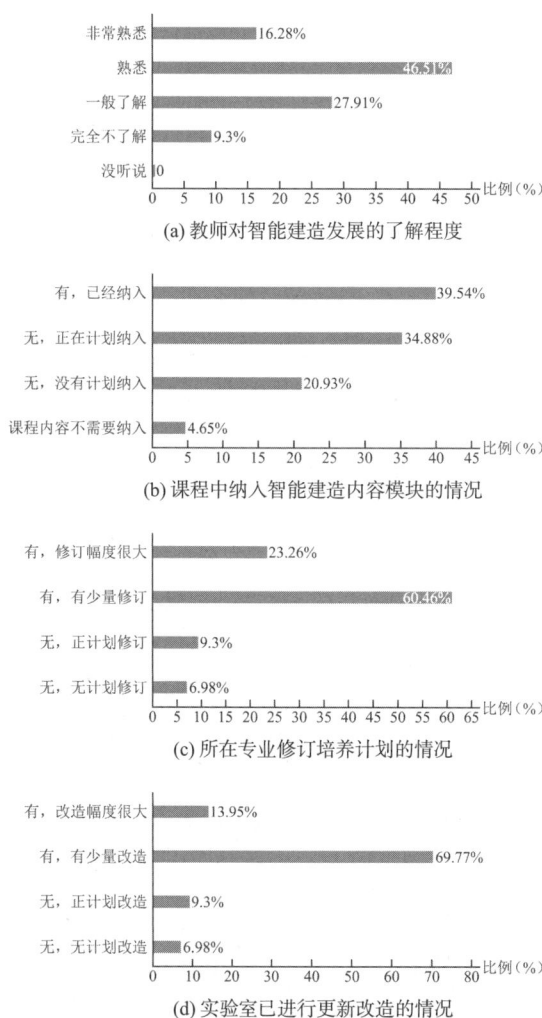

图1 智能建造背景下专业变革现状

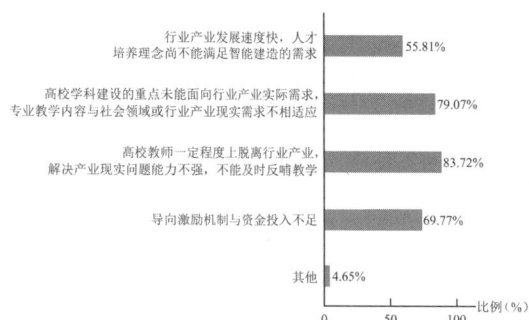

图2 存在问题的原因

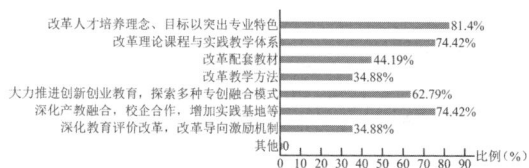

图3 改革着力点

3.1.3 智能建造背景下人才培养模式存在的问题及改革的着力点

教师们普遍认为人才培养目标同质化严重、特色不明显；对应用型、创新型、实践型人才培养力度不足；忽视学生主体能动性；产教融合不够。教师们认为问题的原因包括，高校教师与产

3.1.4 对产教融合的相关观点

83%的教师认为校企合作有一定效果（74%认为有进步，9%认为效果非常好），26%认为效果不佳或不清楚。促进建议方面的途径包括：校企合作开展实习实训（93%），产教融合课程设置（79%），产学研合作（72%）。

3.1.5 对专业发展前景的看法

42%的教师认为智能建造背景下人才需求将大幅增加，26%的教师认为会少量增加，12%的教师认为保持不变，2%的教师认为会减少，18%的教师认为专业前景由宏观环境决定。

3.2 工程管理专业学生调查结果

3.2.1 基本信息

由于涉及对专业课程、就业等方面的调

研，本次调研主要针对大三、大四学生，回收问卷中男同学占63%，女同学占37%；大三学生占70%，大四学生占30%。

3.2.2 对智能建造的了解

大三、大四学生中，26.05%对智能建造非常熟悉或熟悉，55.56%一般了解，18.01%不了解，0.38%的学生选择其他。44.45%的学生认为课程中智能建造相关内容（如教材/教师讲授等）占比为10%~50%（含），8.81%认为超过50%，7.28%认为没有任何课程涉及，9.96%的同学不清楚。学生对智能建造的了解状况如图4所示。

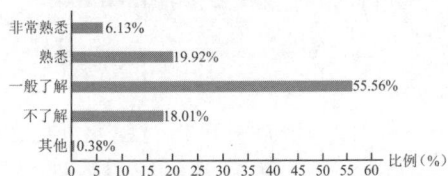

(a) 学生对智能建造的了解程度

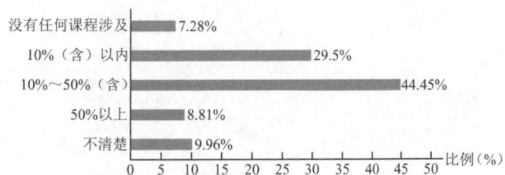

(b) 学生认为课程中智能建造内容的融入比例

图4 学生对智能建造的了解状况

3.2.3 对培养方案的了解与满意程度

接近70%的学生大概了解本专业人才培养目标与特色，10%非常了解，20%不了解；超50%的学生对人才培养效果满意，38%感觉一般，3%不大满意，3%非常不满意。不满意的主要原因并列第一的是"培养方案需优化""教学内容与方法陈旧"和"实践机会缺乏"，其次是"教学设施不足"和"师资力量薄弱"。学生对培养方案不满意的原因如图5所示。

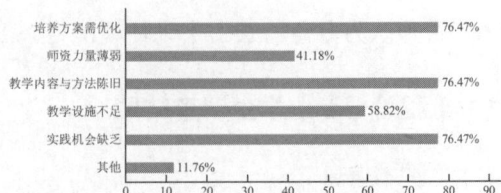

图5 学生对培养方案不满意的原因

3.2.4 产教融合参与情况与效果

在参与产教融合方面，37%的学生参与过校外实习/实践活动，63%未参与。参与方式中，自己创造机会参加的占59%，校内实习/实践课程安排占41%，学校产学合作/小学期安排占28%，企业导师项目占13%；在校外活动频率方面，54%的学生认为学校偶尔邀请校外人员进校讲座/职业指导，33%认为经常邀请，6%认为未开展相关活动，7%不清楚；在活动效果认可度方面，近90%的学生认可校外实习/实践或校外专家进校活动效果，其中54%认为效果较好，34%认为效果很好，16%认为效果一般，9%认为没效果；在学校采取措施进行效果评价方面，77%的学生认为学校通过大学生创新/创业项目提升学生能力，69%选择组织专业性赛事，54%选择校企合作/产教融合项目，8%认为学校未采取措施，6%不了解情况。

3.2.5 对智能建造背景下新需求等的了解

在智能建造背景下对人才能力新需求了解方面，超60%的学生认为智能建造背景下，行业对工程管理专业人才在知识体系多元化、实践应用能力、创新能力、新技术应用能力等方面有新需求，比例为62%~74%，9%不了解情况；在就业领域了解方面，44%的学生认为比较了解当前工程管理人才需求的就业领域、单位和岗位，8%非常了解，42%不太了解，6%完全不了解；在人才需求趋势方面，32%的学生认为智能建造背景下应用型高校工程管理人才需求量将大大增加，33%认为会少量增加，11%认为保持不变，认为减少、不定和不清楚的学生分别占7%、9%、8%。

4 智能建造背景下应用型高校工程管理教学改革存在的不足及原因分析

调研结果显示，当前应用型高校工程管理专业应对智能建造变革的教学改革取得了一定的成效，如绝大多数专业已经修订培养计划，绝大多数教师已经或计划将智能建造相关内容融入课程，学生对培养效果较为满意，但尚存在一些不足。师生参与改革的积极性与成效尚低于预期，暴露出专业转型一定程度上滞后于行业发展的现实。这种"行业奔跑而教育踱步"的失衡局面，导致培养效果与智能建造对人才需求存在一定的不匹配。

4.1　存在的不足

4.1.1　人才培养目标亟须完善优化

当前工程管理专业人才培养模式在多个方面存在不足。在专业培养目标方面，同质化严重，特色不明显，对应用型、创新型、实践型人才培养力度不够，与研究型、高职专科等区分度不高。部分工程管理专业未充分考虑智能建造发展趋势和行业需求，未将智能建造相关知识、技术和实践能力纳入培养目标，导致学生毕业后难以适应行业发展。在人才培养目标实现方法上，重视外因条件建设，忽视学生自身主体能动性的开发和激励。在人才培养目标实现手段上，缺乏以社会需求为导向的产教融合。目前，尚有9%的院校将针对智能建造发展修订培养计划，7%的专业无计划修订培养计划。超6%的学生对人才培养效果不满意，主要原因是培养方案需优化、教学内容与方法陈旧、实践机会缺乏。7%的专业无计划修订培养计划，7%的学校未计划改造专业实验室，表明部分学校应对产业变化步伐较慢。

4.1.2　课程体系、教学模式和方法需要改革

智能建造发展对工程管理人才综合性知识结构和体系、创新和实践应用能力要求迫切，高校智能建造教学内容虽有增加，但专业相关知识体系和教学内容的系统性整合与变革尚未完成。专业课程体系缺少智能建造相关课程和实践环节，缺乏智能建造内容模块，尚未构建完成涵盖各交叉学科、保证广度和深度的课程体系，难以适应行业转型升级要求，亟须系统整合和变革。例如，21%的教师尚未且无计划将智能建造相关内容纳入教学内容，5%的教师认为无须将智能建造相关内容纳入教学内容，导致56%的学生对智能建造前沿了解程度为"一般"，18%的学生"不了解"。

4.1.3　实践设施、教学形式和深度需要完善，产教融合需要深化

在实践教学与产教融合方面，缺乏工程管理全过程、系统性实践教学形式，难以满足智能建造对专业实践能力的新要求。工程管理专业实验室功能定位单一，缺乏全过程仿真实践教学平台，不利于提高学生综合实践能力。建筑实操基地等硬件设施不完善，施工企业项目工地配合不力，导致实践环节介入深度不足，学生难以深入工程实践提高实践能力。学生实践的管控要求与纪律部分流于形式，执行不严，影响实习效果。

4.1.4　师资力量有待提高

教师是教学改革的核心执行者。智能建造背景下，工程管理专业人才培养对师资队伍的知识结构、教学方式和信息技术应用能力提出新要求。多数教师毕业于土木工程或管理科学与工程专业，学科背景单一，缺乏智能建造所需的计算机、自动化等跨学科知识储备；部分教师存在"从高校到高校"的职业生涯路径，对智能建造现场管理、数字化工具应用等实操场景认知相对薄弱；且针对教师的智能技术培训多为短期讲座或证书考试，缺乏系统化、持续性的能力提升机制，难以支撑课程内容的实质性更新。如9%的专业教师完全不了解智能建造发展背景，21%的教师未将新知识体系纳入课程内容；学生角度，7%的学生认为专业课程未涉及智能建造内容，30%的学生认为涉及内容在10%以内。

4.2　原因分析

应用型高校工程管理专业在应对智能建造发展所表现出的一定的教学变革迟缓、成效不足及应对滞后性，是多重因素共同作用的结果。这些因素既包括外部环境的快速变化，也涉及高校内部体制机制、师资能力、学科建设及人才培养理念等方面的深层次问题。

4.2.1　行业技术迭代迅猛，学科建设与行业需求存在一定滞后性

当前工程管理专业教育服务的对象正在发生根本性转变，已从传统建筑产业向智能建造转变。智能建造的快速发展使得行业对人才的能力需求呈现动态演进特征。然而，高等教育固有的培养周期与课程体系更新机制导致专业教学内容难以同步行业最新实践，一定程度上形成了"行业已进化，课堂仍传统"的被动局面。部分高校对智能建造的颠覆性影响认知不足，未明确区分"智能建造管理"与传统工程管理的差异，仍沿用传统工程管理培养框架，课程体系中跨学科课程（如 Python 编程等）未能与核心专业课程（如工程项目管理、施工组织）有机融合，缺乏真实项目驱动的综合实训等。

4.2.2　激励机制与经费投入不足，改革内生动力匮乏

高校教学改革往往依赖政策引导与资源支持。智能建造相关的实验室建设、软件采购、师资培训等需大量投入，但当前多数应用型高校存在经费分配不足的问题，部分高校面临"巧妇难为无米之炊"的困境；教师参与教学改革、校企合作等实践性工作难以获得实质性认可，导致教师投身改革的积极性不足；企业因各种综合因素限制与考量，对深度参与人才培养的意愿有限，产教融合流于形式。

4.2.3　组织管理协同不足，改革推进缺乏系统性

教学改革涉及培养方案修订、师资调配、资源整合等多环节，但部分高校内部仍存在一定的部门壁垒，工程管理专业归属土木学院或管理学院，与计算机、人工智能等院系的合作机制不畅，导致课程开发与师资共享难以落地；部分高校仅通过增设 1～2 门智能建造课程或举办零星讲座应对变革，未能从专业定位、课程体系、评价标准等层面进行顶层设计，改革效果有限。

综上所述，应用型高校工程管理专业改革滞后的根源在于行业快速进化与教育系统慢响应之间的矛盾，以及内部体制机制僵化与外部需求灵活化之间的冲突。

5　智能建造背景下加速应用型高校工程管理本科发展的对策

为了改善智能建造背景下应用型高校教学改革的效果，需要在优化资源配置、调整经费投入结构、改革评价体系、激发教师参与改革动力等保障下，从以下方面加速推进应用型高校工程管理的发展。

5.1　明确专业定位，理顺专业发展思路

5.1.1　专业定位

工程管理专业作为实践性极强的专业，应围绕区域与行业经济发展需求，培养能深入社会基层的应用型人才，与研究型大学形成错位竞争优势，依托区域经济或行业特色，解决地区经济或行业发展急需问题，保持教育与经济建设同步。首先，顺应建筑业发展潮流，如智能建造、建筑工业化、数字建造和绿色建造等新兴领域，提前布局以应对行业新需求与变化；其次，契合人工智能时代对人才的要求，包括新技术应用、跨学科能力、创新思维、数据分析、软技

能和道德伦理等方面；再次，满足高等教育发展对人才的需求；最后，至关重要的是，贴合应用型高校自身定位与特色。应用型本科院校应以"应用"为核心，直接服务社会，发挥学校特色，科学定位，因校制宜，因专业制宜。

5.1.2 专业发展思路

智能建造背景下应用型本科院校工程管理人才培养模式改革路径如图6所示。

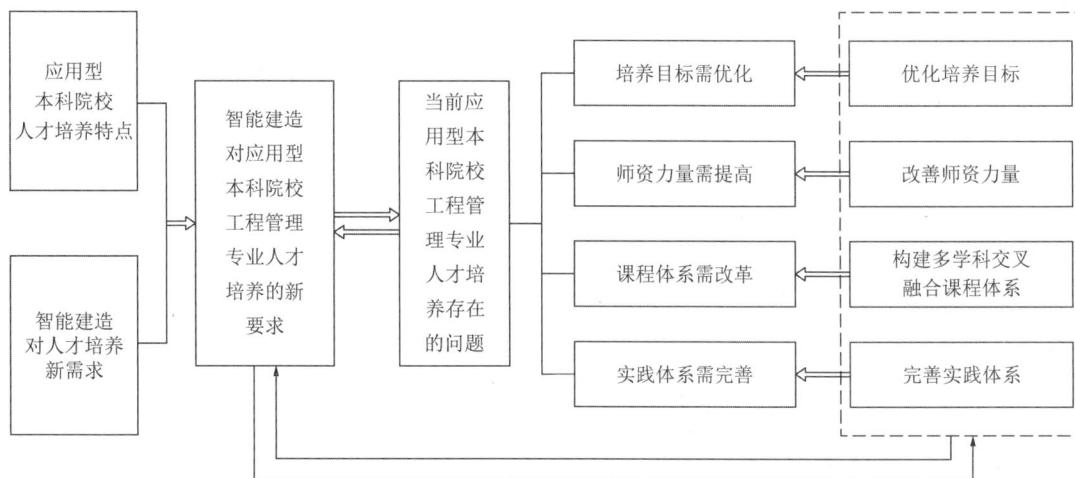

图6 智能建造背景下应用型本科院校工程管理人才培养模式改革路径

针对现存问题，需结合最新教育教学理念，探索智能建造背景下应用型工程管理专业人才培养目标与实施措施。在制定培养方案时，明确专业发展面临的智能建造背景与形势对人才培养的需求，结合学校定位和专业基础条件，基于成果导向的OBE教育理念，遵循"反向设计"原则，制定区别性、差异化、针对性的培养目标。具体而言，应用型本科院校应根据自身特色和发展背景，灵活差异化定位培养目标，形成鲜明办学风格。关键在于明确办学定位、凝练办学特色、转变办学方式，将办学思路转向服务地方经济社会发展、拓展产教融合、培养应用型与技术技能型人才、增强学生就业创业能力上来。

5.2 提升师资能力，打造跨学科复合型教学团队

师资是应对智能建造变革的关键因素。首先，组建校内跨学科教学团队。打破院系壁垒，联合计算机、自动化、人工智能等学科教师，

共同开发智能建造交叉课程，如"BIM与Python编程""智慧工地与物联网技术"等，定期组织跨学科教学研讨，促进知识融合与教学方法创新。其次，建立系统化师资培训体系，联合行业协会等机构，重点培养教师的BIM技术应用、Python数据分析、智慧工地管理等能力，鼓励教师参与"1+X证书制度"等各类培训，提升教师教育教学能力；此外，构建"校内+行业"双导师制，引进企业工程师、智能建造项目经理担任兼职教师，承担实践课程教学或联合指导毕业设计。实施"教师企业挂职计划"，每年选派骨干教师进入智能建造标杆企业进行实践锻炼。

5.3 重构课程体系，构建"智能+管理"融合培养模式

面向智能建造发展需求，融合人工智能、BIM技术、CIM技术、装配式建造、可持续建造等信息化、工业化知识模块，将工程管理专业传统的"技术、经济、管理、法律"四大知

识模块升级拓展为"4+智能建造技术"的课程体系，同时重塑课程理念、重构课程目标、更新课程内容、重整课程序列，形成交叉融合的课程体系。如在传统工程管理课程（如土木工程、施工技术、工程项目管理、工程造价）基础上，增设"智能建造技术"与本课程内容结合的模块，更新课程内容；将 BIM、GIS、数字孪生、低代码开发等工具嵌入核心课程，引入行业主流软件，引导学生掌握企业实际应用技术，例如在《施工组织设计》中要求学生使用 BIM 进行 4D 施工模拟，强化数字化工具应用等。

5.4　深化产教融合，构建"真实场景＋企业协同"的实践体系

智能建造背景下，应用型本科高校工程管理专业需重视实践教学，将学生创新能力与实践能力培养作为提高专业竞争力的关键。通过增加硬件投入，改善校内实验室实践条件、拓展与产业合作途径、加强产教融合等方式，构建和优化学生实践创新能力培养体系。

校内，建设虚实结合的实践教学环境，建设智能建造工法实验室，配备装配式建筑构件、智能监测设备等，供学生进行实操训练，同时利用 VR/AR 技术构建智慧工地、建筑机器人操作等虚拟实训场景；校外，推行"以赛促学、以证促能"，组织学生参加各类全国性专业大赛，提升技术应用能力。同时，与行业领军企业共建"产业学院"，进行产教融合专业建设，推动学生深入产业实践锻炼，提升学生实践应用能力，更好地满足企业需求。

6　结语

调研显示，当前应用型高校应对智能建造所进行的教学改革取得了一定的效果，但尚存

在教学变革较为迟缓、成效不足及应对滞后的情况，反映了多重因素共同作用的结果。面对智能建造技术的快速变革，应用型高校工程管理专业必须突破传统培养模式的桎梏，通过系统性改革构建适应行业需求的人才培养体系，在资源配置优化的基础上，从明确专业定位与发展思路、提升师资能力升级、重构课程体系、深化产教融合等维度协同发力。唯有建立"行业—教育"动态响应机制，才能培养出具备数字化思维、智能技术应用能力和工程管理核心素养的复合型人才，真正实现专业建设与产业变革的同频共振。

参考文献

［1］兰峰, 高志坚, 宁文泽, 等. "主动面向、科教融合、双轮驱动"：工程管理专业新工科改革与引领的探索实践[J]. 高教学刊, 2024, 10(5): 30-34.

［2］王初生. 财经类高校工程管理专业 BIM 课程体系构建研究[J]. 高等建筑教育, 2023, 32(4): 120-127.

［3］张恒, 郑兵云, 唐根丽, 等. 面向智能建造的工程管理专业 BIM 实践教学[J]. 高等工程教育研究, 2021(3): 54-60.

［4］袁竞峰, 李启明, 徐照. 面向智慧建造的工程管理人才培养模式构建[J]. 教育教学论坛, 2021(28): 185-188.

［5］钱应苗, 余梦媛, 袁瑞佳, 等. 面向智能建造的工程管理专业创新型人才培养模式研究：基于定性比较分析法(QCA)的实证分析[J]. 江西理工大学学报, 2022, 43(5): 72-80.

［6］郑兵云, 张恒, 钱应苗. 新工科建设与智能建造双重驱动下工程管理专业创新型人才培养路径研究[J]. 长春师范大学学报, 2021(12): 147-149, 181.

［7］教育部高等学校工程管理和工程造价专业教学指导分委会. 工程管理专业发展报告(2022年)[Z]. 2022.

智能建造背景下工程管理专业教学改革探索

【摘　要】　智能建造是当前建筑业数字化转型的趋势和产业升级的必然方向。工程管理专业人才是智能建造领域重要的支撑，因此对工程管理专业的教学也提出了新要求。本文在分析智能建造背景和工程管理专业教学现状的基础上，从教学理念、教学内容、教学方法等多方面提出了教学改革的建议，并以"建筑工程 BIM 算量软件应用"课程为案例，分析了其教学设计和教学改革的内容，旨在为高校工程管理专业教学改革、培养符合时代需求的复合型技术技能人才提供参考。

【关键词】　智能建造；教学改革；工程管理；人才培养

Exploring of Teaching Reform in Engineering Management Majors under the Background of Intelligent Construction

（Shenyang Jianzhu University，Shenyang 110168）

【Abstract】 Intelligent construction represents the trend of digital transformation and the inevitable direction of industrial upgrading in the current construction industry. Professionals in engineering management serve as vital support for the field of intelligent construction, thereby posing new requirements for the teaching of engineering management programs. Based on an analysis of the background of intelligent construction and the current status of teaching in engineering management programs, this paper proposes suggestions for teaching reform in terms of teaching philosophy, content, and methods. Taking the course "Application of BIM Quantity Calculation Software in Construction Engineering" as a case study, it analyzes its teaching design and the content of teaching reform, aiming to provide a reference for the teaching reform of engineering management programs in universities and colleges, as well as for cultivating composite technical talents who meet the needs of the times.

【Keywords】 Intelligent Construction；Teaching Reform；Engineering Management；Talent Training

1 智能建造背景概述

随着大数据、人工智能、工业互联网、机器人、BIM 技术和 5G 等新兴技术的不断成熟，建筑行业正迎来深刻的变革。智能建造的提出，标志着建筑行业迈向工业化、数字化与智能化的转型之路。这一变革贯穿了建筑的全生命周期，包括设计、生产、施工、运维等各个阶段，不仅优化了生产过程，还提升了资源利用效率和项目管理水平。通过新技术的融合与应用，建筑业正在朝着精细化管理、绿色发展和高质量建设的目标迈进。可以预见，智能建造的广泛普及将进一步推动建筑行业创新模式的形成，为传统产业注入全新的活力，也为城市建设的可持续发展提供重要的技术支撑。这一进程不仅是技术发展的必然结果，更是建筑行业适应新时代需求的必然选择。

智能建造无疑将成为建筑业高质量发展的新引擎[1]，这种产业升级与转型，最关键的就是人才的支撑，因此对于人才培养有着更高的要求，传统的教学具备了改革的紧迫感和必要性。

2 工程管理专业教学现状与挑战

工程管理专业包含技术、经济、管理、法律等学科体系，是管理学和工学结合的复合型专业，但其专业建设、课程开设时间较晚，很多院校往往采用了传统的土木工程或经济管理专业混合而成的教学方法和培养模式[2]，未能与智能建造所需人才高度契合，具体表现在课程体系传统单一、缺少全过程项目管理融合、教学内容引入新技术不足、产教融合深度及广度有待加强。

2.1 课程体系传统单一

当前教学中很大比例是理论教学，注重对理论知识的讲授，实践教学手段内容陈旧，形式不丰富。在普遍的课程体系设计中，施工技术类、计量计价类、项目管理类等传统理论课程占据较大学分比重，而教学效果往往不佳，多数学生仍存在理论基础薄弱的问题，或存在着学生虽懂理论，但在工作岗位实践中应用能力不足，很多学生在工作后重新学习，教学模式、教学成果与岗位需求不适应、不衔接[3]等现象。课程体系中缺少智能建造的前沿课程，与智能建造背景融合不足，学生无法达到定向发展及就业。

2.2 缺少全过程项目管理融合

工程管理专业应培养能够在建设领域从事全过程工程管理的应用型高级人才[4]，符合项目全生命周期管理的需求，而目前大部分的教学中，各课程的理论教学或实践教学中，教师均独立为自己的课程选择案例或方案，教师间缺乏沟通与资源整合，各课程之间的案例缺乏融合性，不具备职业情景化，学生难以建立全过程、全生命周期的工程项目管理思维，无法系统化地理解信息化技术在项目全生命周期各环节的应用。

2.3 教学内容引入新技术不足

当下科技发展日新月异，绿色建筑、装配式建造、建筑工业化、大数据、人工智能等新技术层出不穷，目前的教学内容中，大多数院校能够意识到建筑产业信息化的趋势，但教学内容更新不及时,对于新技术引入不足。例如,目前的院系普遍开设 BIM 技术及应用的相关课程,但教学内容通常只包含建模教学,对于信息化平台搭建、功能开发、与物联网及其他新技术的结合等内容少有涉猎,教学后学生只会操作软件建模,而缺少了对于信息化领域的思考与探索,应用能力拓展有限。

2.4 产教融合深度及广度有待加强

目前,很多校企合作缺少案例联动、科研合作等[5],企业实习仅限于浅层次的参观学习,学生走马观花,未能真正融入企业项目,难以达到理论与实践结合的效果,更是无法利用企业实践锻炼学生项目管理能力。同时,当前院校合作的企业类型多为传统的施工单位、咨询单位、项目管理单位等,缺少新型技术企业与新型产业公司,使学生缺少了行业动态洞察,这也与智能建造的发展趋势不匹配。

3 工程管理专业教学改革探索

智能建造对工程管理专业人才在认知、实践和专业能力等方面都提出了新要求[6],工程管理专业教学体系也应顺势而为,融入智能建造理念,以信息化技术为核心,突出培养学生的数字化应用能力。

3.1 改革课程体系

工程管理专业建设应紧跟时代发展和行业需求,以智能建造、全过程管理为核心开展人才培养改革,对于课程体系和教学实践加以调整和完善,注重课程的前瞻性和融合性,在以往的技术—经济—管理三大核心领域基础上增加信息化模块(图1),如包含 BIM 技术、智能施工技术、建筑信息化与智能化、3D 打印技术、大数据与云计算、深度学习技术、虚拟现实与增强现实技术等课程,并鼓励学生进行计算机信息技术、机械工程、电气自动化等跨学科的课程选修或第二学位修读。同时,需要转变教学理念,不能仅把智能建造作为一种设计方法或者绘图手段,需要让学生明确学习目的,对学科有深层次价值的理解。

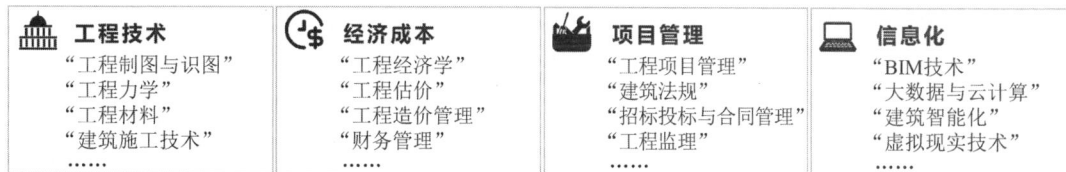

工程技术	经济成本	项目管理	信息化
"工程制图与识图" "工程力学" "工程材料" "建筑施工技术" ……	"工程经济学" "工程估价" "工程造价管理" "财务管理" ……	"工程项目管理" "建筑法规" "招标投标与合同管理" "工程监理" ……	"BIM 技术" "大数据与云计算" "建筑智能化" "虚拟现实技术" ……

图 1 智能建造背景下工程管理专业课程体系

3.2 更新教学内容

基于智能建造背景,在课堂教学、课内实验、实践实训、课程设计、创新创业训练、实习、毕业设计等各教学环节设定智能建造的教学目标,引导学生对该领域进行思考与训练,例如在房屋建筑学、工程材料、施工技术等基础技术类课程中,融入绿色建筑、智能材料、装配式技术等知识及领域应用;在 BIM 技术及应用、BIM

工程计量计价、BIM 5D 等软件应用类课程中,融入 Python 程序设计、物联网技术、大数据与数据挖掘、绿色建造等领域的知识,或丰富相应课程;在工程项目管理、造价管理、建设法规等管理类课程中,融入高质量建造、低碳建造、"一带一路"、工程师职业道德等行业发展理念。

3.3 创新教学方法

教师应摒弃传统的讲授式、填鸭式教学,

建立研讨式课堂，将知识点融入工程案例中，让学生讨论；还可以采用职业情景模拟的方式，让学生分别扮演投资方、施工方、设计方、监管方等不同角色，完成不同的任务，激发学生思考，让学生理解此类工程问题出现的原因和解决方案，从而更好地理解智能建造应运而生的必要性，以及各信息化技术在实际解决方案中的应用场景。

此外，采用 AI 大模型可以辅助教学。通过 AI 模型的算法，可以结合学生的实际情况和学习效果为其推送合适的技能训练和学习资源，以便学生查缺补漏，并进行针对性练习以及获得相关的行业进展动态，也能帮助教师获得教学评估的数据。AI 大模型还可以为教学提供各类应用场景的项目库，模拟完整的实践流程，学生通过与 AI 的对话，帮助快速理解其中的专业知识，培养主动学习能力[7]。

虚拟仿真也是辅助教学的有力手段。通过广联达、鲁班等软件进行虚拟仿真，并结合 AR 和 VR 技术，模拟实际的建筑场景和施工过程，为学生提供虚拟的实训环境，帮助教师呈现建筑施工过程中的场景和实际情况，引导学生展开实践。

3.4　拓展校企合作

深化与智能建造相关企业的合作关系，充分挖掘校外实践基地的案例资源，建立课堂—实习一体化体系，让学生在课堂上学到的理论知识与实习现场相对应。通过与智能建造相关企业共同开发课程、共建实训基地等方式，让学生真正融入企业进行深入学习，实现知识与应用的贯通。在校企合作企业和实践项目的选择上，应增加混凝土预制构件、钢结构、钢管束混凝土构件、绿色建筑、装配式建筑、被动式建筑、智慧工地、智慧医院、智能运维等项目，让学生身临其境地了解目前智能建造技术

的实际应用场景。

3.5　搭建竞赛平台

组织学生参加各类智能建造相关的竞赛活动，如案例调研、BIM 设计、数字创新、创新创业等比赛，激发学生的实践能力和创新精神，通过比赛，教师也可以挖掘学生的科研能力，为学生继续深造提供机会。同时，竞赛活动也可以作为检验教学改革成果的重要途径，达到"以赛促学、以赛促教、以赛促创"的效果。除了现有的全国性比赛，高校也可自行组织设计智能建造领域的竞赛，或将竞赛与课程考核结合，以竞赛结果作为课程考核成绩，激发学生积极性和主观能动性。

4　案例实践

"建筑工程 BIM 算量软件应用"作为工程管理专业的核心课程，基于项目教学法，通过理论教学、实际项目建模、工程量计算的全过程教学，旨在提高学生的 BIM 技术应用能力。以本课程为例，对教学改革实践进行分析。

4.1　课程内容重构

"建筑工程 BIM 算量软件应用"是面向工程管理专业高年级的专业课程，先修课程为"建筑工程计量计价""平法识图"等，本课程主要讲授应用 BIM 计量软件完成模型建立及工程量汇总的方法，传统讲授方式为教师上机演示，学生操作学习，根据成果考核。本次教学改革，教师在把握学生学习情境的基础上，在智能建造背景下，设计并实施教学活动，主动与施工企业对接，了解并研究行业的新技术、新工艺、新材料、新设备的应用情况，同时整合造价师和建造师岗位的职业标准及相关竞赛和 BIM 1+X证书标准，将其融入课程教学中，从而构建能提升学生岗位职业能力的

课程内容，形成模块化的知识体系和技能体系。

4.2 教学实践探索

4.2.1 教学准备

教学准备包括教学资源和学习情景分析两个部分。

在案例选择上，取材于本地实际在建项目，并与先修课程一致，通过先修课程的学习，学生已经熟悉项目及图纸情况，在课程教学上节约识图课时。在后续的实习课程中，将带领学生参观学习本项目，保证了理论—实践一致性以及教学连贯性，同时提高学生的认知能力和专业能力。

在教学内容上，针对案例进行更加丰富的分析与挖掘。通过对项目的实际调研和与建设单位对接，了解 BIM 技术在本项目中的应用情况及深度，获取正向及反向 BIM 技术的成果模型、施工模拟结果、VR3D 仿真成果等，作为课程拓展内容。

学习情境分析即对学生的专业背景、学习特点、先修课程的学习情况进行摸排与分析，观察学生的学习状态，分析上课状态不佳的原因，找到学生的兴趣点；掌握学生在先修课程中的薄弱环节，在本课程中加以巩固强化；根据学生的学习状态调整分组情况，让学习好的学生与落后的学生、实践能力较强与薄弱的学生组队，并匹配小组任务难度，达到差异化、精准化教学。

4.2.2 "教、学、练"一体化课堂

为避免学生理论讲授和实践操作分离的情况，将课程设置在实验室进行，保证教师在讲解理论知识和操作时，学生可实时跟随练习，教师也可在授课过程中实时观察学生的学习状态和操作情况，及时纠正及答疑，保证课堂教学效果。这种理论与实践相结合的课堂，

可充分调动学生积极性，强化学习效果，实现知识的有效转化。

在教学中，除了 BIM 建模理论和软件操作方法的讲授外，教师还融入本项目对于新材料、新工艺、建筑节能、装配式建筑应用情况的讲解，并注重讲授 BIM 软件的功能及应用情景、后续拓展功能等，启发学生对于 BIM 技术的思考，而非只会操作软件。

在教学环节中，教师应用超星、广联达等数字教学平台，引入和整合在线资源，为学生提供建筑信息化技术的课外学习资源，发布学习资料和课后作业，完成答疑和讨论，提供针对性的学习反馈等，丰富学生的学习内容，提升学生的自主性和教学的互动性。同时，应用教学平台的 AI 教学助手，及时帮助学生答疑，分析学生的能力水平。

4.2.3 拓展性实践训练

在完成基础教学内容基础上，对学生进行拓展性实践训练。在学生绘制完模型，完成工程量清单编制后，让学生通过小组学习的形式，自主学习并自主练习将模型应用至碳排放计量平台、BIM 5D 应用平台、施工进度模拟平台、CIMCUBE 数字孪生平台等，让学生理解并体会建筑信息化技术的多方面应用场景，并提高学生自主学习能力。最后，安排小组汇报环节，每组学生就其完成项目的建模过程、分析过程、结果方案等进行汇报，全方面考查学生的理解和操作能力，并培养学生分析问题、沟通表达能力。

4.2.4 以赛促学

全国高校 BIM 毕业设计大赛、全国数字建筑创新应用大赛等比赛与课程内容联系紧密，通过比赛可以锻炼并考核学生的实际应用能力，因此课程考核与校内选拔赛相结合，既能积极调动学生参加比赛，又能验证教学成果，激励学生，提高学生的竞赛水平。

4.3　教学改革成果

相较于传统的教学方式，本次"建筑工程BIM 算量软件应用"教学改革成果初见成效，课堂上学生主动性更强，对于智能建造领域反映出较为浓厚的兴趣，拓展化实践训练及小组汇报形式也使学生对于技能掌握更加扎实，同时提升综合能力，学生在 BIM 相关竞赛中表现较好，为其未来的职业发展奠定了坚实基础。对于教学资源多元化整合、AI 赋能、考核机制优化仍有进步空间，需进一步优化完善。

5　结语

党的二十大报告提出"坚持为党育人、为国育才，全面提高人才自主培养质量，着力造就拔尖创新人才，聚天下英才而用之"。高等教育要结合时代发展背景，为党为国培育满足时代需要的人才。世界正在进入以信息产业为主导的经济发展时期，我国应把握数字化、网络化、智能化融合发展的契机，以信息化、智能化为杠杆培育新动能[8]。在智能建造的背景下，人才培养也将走上变革之路，工程管理专业不仅适应建筑业数字化转型，也要面临工程类严峻的就业形势，这就要求专业建设与教学改革有更加深入的思考与探索。

智能建造背景下工程管理专业教学改革，需要充分结合当前工程行业的发展现状，在教学中充分融入新技术，丰富创新教学方法，加强教学实践，培养出信息时代的新型工程人才。

参考文献

［1］ ZHANG G, LIU R ,LI T, et al. Exploring the teaching reform of higher vocational building construction process course in the background of industrial transformation and upgrading in the new construction era[C]// Proceedings of 3rd International Conference on New Media Development and Modernized Education. Lanzhou Resources and Environment Vocational and Technical University, 2023: 9.

［2］ 罗雄文, 李雯. 智能建造背景下工程管理专业课堂教学改革[J]. 山西建筑, 2021, 47(5): 183-184.

［3］ 高林. 应用性本科教育导论[M]. 北京: 科学出版社, 2007.

［4］ 刘玉成. 基于工程全生命周期的工程管理人才胜任力模型构建与应用研究[D]. 重庆: 重庆大学, 2020.

［5］ 乔晓刚."1+X"课证融通的建筑设备专业 BIM 应用能力培养研究 [J]. 高教学刊, 2022, 8(27): 162-165.

［6］ 张恒, 郑兵云, 唐根丽, 等. 面向智能建造的工程管理专业 BIM 实践教学[J]. 高等工程教育研究, 2021(3): 54-60.

［7］ 陈云. 新工科视域下智能建造专业 AI 大模型辅助教学模式探究[J]. 科教导刊, 2025(2): 232-234.

［8］ 习近平. 习近平谈治国理政: 第三卷[M]. 北京: 外文出版社, 2020.

社会主义核心价值观融入工程文化教育的路径：来自财经大学工程管理专业的案例实证

朱 辰[1] 李玉龙[1] 杨 帆[1] 黄利娜[2]

（1. 中央财经大学管理科学与工程学院，北京 100081；

2. 中国城市规划设计研究院北京公司，北京 100089）

【摘 要】 将社会主义核心价值观融入工程文化教育体系是推动高校"新工科"建设，培养德才兼备的高素质、跨学科、复合型工程人才的必然要求。本文依托工程文化教育，开展社会主义核心价值观融入工程文化教育的框架设计，通过构建霍尔三维结构模型，识别关键问题并提出实施路线图。以中央财经大学工程管理专业实践为例，阐述工程文化教育如何与社会主义核心价值观建立关联映射，以期为高等教育践行社会主义核心价值观提供操作依据和指导方法。

【关键词】 社会主义核心价值观；工程文化教育；融入；框架设计

Pathways for Integrating the Core Socialist Values into Engineering Culture Education: A Case Study from Construction Management Program at Central University of Finance and Economics

Zhu Chen[1] Li Yulong[1] Yang Fan[1] Huang Lina[2]

（1. School of Management Science and Engineering, Central University of Finance and Economics, Beijing 100081；

2. Beijing Branch, China Academy of Urban Planning and Design, Beijing 100089）

【Abstract】 Integrating the Core Socialist Values into the engineering culture education system is an essential requirement for advancing the "New Engineering Disciplines" initiative in higher education, aimed at cultivating high-quality, interdisciplinary, and well-rounded engineering talent. This paper, based on engineering culture

基金项目：2025 年度中央财经大学教学方法研究项目（JFY202513）；2024 年度中央财经大学教育教学改革基金项目（2024ZCJG60）。

education, proposes a framework for embedding the Core Socialist Values into this educational system. By constructing the Hall's Three-Dimensional Structural Model, the study identifies key issues and provides an implementation roadmap. Using the Engineering Management program at the Central University of Finance and Economics as a case study, the paper illustrates how engineering culture education can establish a mapping relationship with the Core Socialist Values. The goal is to offer operational guidelines and strategies for higher education institutions to implement the Core Socialist Values effectively.

【Keywords】 Core Socialist Values; Engineering Culture Education; Integration; Framework Design

1 引言

党的十九大报告强调"文化自信是一个国家、一个民族发展中更基本、更深沉、更持久的力量",而坚定文化自信,离不开思想政治教育的持续改革与创新。高校作为文化创造与传播的重要阵地,需将增强大学生文化自信贯穿于思政和专业教育全过程。面对新一轮产业和科技革命的融合发展及世界高等教育的变革挑战,高等工程教育正加速向新范式转型,"新工科"建设已成为我国工程教育的关注焦点。在此背景下,将社会主义核心价值观教育与工程文化教育相融合,既能强化高校在"构筑中国精神、中国价值、中国力量"过程中的作用,又能助推新工科建设的深层次发展。一方面,社会主义核心价值观作为工程文化教育的指导原则,可拓展价值观的应用领域,丰富中国特色的工程文化教育内涵;另一方面,构建中国特色的工程文化教育体系,也为高等教育践行社会主义核心价值观,特别是非思政专业课程中价值观教育的融入提供具体思路。

1.1 工程文化教育需要社会主义核心价值观体系作为指引

工程是人类改造客观世界的具体表现,尤其是巨型基础设施和地标建筑,更是人类生存发展与社会进步的重要支撑。我国作为全球建筑规模最大、巨型工程最多的国家,确保这些工程惠及后世,成为社会发展的里程碑,是工程建设者和政府决策者的共同目标。然而经验表明,工程质量问题既非偶发,也不单由技术缺陷或个体责任缺失所致。魁北克大桥事故反映的工程文化问题已成为近年来学者关注的焦点[1]。工程文化是指在工程研究和应用过程中所形成、积淀与传播的反映工作群体所共同认可和遵循的价值观念、思维方式和道德风尚,并具有鲜明行业特色的文化理念[2]。不同于传统工程教育,工程文化教育强调科学、工程和人文的有机结合,旨在培养集知识、能力和素质为一体的高素质复合型人才[3,4]。

近年来,工程文化广受关注。一方面,工程人才培养愈发重视工程文化教育[5~7],以适应新经济和大工程时代对创新型、高素质新工科人才的需求[8,9];另一方面,工程建设中包括工程文化在内的组织文化培育也备受关注[10,11],以提升工程组织效率和建造质量。然而,现有研究仍存在不足:一是多数研究聚焦工程类院校或专业人才的人文精神与素质培养[7,12,13],对工程管理、管理科学与工程等交叉学科或专业的人才培养体系关注较少。二是虽强调人文精神、职业素质及价值取向培养对工程组织建设的重要性，却忽视了工程文化教育与国家制度、国家价值观的内在联系，尤其忽视了其与社会主义核心价值观的目标一致性和功效互补性[14]，以致工程文化教育未能充分发挥连接思政与专业教育的桥梁作用。

社会主义核心价值观融汇了国家建设目标、美好生活愿景和公民基本道德规范，是每个中国人的情感认同和行为准则。因此，在工程文化教育与国家制度、国家价值观内在统一过程中，应以社会主义核心价值观体系为统领，回答中国教育"为谁培养人、培养什么样的人、怎样培养人"这一根本性问题。

1.2 社会主义核心价值观应与学科专业知识教育相融合

习近平总书记指出，办好中国特色社会主义大学，要坚持立德树人，把培育和践行社会主义核心价值观融入教书育人全过程以及要坚持不懈培育和弘扬社会主义核心价值观，引导广大师生做社会主义核心价值观的坚定信仰者、积极传播者、模范践行者。党的十八大从国家、社会和公民三个层面明确了 24 字的社会主义核心价值观，并在党的十九大再次强调"坚持社会主义核心价值体系""培育和践行社会主义核心价值观"的重要性。长期以来，高校主要依托专职思政岗位、思政课程及爱国主义教育活动落实党的意识形态与思政工作。然而，当前高校价值观教育仍需进一步创新完善，尤其是在"增强思政课的思想性、理论性、亲和力、针对性"方面还有很多工作要做。

现有研究多集中于思政领域怎样做好价值观教育[15,16]，且主要由思政教育工作者主导，导致价值观教育与专业教育未能充分结合，"实证研究不足，缺少应用"问题突出[17]。然而，价值观教育并非仅是思政教师与辅导员的职责，每名高校教师、每门专业课都应融入思政元素，将价值塑造、知识传授和能力培养有机结合[18]。通过将社会主义核心价值观显性化于专业领域，"使大学生在潜移默化中养成社会主义主流意识形态主导的思维方式和行为模式"，在专业与思政教育间架起桥梁，形成更加完备的纵横贯通的社会主义核心价值观教育体系。

综上，我国工程文化教育不但要明确以社会主义核心价值观作为最高指导原则，而且为克服价值观教育中存在的"实证研究不足""仅限于思政岗位工作"等问题，需将价值观教育与学科专业知识教育相融合，以构建更加完备的社会主义核心价值观教育体系。为此，本文探讨了构建融入社会主义核心价值观的工程文化教育体系框架，提出了具体实施路线，并通过实例展示了高校在工程文化教育中的实际应用逻辑。

2 社会主义核心价值观融入工程文化教育的框架设计

2.1 社会主义核心价值观融入工程文化教育的霍尔三维结构模型

工程文化教育是一个系统工程，社会主义核心价值观融入工程文化教育更是一个系统过程。首先，需明确系统要素，即社会主义核心价值观的具体内容，以及工程文化教育涵盖的专业课程知识。其次，需明确要素之间的内在联系，即社会主义核心价值观构成要素与工程文化教育知识要素之间的作用逻辑与关系，这是构建社会主义核心价值观融入工程文化教育体系的根本。最后，在理清逻辑关系的基础上，设计可行的实施方法。

基于此，本文提出社会主义核心价值观融入工程文化教育的改进霍尔三维结构模型（图 1），表达上述系统过程的结构化逻辑。X 轴为社会主义核心价值观的 12 个构成要素，分为国家建设目标、美好生活愿景和公民基本道德规范三个类别。工程文化教育目标就是通过专业知识教学让学生内化这些价值观并转化为行为准则。Y轴为工程文化知识体系，涵盖自然科学、技术、经济、管理、法律等门类，意即不同课程门类的专业教师应在教学中，通过各种教学方式方法，潜移默化地向学生传递工程文化理念。Z轴表示价值观与工程文化知识教育体系的融合路径，包括映射关系挖掘、融合知识体系构建、教学方法设计以及实施路线图制定等。

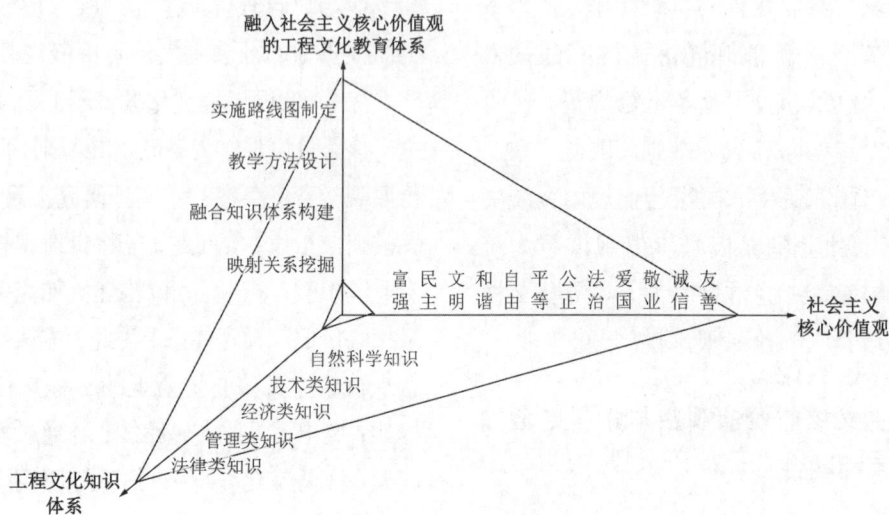

图1　社会主义核心价值观融入工程文化教育的改进霍尔三维结构模型

2.2　社会主义核心价值观融入工程文化教育路径设计的关键问题

2.2.1　挖掘社会主义核心价值观构成要素与工程文化教育目标关系

工程文化教育旨在培养兼具较高科学技术水平与文化素质的创新工程人才，回答"应该是什么""应该如何做"的问题，与习近平总书记提出的"为谁培养人、培养什么样的人、怎样培养人"高度契合。社会主义核心价值观已基本回答"应该是什么"和"为谁培养人、培养什么样的人"，而"应该如何做""怎样培养人"则需进一步明确社会主义核心价值观各构成要素与工程文化教育目标的映射关系。该映射关系不是简单的对应，而应通过正反面工程案例分析，挖掘工程文化对于工程及社会的启示，进而与价值观构成要素建立联系，避免工程文化教育单纯转化为思政课。为此，可借助文献检索、网络爬虫等技术，实时跟踪国内外重大工程建设情况，从正反两方面持续建立价值观构成要素与工程文化教育目标的映射关系，以解决社会主义核心价值观融入工程文化教育的理论基础问题。

2.2.2　构建社会主义核心价值观与工程文化教育融合知识体系

工程建造与工程决策涉及自然科学、技术、经济、管理、法律等门类的知识，各门类知识通过不同课程传授，内容与特点各异，尤其是不同科目下的工程成败案例反映出不同的工程文化归因和价值观问题。为此需以工程教育知识体系为基础，挖掘与工程文化教育相匹配的知识模块，构建工程文化教育知识体系，并通过案例分析明晰价值观构成要素与工程文化教育目标的关系，进而构建二者融合的知识体系。在构建过程中，应对照社会主义核心价值观在国家、社会和个人层面的要求，按照工程文化教育的教学逻辑整合知识模块，明确内在关系及考核方法。为了实现知识体系自我更新，可从"知识体系的主题与用途明确""获取知识的有效途径发现""知识的整理与分类工具""知识的输出与运用场景"以及"把握学术动态适时进行知识体系更新"等方面提出具体操作方法。

2.2.3 设计社会主义核心价值观视域下的工程文化教育的教学方法

不同于技能知识教学以学生掌握和运用知识为目标，价值观教学不仅要求学生理解教学内容中的道理，还需"内化于心，外化于行"，以指导未来工程建造与决策相关的工作实践。在社会主义核心价值观视域下的工程文化教育中，教学方法包括教与学两方面，其中教法设计是核心。具体教学中，需根据工程案例分析，挖掘工程文化教育目标与价值观要素的关系，以及工程文化教育知识的特点，提出适合不同价值观要素教学的方法，如讲授法、讨论法、直观演示法、练习法、任务驱动法等常规方法，并结合主题教学、情景教学、快乐教学等理念创新。教学方法设计的关键在于合理选择与灵活运用，使教师易于操作，学生易于理解且能激发兴趣。此外，还应制定教学方法有效性评估量表，提出评价方法及持续改进措施，确保教学效果的不断提升。

2.3 践行社会主义核心价值观的工程文化教育实施路线图设计

践行社会主义核心价值观的工程文化教育实施路线图旨在解决工程文化教育中与社会主义核心价值观相关的知识模块的教学方法选择、教学进度安排、知识衔接及考核问题。该路线图以知识逻辑线和教学时间线为基本维度，以教学方法、知识逻辑关系和考核要求为关键约束因素。具体教学中，依托专业知识体系，结合学生特征与课程特点，设计适合工程管理专业践行社会主义核心价值观的教育实施路线图。其内容包括：专业知识教学中各课程模块的工程文化教育模块设计及相应的教学方法；知识模块的逻辑衔接方法；教学计划进度安排；以及教与学效果的考核与检验方式等。

本文设计的实施路线图利用非思政类专业课程教学平台，通过工程文化教育知识体系重构，将社会主义核心价值观与工程文化教育有机融合，实现价值观的潜移默化教学。具体操作方法是依托多学科专业课程，借助工程案例教学，分析工程文化对工程建设与决策成败的影响。通过正反案例分析，对标社会主义核心价值观要素，建立价值观与工程文化教育目标间的映射关系，进而构建二者融合的教学知识体系，最终选择合适的教学方法，设计出符合社会主义核心价值观的工程文化教育实施路线图（图2）。

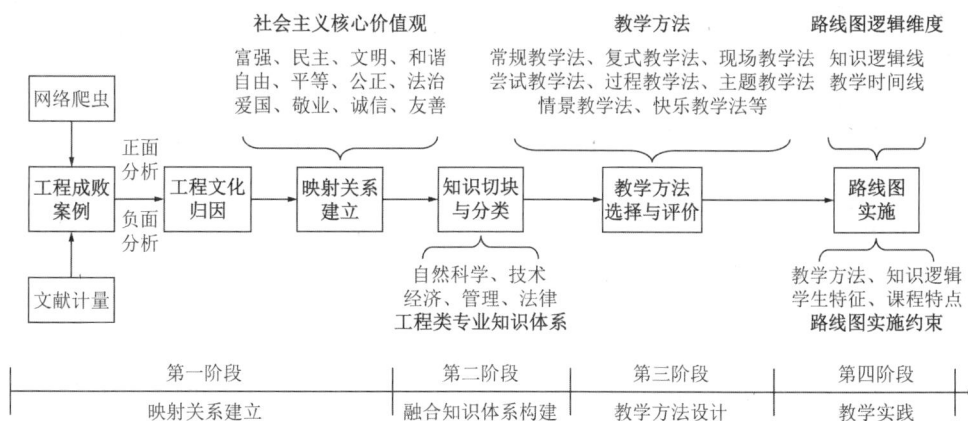

图 2 社会主义核心价值观融入工程文化教育的实施路线图

3　中央财经大学工程管理专业的实践

3.1　人才培养责任定位与课程知识培养方案

为将社会主义核心价值观深度融入工程文化教育，必须结合具体专业的人才培养定位和课程体系进行系统设计。中央财经大学工程管理专业依托财经院校的学科优势，突出"工程投资经济管理"人才培养特色，以"服务国家战略、践行社会责任"为定位，强调学生对重大工程项目在经济、社会与文化维度的综合认知，推动其形成正确价值观与责任担当。围绕"为谁培养人、培养什么样的人"这一根本命题，充分挖掘工程文化教育与社会主义核心价值观的契合点，通过思政元素的有机融入，实现工程技术、经济管理与人文素养的协同培养。

基于上述定位，专业设计了系统化的"灯台模型"课程培养方案（图3），并据此回答"怎样培养人"的实践要求。首先，在学科专业基础课中突出宏微观经济学、会计学、财务管理等财经领域传统优势；其次，在专业主干课上重点强化投资学、项目评估、工程造价、工程项目管理、建设可持续发展等优势课程建设，突出与工程文化和价值观教育的融合；最后，为适应数字经济时代需求并凸显工程投资经济管理特色，选修课程模块聚焦工程管理能力、实物投资能力、数据分析能力以及创新与创业能力的拓展。通过典型案例分析与实践调研，教师在各类课程中潜移默化地融入工程文化和价值观教育，使课程间不仅有知识逻辑线的串联，还有文化与价值观线的关联。这种"知识传授—能力培养—价值塑造"三位一体的教学设计，使学生在提升专业能力的同时，实现对工程文化与社会主义核心价值观的深层认同与自觉践行。

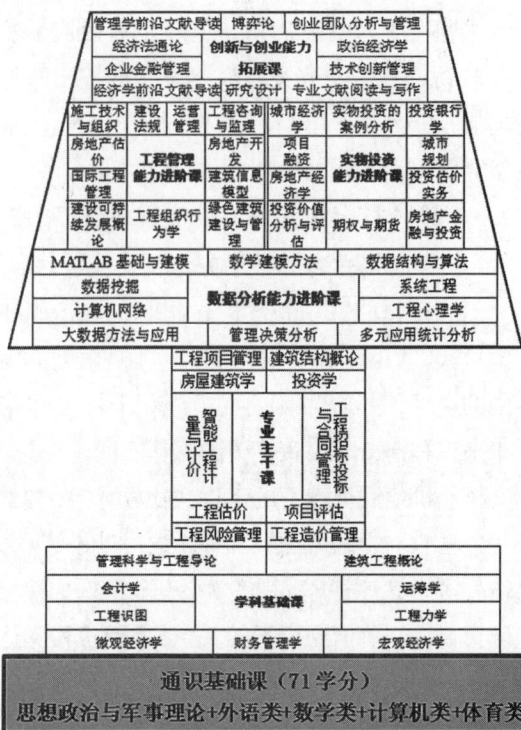

图3　中央财经大学工程管理专业课程培养方案

3.2　面向工程文化与价值观教育关联融合的工程教学案例库体系设计

课程思政建设需要思想政治理念与工程实践案例资源的支撑[19,20]。不论是文化还是价值观的教育，工程案例是关键。优秀的案例能够激发学生思考，增强学习动力，强化记忆，并通过一系列课程案例的持续"刺激"，深化学生对工程文化和价值观的认同。工程文化教育的一个有效途径就是通过大量案例引导学生树立正确的价值观，遵循理论与实践相结合的原则，确保工程案例与人才培养责任定位相契合，并与培养方案中各门课程相衔接融合，最终实现工程教学案例、课程内容、工程文化与社会主义核心价值观的有机统一，从而将爱国、爱岗、敬业等工程文化和价值观根植学生心中。

工程案例库的设计分为两阶段：第一阶段搜集案例的客观数据、信息以及表象问题；第二阶段深入挖掘案例背后的工程文化以及其与社会主义核心价值观的内在联系。以大柱山隧道建设为例（表1），表面上的工期延长看似"负面"现象，实则体现了工程文化和价值观的正能量。通过对案例的深入分析，从表面现象到工程文化，再到社会主义核心价值观的挖掘，构建了清晰的逻辑关联主线，让学生不仅感受到工程建设的伟大，还能体会到其中折射出的物质文化、组织文化和精神文化，以及在此基础上所映射出的社会主义核心价值观。

面向工程文化教育与价值观归因相融合的工程案例库数据结构示例　　　　**表1**

序号			1
工程名称			大柱山隧道
工程概况 （含视频、图片）			大瑞铁路全线最高风险隧道，全长14484m。大柱山隧道工程地质和水文地质条件复杂。施工中易遇到突水、突泥和围岩失稳等地质灾害。大柱山隧道刷新了铁路历史，被称为中国前所未有的最难掘进的一条隧道
事件过程描述 （含视频、图片）			2008年8月开工，计划5年的工期，实际通车原预计2021年，总工期13年。最艰难的部分26个月只掘进了156m，隧道涌水达到1.5亿m³，足够灌满10个西湖
工程影响	项目层面事件导致结果量化	质量	
		进度	拖期8年
		资金	超预算，超过2800亿元
		安全	突泥、涌水、塌方、岩爆，给财产和人员带来巨大风险
		职业健康	高湿、高热环境严重影响人的健康
		环境	大量涌水排放可能改变该区域地表生态环境，影响动植物生存与生长
	宏观层面综合影响	经济层面	推动大理—瑞丽西南边疆地区经济发展；中缅国际铁路的重要干线；连通东南亚、南亚的枢纽；"泛亚铁路"的关键节点；提升云南对外开放水平及同东南亚国家间的合作交流
		社会层面	重塑"南方丝绸古道"新的辉煌，促进沿线医疗、教育等公共服务资源均等化
		环境层面	可能对沿线生态环境产生破坏或产生影响，如大量涌水对生态的改变
		国家安全	有利于加强西南地区的经济、国土、军事、文化、社会、生态、资源、生物安全等；缩短从中东运输石油里程，维护国家能源安全
表征因素分析	人为因素	集体/个人	
		管理/技术	
		主动/被动	被动
		蓄意/无意	无意
		非法/合法	
		管理者/工人	
	自然环境因素	气象/气候	亚热带季风气候，"一山分四季，十里不同天"、隧道进口和出口处温差巨大
		地理	交通建设穿越山区地貌是常态
		地质	穿越澜沧江深大断裂与保山褶皱带交界处，穿过含断层破碎带、侵入体蚀变带、岩溶等不良地质和重大风险，地质条件极其复杂
		水文	隧道挖掘面经常突然出现涌水、突泥现象，水文条件极其复杂
文化归因	物质文化	技术	国际领先的隧道、桥梁施工技术，挑战复杂艰险环境
		艺术	主要呈现在桥梁结构设计与沿线车站等地标性建筑
	组织文化	个体	崇尚劳动、尊重劳动的组织、社会文化，项目经理姜栋等多人获得五一劳动奖章、先进个人等表彰
		群体	承担国企责任，新型举国体制的优势，多家企业受到表彰，获得五一劳动奖章、云南省工人先锋号；承建单位中铁一局获云南省五一劳动奖章，参建的6个集体获云南省工人先锋号
		个体与群体	团结协作、攻坚克难的组织文化
	精神文化	思维方式	劳动才能创造生活所需，"契约、诚信""责任、担当"
		道德情操	不畏艰险，吃苦耐劳，拼搏进取
		审美趣味	百年工程，经得起时间检验的工程质量

社会主义核心价值观	国家层面的价值目标	富强	国富民强是隧道工程实施的前提保障和最终落脚点
		民主	隧道工程实施将带动沿线地区经济社会发展，更好地保障人民当家作主
		文明	交通便利化将促进西部地区与外界的文化交融与碰撞，推动社会主义文化大发展大繁荣
		和谐	交通便利化有助于推动区域均衡发展、维护民族团结，保证西部地区经济社会和谐稳定
	社会层面的价值取向	自由	隧道通车加快了人员自由流动，保障了西部群众自我发展、自我实现的权利和机会
		平等	隧道通车更好地推动公共服务均等化，加快东西部地区公共服务一体化进程
		公正	面对自然环境带来的工期延长，必须客观面对，公正裁决；缩小区域差距、实现共同富裕
		法治	工程的投资—建设以及不可抗力的变更等都要依照法定程序执行
	公民个人层面的价值准则	爱国	面对如此艰苦的建设条件，所有建设者都怀有高度的爱国主义情怀
		敬业	项目经理和众多施工队员在此坚守十余年，奉献了青春和心血
		诚信	"让保山人民早日坐上火车！""建设高质量公路"
		友善	"我是党员，我在前面！" "红旗责任区""党员先锋岗" "关键时刻能站出来、危急关头能豁出去" 大家经常彼此祝福："祝你围岩好"

3.3 教学案例的课程植入与教学方法的选择

工程教学案例可在多门课程中使用，但其知识内容、工程文化和价值观需与课程紧密契合，才能达到润物无声的教学效果。以前述大柱山隧道建设为例，该案例涉及工程力学、管理科学与工程导论、工程风险管理、工程造价管理、项目评估、工程估价、投资学、工程项目管理、系统工程、工程心理学等多门课程。表2展示了该案例在不同课程中的知识应用及其蕴含的工程文化和价值观的映射关联。

工程案例与课程知识内容、工程文化和价值观的映射关联 表2

课程名称	教学知识点	工程文化映射	价值观念教育映射
工程力学	岩土力学与地质力学相关知识内容	应对复杂工程地质的技术挑战与勘察复杂地质环境的团队协作文化	工程对国家富强的意义以及爱国、敬业精神
管理科学与工程导论	"两新一重"的具体案例与投资建设意义	工程是人造自然复合系统的物质文化和审美认知	重大工程对国家发展和社会发展的重大意义
工程风险管理	地质、水文、气象等不确定因素对工程的影响	应对各种不确定的积极乐观、拼搏进取的道德情操	应对风险的敬业坚守，不回避风险的诚信精神
工程造价管理	工期不确定延长导致投资增加，地质水文条件导致工程变更增加成本	应对不确定的组织制度的规范性与预见性	应对工程变更的公正客观与遵守契约规范的法制精神
项目评估	铁路工程的经济、社会、环境影响评价	工程技术、艺术对工程立项的影响，组织对工程成败的重要性	重大交通工程对国家富强、社会和谐发展的意义
工程估价	工程的不可预见性对工程造价的影响	应对不确定的组织制度的规范性与预见性	应对工程变更的公正客观与遵守契约规范的法制精神
工程招标投标与合同管理	线性工程标段划分与合同变更	竞争博弈的组织文化，诚实信用的道德情操	招标投标与合同管理过程中平等、公正、法制的社会价值准则
投资学	重大工程投资对于区域乃至国家经济、社会发展的意义以及重大工程融资	工程投资是人类最大的造物，并反映人类物质文化的积累，包含人类改造和顺应自然的精神	中国重大工程投资本质是推动国家富强和社会平等
工程项目管理	对工程进度、质量和承包的影响因素	团结协同的组织文化对于工程管理的重要意义	和谐、公正、敬业的项目管理价值观
系统工程	铁路工程系统结构要素	人的组织系统和铁路的工程系统的结构之美	系统思维适用于国家治理，也是一个人素质、能力的展现

续表

课程名称	教学知识点	工程文化映射	价值观念教育映射
工程心理学	高温、涌水、突泥、塌方对人的心理与职业健康的影响	开发应对的技术与装备，承受心理压力，提升心理韧性	通过保险、安全法规应对，也是敬业、乐观精神的体现
建设可持续发展概论	工程建设涌水、线路对生态环境的影响	可持续思维理念贯穿于工程建设的人、事、物以及精神	社会价值取向、国家战略以及全民行动都应与可持续发展理念结合
工程组织行为学	党员先锋作用，指挥部项目管理模式对项目绩效影响	个体、群体的组织遵循科学管理	个人行为准则与社会价值取向、国家价值目标相一致
实物投资案例分析	重大交通基础设施建设的投资影响因素与投资决策模型	工程投资是人类最大的造物，并反映人类物质文化的积累，包含人类改造和顺应自然的精神	中国重大工程投资本质是推动国家富强和社会平等
施工技术与组织	隧道工程施工影响因素以及狭小空间施工工作面优化	技术与组织融合及其互动关系	工程建设的敬业精神和确保工程质量的诚信精神
建设法规	质量安全、生态环保相关法规的执法、守法	法律与文化的关系，尊法、信法、守法、用法本身就是工程文化的重要组成部分	法制是其他价值观实现的重要保障
运营管理	重大基础设施运营维护的经济、社会、环境影响评价	工程是人造自然，要秉承百年工程、泽被后世的道德情操和审美趣味去运营工程	大国工匠，安全可靠的敬业、爱国精神
技术创新管理	复杂艰险的重大工程是技术创新实践应用的重要载体	技术是人类生产新产品、建造新工程的重要知识，技术伦理与工程伦理的联系和区别	创新驱动国家发展，创新也是社会价值取向的重要组成部分，更是个人敬业的重要行为准则

从知识内容过渡到工程文化教育，再到价值观教育，不是一个机械式的宣读。表2仅出示了一个逻辑关联的过渡关系，而且不同类型的文化之间以及不同的价值观维度也不是泾渭分明，所以需要教师把握授课技巧，采用多种灵活的教学方式、方法在课程知识—工程文化—价值观教育之间进行灵活切换。常规教学、复式教学、主题教学、情景教学等方法，以及专家讲座、问题链教学、翻转课堂等形式，都可以呈现，以激发学生思考，并帮助其内化工程文化与价值观。例如，中央财经大学工程管理专业已开展工程文化与价值观融合教育案例库建设项目。该项目通过调动学生主动性，让学生在已建立的基本数据库结构基础上，参与搜集中外重大工程案例，提炼案例表象，分析其中蕴含的工程文化与价值观，并揭示三者间的逻辑关系。目前，该数据库每年更新，旨在引导学生根据兴趣搜集并挖掘典型工程背后的文化与价值观故事，从而加深对工程文化与价值观的理解与认同。

4 结语

在高等教育思政课程改革与"新工科"建设背景下，将社会主义核心价值观融入工程文化教育具有重要意义。本文依托高等工程文化教育，构建了社会主义核心价值观融入工程文化教育体系的结构框架，识别了其中的关键问题，并提出了具体实施路线。以中央财经大学工程管理专业为例，探讨了如何在责任定位、课程体系、教学方法等方面实现与工程文化和价值观教育的有机融合，为高校工程管理专业教育践行社会主义核心价值观提供借鉴。

参考文献

［1］ 肖峰. 从魁北克大桥垮塌的文化成因看工程文化的价值[J]. 自然辩证法通讯, 2006(5): 12-17, 110.

［2］ 闫广平. 大工程观教育理念下的工程文化育人模式研究与探索[J]. 现代教育管理, 2012(11): 74-78.

［3］居里锴. 试析工程文化教育的内涵[J]. 黑龙江高教研究, 2012, 30(5): 34-36.

［4］宁姗, 徐文娟, 邹新凯, 等. 从工程教育到工程文化教育的探析与实践[J]. 教学研究, 2012, 35(6): 33-34, 38.

［5］朱传义. 从工程教育到工程文化教育的跨越[J]. 科技进步与对策, 2003, 20(3): 32-33.

［6］张慧研. 实施工程文化教育 培养卓越工程师[J]. 中国高等教育, 2013(10): 34-36.

［7］解海, 马洪丽. 工程文化与专业教育融合: 转型期地方高校工程人才培养模式研究[J]. 黑龙江高教研究, 2019, 37(1): 148-152.

［8］邱叶. "新工科" 背景下应用型地方高校工程人才课程思政育人模式研究[J]. 改革与开放, 2019(3): 92-96.

［9］王章豹, 朱华炳. 面向新工科人才培养的工程文化教育的内涵、意义和路径[J]. 中国大学教学, 2020(8): 14-18.

［10］俞春生, 姚蓓, 王茜. 苏通大桥工程文化建设实践与经验[J]. 中国工程科学, 2009, 11(3): 92-96.

［11］洪巍, 周晶, 朱振涛. 基于网络拓扑结构的大型工程文化传播路径研究[J]. 系统科学学报, 2015, 23(1): 79-82.

［12］杨弘宇. 实施工程文化教育 培养全面发展的现代工程技术人才[J]. 思想政治教育研究, 2013, 29(4): 128-130.

［13］张慧研. 构建开放的人才培养体系 培养应用型人才的实践探索[J]. 黑龙江教育学院学报, 2015, 34(2): 29-31.

［14］李齐全, 张杰. 新工科背景下工程文化教育与高校思想政治理论课的融合[J]. 淮海工学院学报(人文社会科学版), 2019, 17(5): 134-137.

［15］史宗恺, 钟周, 张超. 多学科视角下的社会主义核心价值观与高等教育关系理论探析[J]. 中国高教研究, 2017(8): 41-44.

［16］周琳娜, 王仁姣. 以思政课情景剧教学法提升社会主义核心价值观教育亲和力[J]. 思想政治教育研究, 2019, 35(1): 88-90.

［17］隋芳莉. 高校社会主义核心价值观教育评价存在问题及推进路径[J]. 思想政治教育研究, 2018, 34(5): 45-48.

［18］樊海源. 高校工程文化与课程思政的逻辑阐释、价值统一和实践路径[J]. 思想政治教育研究, 2020, 36(6): 88-92.

［19］高扬, 金虎, 吕成国. 以工程教育为背景的课程思政建设研究与实践[J]. 黑龙江教育(理论与实践), 2019(12): 7-8.

［20］何磊, 魏维, 高燕, 等. 基于 CDIO 工程教育模式的专业课程思政建设研究: 以工程导论为例[J]. 教育教学论坛, 2020(26): 96-97.

专业书架

Professional Books

行业发展报告

《中国智能建造发展蓝皮书（2024）》

住房和城乡建设部科技与产业化发展中心 编写

本书受住房和城乡建设部建筑市场监管司委托，是由住房和城乡建设部科技与产业化发展中心组织行业力量编写的国内第一本关于智能建造发展情况的研究报告，主要分为六章。第一章介绍了国内外智能建造总体的发展情况；第二～四章依次总结了智能建造试点工作推进情况、智能建造关键技术研发推广情况、智能建造典型工程项目实施情况；第五章从院士视角与媒体观点分析了智能建造的发展情况、发展趋势及发展意义；第六章介绍了智能建造发展趋势及未来展望。

社书号：42823，定价：88元，2024年10月出版

《智慧城市与智能建造论文集（2024）——盾构工程智能施工研究与实践专辑》

本书编委会 编

华中科技大学国家数字建造技术创新中心秉承"研究来自工程、成果服务工程、创新引领工程"的理念，于2021年携手上海隧道工程有限公司联合推出了"上海隧道2021级工程管理硕士班"。该项目针对企业面临的数字化、信息化、智能化转型需求问题，课程设计涵盖了智能盾构科学前沿、人工智能盾构法应用、工程控制基础、盾构掘进土力学等核心课程，并从刀盘换刀智能决策、推力矢量自适应控制、隧道轴线纠偏等核心技术难点为学员们设计研究选题。通过三年的课程学习，学员们不仅掌握了智能建造和智能盾构技术的前沿理论，还在实际工程中积累了丰富的实践经验，取得了丰硕的科研成果。本书展示了该硕士班学员及双方联合培养的博士研究生的研究成果，反映了智能盾构领域的科学探索与技术应用。

社书号：44108，定价：66元，2025年7月出版

《中国建筑业施工技术发展报告（2024）》

中国土木工程学会总工程师工作委员会
中建工程产业技术研究院有限公司 组织编写
中国建筑学会建筑施工分会
毛志兵 主编

本书结合重大工程实践，总结了中国建筑业施工技术的发展现状，展望了施工技术未来的发展趋势。本书共分25篇，主要内容包括：综合

报告、地基与基础工程施工技术、基坑工程施工技术、地下空间工程施工技术、钢筋工程施工技术、模板与脚手架工程施工技术、混凝土工程施工技术、钢结构工程施工技术、砌筑工程施工技术、预应力工程施工技术、建筑结构装配式施工技术、装饰装修工程施工技术、幕墙工程施工技术、屋面与防水工程施工技术、防腐蚀工程施工技术、给水排水工程施工技术、电气工程施工技术、暖通工程施工技术、建筑智能化工程施工技术、季节性施工技术、建筑施工机械技术、特殊工程施工技术、城市地下综合管廊施工技术、绿色施工技术、信息化施工技术。本书可供建筑施工工程技术人员、管理人员采用，也可供大专院校相关专业师生参考。

社书号：43732，定价：99元，2025年2月出版

《中国工程监理行业发展报告（2024）》

中国建设监理协会　组织编写

本报告共分4部分5章。第1部分（第1章）为全国工程监理行业发展概况，基于统计数据，主要分析全国工程监理企业及从业人员规模、承揽业务及经营收入，并附2023年经营总收入和工程监理业务收入前百名的企业名录；第2部分为代表性地区工程监理行业发展概况，分两章（第2章和第3章）分别介绍京沪两地工程监理企业及从业人员规模、承揽业务及经营收入，以及行业发展特点及典型案例；第3部分（第4章）为工程监理行业发展热点及问题，主要包括房地产市场发展、智能建造对工程监理的影响，工程监理数智化及ESG发展等方面的内容；第4部分（第5章）为大事记、协会课题、标准及获奖项目参与监理企业，主要包括2023—2024年大事记、协会研究课题及团体标准、获奖项目参与企业。

社书号：44084，定价：68元，2025年1月出版

《中国建设教育发展报告（2022—2023）》

中国建设教育协会　组织编写
刘杰　王要武　主编

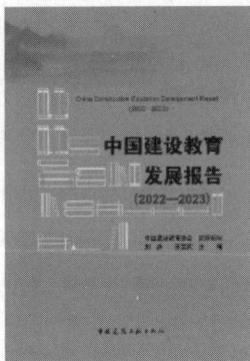

为了紧密结合住房城乡建设事业改革发展的重要进展和对人才队伍建设提出的要求，客观、全面地反映中国建设教育的发展状况，中国建设教育协会每年编制一本反映上一年度中国建设教育发展状况的分析研究报告。本书为2022—2023年版。

第1章从建设类专业普通高等教育、建设类职业本科教育、建设类高等职业教育、建设类中等职业教育四个方面，分析了2022年学校教育的发展状况。第2章从建设行业执业人员、专业技术人员、技能人员三个方面，分析了2022年继续教育、职业培训的状况。第3章选取了若干不同类型的学校、企业进行案例分析。第4章总结出"新工科"背景下

的人才培养、研究生培养模式研究、高职教育高质量发展与专业人才培养、中等职业教育研究、课程思政、国家职业标准发展研究等6个方面的24类热点问题进行研讨。第5章总结了2022年中国建设教育发展大事记。第6章汇编了中共中央、国务院以及教育部、住房和城乡建设部颁发的与中国建设教育密切相关的政策文件。

社书号：42945，定价：78元，2024年7月出版

《中国工程造价咨询行业发展报告（2024版）》

中国建设工程造价管理协会　主编

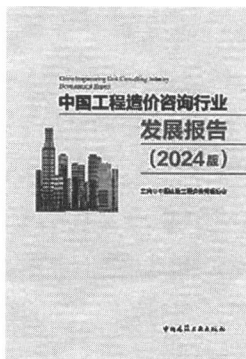

本报告基于2023年中国工程造价咨询行业发展的总体情况，从行业发展现状、行业结构、行业收入、影响行业发展的主要因素、行业存在的主要问题以及对策展望等方面进行了全面系统的梳理，反映了2023年我国工程造价咨询行业的发展情况。同时，通过与近年数据进行对比分析，全面展示了工程造价咨询行业发展的变化趋势。

社书号：44025，定价：109元，2024年12月出版

《建筑业技术发展报告（2024）》

中国建筑业协会　主编

本书从我国建筑业技术发展的现状和趋势、技术和装备、标准和规范、实践和应用、

学习和借鉴五个方面，对我国建筑业和建筑业技术的发展状况进行系统、深入地分析和总结。

本书对于全面了解我国建筑业技术的发展状况，开拓建筑业技术创新的领域和发展方向具有很强的参考价值，可供建筑业从业人员参考使用。

社书号：43952，定价：128元，2024年11月出版

《住房和城乡建设行业信息化发展报告（2024）数字住建应用与发展》

《住房和城乡建设行业信息化发展报告（2024）数字住建应用与发展》编委会

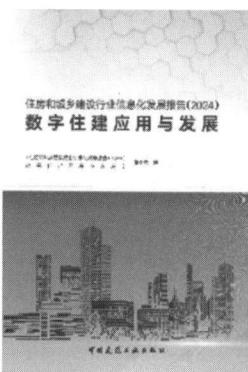

本书共设8章内容，以"数字住建应用与发展"为主题，深入解读"数字住建"建设与发展思路，总结当前我国"数字住建"应用现状和经验，研究"数字住建"建设的发展模式与技术创新，整体呈现"数字住建"建设概念体系、关键技术，全面夯实数字基础设施和数据资源体系"两大基础"，构筑信息安全保障体系和政策标准保障体系"两大体系"，推进数字住房、数字工程、数字城市、数字村镇等重点应用。

社书号：43877，定价：198元，2024年11月出版

《中国城市发展报告（2023/2024）》

中国市长协会

国际欧亚科学院中国科学中心 主编单位

中国城市规划设计研究院

《中国城市发展报告》编委会

本报告以"美丽中国，宜居城市"为主题，在涵盖2023年中国城市发展连续性的同时，进一步扩展视角，新增历史文化保护的内容，凸显对城市经济转型的认识，将城市落实到"人"，将发展回归人本，特别是对数字经济、低碳转型条件下的城市发展规律作出了新的概括。本报告将实践总结、样本剖析、专家识见、理论探索融为一炉，对城市各级领导者、各类学术工作者、高校师生和社会各界会有较大的帮助。

社书号：904787，定价：198元，2024年10月出版

《2022年中国建筑工业化发展报告》

同济大学国家土建结构预制装配化工程技术研究中心 主编

本书是由同济大学国家土建结构预制装配化工程技术研究中心组织行业力量，编写的关于中国建筑工业化发展情况的年度发展报告，旨在推进新型建筑工业化发展。本书从建筑工程、桥梁工程、地下工程、绿色建造和智能建造等多个角度出发，系统梳理并总结了2022年我国建筑工业化发展的新政策、新专业、新标准及新技术，统计了行业内典型企业及示范项目的发展情况与经验，归纳促进和影响行业发展的各种因素并分析行业的未来发展趋势，帮助广大读者了解目前我国建筑工业化最新发展的情况。

社书号：41901，定价：42元，2023年11月出版

《中国智能建筑行业发展报告——智能建筑助力数字中国实现绿色"双碳"建设》

中国建筑业协会绿色建造与智能建筑分会 主编

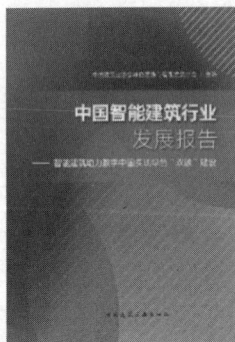

我国智能建筑已经走过30余年的发展历程，智能建筑领域的外延和边界不断延展扩大，新技术、新市场、新模式和新应用纷纷涌现，为行业转型升级带来了新的发展机遇。在这种大背景下，中国建筑业协会绿色建造与智能建筑分会组织编写了本书。本书内容共分为五章，分别为我国智能建筑发展历程与现状；行业体系建设及新技术应用；行业发展机遇与挑战；行业展望与发展建议；典型应用与实践案例。

本书适合于相关专业从业人员使用，也可供政府相关人员参考。

社书号：41918，定价：52元，2023年10月出版

城 市 更 新

"城市更新行动理论与实践系列丛书"

丛书主编 杨保军

"城市更新行动理论与实践系列丛书"共12册，内容涵盖城市更新政策解读、资金策略、艺术化提升、规划模式创新和不同类型的城市更新项目的实施方法、操作路径与案例解读等。邀请天津大学、同济大学、厦门大学、深圳大学、中国城市科学研究会、北京国际设计周等相关单位专家，作为从事城市更新工作的行政管理者、学术研究者和一线实践者来担任各个分册主编，从而准确解读住房和城乡建设部"城市更新行动"的内涵，提出切实可行的城市更新路径与操作机制，引导各地更好地开展城市更新实践。

社书号：43059、42293、41064、43122、42882、44824、44061、43206，定价：79～129元，2023—2025年出版

"存量时代·城市更新丛书"

丛书主编 庄惟敏 唐燕

"十四五"国家重点出版物，聚焦城市更

新重点任务，创新破解更新关键问题。书中以中国建筑设计研究院有限公司在城乡存量更新中部分实践和研究工作为基础，论述在城市更新建设中应当尽可能地立足存量、保护和利用更多有乡土特色的既有建筑，并提出"谨小慎微"的四字更新原则。

社书号：904506、904723、904672、904474、904592，定价：75～99元，2022—2025年出版

"老旧小区改造理论与实践系列丛书"

丛书主编 王贵美

本丛书由泛城设计股份有限公司城市更新研究院院长、技术研发中心主任王贵美主编，包含《城镇老旧小区改造技术指南》《以未来社区理念推进城镇老旧小区改造研究》《城镇老旧小区改造"新通道"研究》《共同富裕建设中城镇老旧小区改造浙江实践》《城市更新行动下老旧小区自主更新研究》五本，从不同角度对老旧小区改造进行了理论与实践研究。

社书号：38781、40076、43143、44109、42199，定价：78～159元，2023—2025年

《南京城市更新规划建设实践探索》

南京市规划和自然资源局
南京市城市规划编制研究中心　编著

本书主要分为两个篇章：上篇是综合篇。系统分析当前我国城市更新工作面临的新背景以及南京的相应发展趋势，明确新时期城市更新工作的新理念。梳理南京城市更新发展历程，剖析各阶段工作思路、内容与存在问题，并总结工作成效。在此基础上，深入分析南京国土空间利用和存量用地现状，并对今后存量用地更新状况进行分析评估。最后，提出南京城市更新类型的选择及其实施策略、分区指引等对策建议。下篇为实践篇，介绍南京城市更新的具体实践案例，精选了历史地段有机更新、城镇低效用地再开发、居住类地段城市更新、老旧小区增设电梯、环境综合整治等 15 个城市更新案例和 8 个城市更新相关制度，从项目概况、更新模式、工作成效和经验启示等方面进行深入剖析，以期为同行提供借鉴。

社书号：38755，定价：178 元，2022 年 3 月出版

《现代社区治理：和睦实践》

饶文玖　主编
中共杭州市拱墅区和睦街道工作委员会
杭州市拱墅区人民政府和睦街道办事处
组织编写

本书分为和睦总览、花漾和睦、颐乐和睦、幸福和睦、开放和睦、数字和睦六个章节，结合和睦社区基层治理的工作经验，从治理特色、城建城管、党建引领、民生服务、群众自治、产业发展、智慧治理等方面对和睦实践进行全方位的阐述和总结。具体来说，一是旧城改造有力推进，二是社区服务全面升级，三是社会治理提质增效，四是产业发展转型升级，五是数字建设有效赋能，内容详实、语言生动，具有较高的阅读价值。

社书号：43640，定价：109 元，2024 年 11 月出版

《激励型城市更新——弹性机制的国际反思和中国探索》

徐蕴清　［加拿大］钟声　等　著

本书围绕城市更新和弹性激励的结合点，探究总结城市更新的演进和新要求、弹性激励的内生特征以及与城市更新的相关性；从政府放松管制、市场主体选择性弹性规划和"法外"突破性实践三大类别分析多种灵活政策和弹性规划的适用情况、机制原理、工具手段和使用条件，并提出其在中国城市更新中探索实践所面临的正式和非正式制度障碍。本书采用国内外案例研究和比较的方式，选择英国、美国、加拿大、日本，以及国内广州、深圳和上海的多个真实案例。书中围绕案例的分

析和比较，不仅展示了不同地域、经济发展和社会文化环境下，针对多重矛盾的弹性机制选择及实施过程和效果，还深入剖析了各地独特的制度环境和规划体系对弹性机制的产生、设计和变迁存在的深刻影响，以及同类型项目在异国异地复制的可行性因素及本地化的制度要求。

社书号：43095，定价：99 元，2024 年 12 月出版

《城市更新改革趋向与实践探索》

江胜利　著

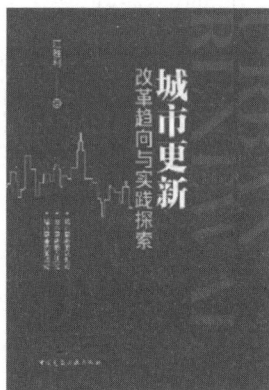

本书围绕深化城市更新改革项目的要求展开，分为"认识论、方法论和实践论"三个部分。其中，第一部分基于"需求的重要性"即聚焦上级部署、发展所需和群众所盼，重新认识"城市更新"的内涵，明确城市更新并非简单的项目建设。第二部分是从"改革的系统性"和"内容的创新性"探索城市更新的方法论。第三部分主要突出的是城市更新的"成效显著性"和"成果示范性"。

最后，结合前文对城市更新的认识、方法和实践，指出城市更新的未来趋势将更加注重以人为本的发展理念，推动低碳化转型，利用数字化技术提升治理水平，并重视文化传承与创新，以实现城市的可持续发展和高品质生活。

社书号：43095，定价：99 元，2024 年 12 月出版

《绿色低碳导向的城市更新设计方法与策略》

编著　中国建筑设计研究院有限公司

主编　徐斌　任祖华　赵辉

副主编　杨猛　寒庆鸣　郑然　赵科科

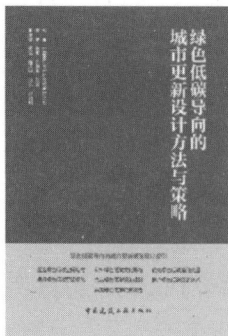

本书旨在聚焦绿色低碳城市更新推动城乡建设高质量发展的现实需求，探讨如何在城市更新中融入绿色低碳理念，以期基于我国城市发展的现状和特色，因地制宜地为我国城市的可持续发展提供一定的探索路径。本书着眼于解决城市活力减弱与特色缺失、品质不足、功能布局不适、生态环境失衡等问题，以设计实践为统筹，关注"建筑—人—环境"的高度融合，将提升人民的获得感与幸福感作为更新的首要任务，提升品质、完善功能、培育特色、增强活力、生态增绿，抓住城市更新难得的发展机遇，实现建筑和城市让生活与未来更美好的目标。

社书号：41962，定价：89 元，2024 年 8 月出版

《中国小城镇的问题、希望与路径》

陈鹏　魏来　陈宇　蒋鸣　李亚　郭文文
田璐　张雨晴　著

小城镇发展建设一直是社会关注的热点议题之一。本书通过全面的现状分析与问题剖析，找到小城镇目前面临问题的根源所在，对

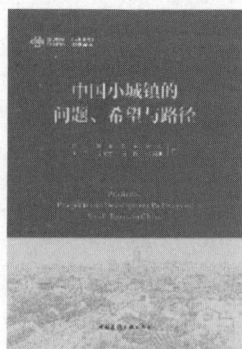

小城镇的发展趋势作出研判，并重点探讨了新形势下小城镇的战略作用。通过对国内外小城镇建设经验的比较研究，为中国小城镇的发展提供宝贵的借鉴和启示。本书提出的优化小城镇发展建设的战略路径，不仅为政府决策提供了参考，也为小城镇的可持续发展指明了方向。本书不仅是对小城镇发展问题的一次全面梳理和思考，更是对未来小城镇建设路径的一次积极探索，可以为小城镇问题的学术研究和地方发展建设提供一定的借鉴。

社书号：43899，定价：188 元，2025 年 1 月出版

智能建造与智慧城市

《智能建造应用指南》

房霆宸　龚剑　编著

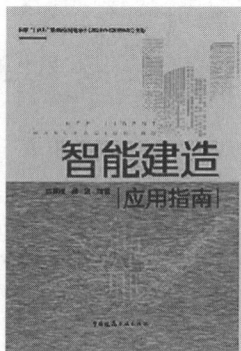

智能建造作为工程建设行业转型发展的一种新兴建造技术，已成为行业发展的关键和趋势。本书介绍了智能建造基本概况，梳理了智能建造在管理、设计、施工、施工装备、项目管理、运维、成本工效方面的问题及对策，对典型智能建造案例进行了分析，并展望了智能建造发展方向。本书内容精炼，具有较强的实用性和可操作性，可供行业从业人员参考使用。

社书号：44072，定价：68 元，2025 年 3 月出版

《智能建造探索（施工）》

房霆宸　陈晓明　编著

对于施工领域而言，由于工程项目本身组成的复杂性，其所涉的学科种类众多，故智能建造的应用场景很多，随之产生的新兴技术也很多，可以说每一道工序都会伴随着与之相对应的各种智能建造技术。为便于读者理解智能建造的基本内容及其实施要点，本书聚焦工程建设领域的智能建造关键共性技术，重点从智能建造所涉及的大数据及智能算法分析处理、智能化施工方案生成、智能机器人施工作业、智能化施工表观质量检测、智能化施工安全管理、智能化工程项目协同管理等方面进行阐述，重点论述了这些共性技术的基本概念、主要技术方法、应用实施要点，同时列举了典型的工程应用案例，为业内相关从业人员开展相关研究与应用提供了参考和借鉴。

社书号：44503，定价：128 元，2025 年 3 月出版

《月面原位建造方法概论》

周诚　骆汉宾　史玉升　肖龙　闫春泽 主编

丁烈云　主审

本书系统阐述了月面原位建造的基本原

理、技术体系，面临的科学难题与工程挑战，以及当前国际上最先进的研究成果与实践案例，内容涵盖月面极端环境和月面原位建造方法、结构、材料、工艺及装备等多个核心议题，旨在为相关领域的研究人员、工程师以及对太空探索感兴趣的读者提供一份全面、深入的理论与实践指南。

社书号：43571，定价：72 元，2024 年 11 月出版

《大型智慧社区建设技术研究与应用》

曹少卫　主编

本书基于对大型智慧社区的研究与项目实践经验，全面介绍了智慧社区建设的发展、定义了大型智慧社区、分享了大型智慧社区建设经验和案例，同时分析了目前大型智慧社区建设中存在的问题，提出了"分类施策""建设、运营、管理一体化"建设模式及"政府主导、企业建设、市场运营、居民自治"的构架体系，探索共建共营商业模式，以期共同深入推进智慧社区建设。

社书号：42158，定价：85 元，2024 年 2 月出版

《超大型钢结构高科技电子洁净厂房关键建造技术》

主编　王西胜　马小波
副主编　卜延渭　李林　王瑜辉　郭卫平

近年来，随着我国超大规模集成电路产业发展迅猛，尤其是芯片和面板产业飞速发展，生产芯片、面板的电子洁净厂房也如雨后春笋般快速、大量地拔地而起，洁净厂房的建设越来越多，行业对空气净化需求不断提高，净化级别越来越高、净化面积越来越大、建设方对周期要求越来越短。

本书总结了超大型钢结构高科技电子洁净厂房的建造技术，包括钢结构洁净厂房的特点及设计概述、总承包管理、钢结构施工技术、混凝土结构施工技术、模块化预制安装技术、洁净安装技术、数字化建造技术及实际案例等方面。

社书号：41904，定价：120 元，2024 年 2 月出版

《大型船闸工程智能建造理论、技术及应用》

苏颖　王静峰　钱叶琳　张振华 等 著

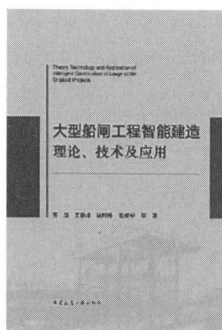

21 世纪我国基础设施建设得到快速发展，取得了举世瞩目的成就。然而，在水运和海洋建设装备方面仍远落后于发达国家，其中自动化、智能化等核心技术仍受制于国外，严重制约了我国水运和海洋基础设施的高质量发展。目前，船闸工程的建造方式正在向信息化、智能化方向转变，已成为行业发展的必然趋势。

本书总结了作者在大型船闸工程智能建造方面的研究成果和工程实践，从理论、技术

到工程应用，涉及智能装备、智能建造、智能监测和项目管理等内容。本书可作为从事大型船闸工程智能建造科学研究、工程设计、施工监理的技术和管理人员的参考书，亦可供高等院校土木、交通和水利专业的师生参考。

社书号：40229，定价：48 元，2023 年 1 月出版

《智慧城市与轨道交通 2024》

中国国际科技促进会智慧城市轨道交通专业委员会

中城科数（北京）智慧城市规划设计研究中心 编

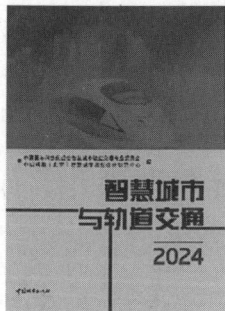

本专著旨在深入探讨智慧城市与轨道交通的协同发展，分析两者的互动关系，以及如何在具体的城市规划和建设中实现优势互补。通过梳理智慧城市与轨道交通的发展历程，我们可以清晰地看到，智慧城市理念的提出为轨道交通的发展提供了新的契机，而轨道交通的现代化、绿色、智能化也正成为智慧城市建设的基石。

社书号：904800，定价：128 元，2025 年 1 月出版

《智慧城市空间规划与场景营造》

李昊 著

本书坚持技术人文主义的视角，重视人本感知。在当前智慧城市建设大潮中，本书旨在弥补智慧城市建设空间视角的缺失，通过对智慧城市空间规划和营造的创新性、前瞻性研究，力求起到三方面的作用：①通过以人为本的智慧城市空间规划和场景营造，为智慧城市建设和管理提供有力的空间引导工具，塑造适应数字化时代居民生产生活的人居环境；②有效地为各地城市治理的数字化转型和数字经济发展提供空间承载，提升城市建设效能，促进各地智慧城市生态体系的有效构建；③在城乡行业变革期拓展行业的空间视野，推动由传统城市规划向智慧城市规划的转变，实现数字时代城市规划的价值提升。

社书号：42736，定价：68 元，2024 年 9 月出版

《智慧城市规划体系研究与国际案例》

张晓东 陈猛 何莲娜 等 著

本书立足持续开展的智慧城市空间规划、平台建设、数据融合等相关工作，结合智慧城市规划课题研究和项目实践等，讨论了智慧城市产生的背景和概念、对城市空间的影响，以及为城镇化带来的机遇和挑战，总结归纳了融合物理空间、数字空间和社会空间的智慧城市规划体系和方法，整理了涵盖多个国家和地区的智慧城市规划案例，旨在为读者提供较为全面的智慧城市解读。

社书号：41077，定价：168 元，2024 年 6 月出版

《数智城市：新型智慧城市的创新设计实践与未来探索》

宏景科技股份有限公司　智慧城市云边端协同技术广东省工程研究中心　编著

数智城市是新型智慧城市形态，代表了城市发展的新方向。本书介绍了智慧城市的发展历程和最新技术应用，提出智慧城市的共性技术与工程应用创新理念，并结合实践案例分析智慧城市落地过程中面临的问题和解决方案，进一步探讨了智慧城市具体场景的未来发展趋势，推动新型智慧城市发展进程。

社书号：41806，定价：78 元，2023 年 10 月出版

绿色低碳建造与管理

《绿色低碳城市更新技术应用案例集》

住房和城乡建设部科学技术委员会科技协同创新专业委员会　组织编写

石永久　主编

本案例集由绿色技术创新与应用效果显著的城市更新项目组成，包括矿坑生态修复利用工程——冰雪世界项目，亮马河国际风情水岸项目，湘潭天易示范区文体公园 A、B、C、D、E 区主体与景观工程项目，首钢老工业区改造西十冬奥广场项目，保定市西大街历史文化街区保护更新二期工程项目，长三角路演中心项目，青岛市高新区规划西 1 号线道路及综合配套工程 PPP 项目，平望古镇综合提升改造工程项目，北京工人体育场改造复建项目（一期），武汉市北湖污水处理厂及其附属工程项目，高阳县孝义河沿线有机更新与系统提升项目，共 11 个项目，涵盖了老旧小区改造、城市空间集约利用、城市生态修复和功能完善、人居环境改善、城市历史文化保护与修复、新型城市基础设施建设、既有园区建筑提升改造、环保节能改造、县域环境提升等类型的城市更新项目。

社书号：43950，定价：86 元，2025 年 2 月出版

《绿色低碳城市 100 问》

王有为　主编

刘京　葛坚　常卫华　副主编

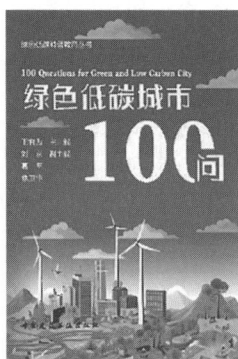

本书从青少年生活、学习的角度，以城市为范围，用平实、易懂的语言，讲述绿色低碳城市的建设特点及绿色低碳对每个人的影响。本书共分为 8 个篇章，从城市、建筑、交通、能源、资源、环保、智慧、生活等不同角度，提出了绿色低碳城市的 100 个问题。从发现城市问题开始，文中涉及气候变化、碳达峰、碳中和、循环经济、老城改造、绿色建筑、绿色出行、可再生能源、海绵城市、空气污染治理、智慧城市、大数据、绿色低碳等与每个

人生活息息相关的内容，这些内容也是我们国家以及全球各个国家倡导的城市发展方向。

社书号：43523，定价：40 元，2024 年 11 月出版

《建筑领域碳达峰碳中和——绿色低碳发展路径探索》

魏佳　时炜　著

本书深刻阐释了建筑领域碳达峰和碳中和的重要意义，是作者在长期建筑领域绿色发展理论和实践研究中形成的系统性创新成果。本书首先基于大规模数据调研，对建筑领域的能耗现状、碳排放现状和发展趋势进行深入分析，挖掘建筑领域碳排放驱动因素，开发建筑领域碳达峰预测模型，刻画不同情境下建筑领域的达峰情景和达峰时间。进一步从宏观和微观层面系统性梳理"双碳"相关政策、标准和法规等，侧重剖析建筑领域相关政策。运用大数据分析方法，对比分析国内外典型建筑政策差异，探究中国建筑领域政策及标准体系现存问题，提出实施及优化路径。最后，基于建筑领域碳排放现状、"双碳"政策普及效度及"双碳"政策执行力度的现实分析，探索构建了"政策优化路径＋科技支撑路径＋碳交易推动路径＋碳金融支持路径"四体一体化实现路径。

社书号：42098，定价：79 元，2023 年 12 月出版

"韧性城市与生态环境规划丛书"

深圳市城市规划设计研究院　组织编写

丛书主要围绕"韧性城市"及"生态环境"两大主题，从城市规划建设及管理者的角度出发，系统阐述韧性城市及生态环境规划的方法、理论、路径及案例。本套丛书共计七本，分别为《海绵城市建设效果评价方法与实践》《韧性城市规划方法与实践》《市政基础设施智慧化转型探索》《城市新型竖向规划方法与实践》《生态保护修复规划方法与实践》《市政基础设施韧性规划方法与实践》《夏热冬暖地区区域能源规划探索与实践》。丛书以开放式的选题和内容，介绍韧性城市和生态城市建设过程中的新机遇、新趋势、新方法、新经验，为推进中国式现代化和新型城镇化做出时代贡献。

社书号：41886、43764、43855，定价：75～79 元，2025 年出版

"'双碳'目标下建筑中可再生能源利用"

江亿　等　编著

"'双碳'目标下建筑中可再生能源利用"丛书由江亿院士等权威专家领衔编著，聚焦太阳能、地热能、空气能等可再生能源与建筑的

深度融合，提供从理论基础到工程实践的全方位指导。丛书针对当前技术应用中的痛点，提出创新解决方案，助力建筑领域实现"双碳"目标，培养零碳建筑技术人才。

社书号：44442、43648、44580、41922、43750、44672，定价：58～98元，2025年出版

数智时代的新工程管理

《工程和谐管理论》

王乾坤　彭华涛　左慰慰　著

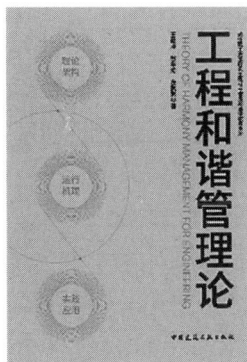

本书首先构建了工程和谐管理的理论架构；明确了工程和谐管理的研究定位及其理论价值，提出了工程和谐管理的理论建构基础，建立了工程和谐管理"一个目标、两个阶段、三个维度、四个机理"体系架构。其次，揭示了工程和谐管理的运行机理，即"人和""事谐""物适""耦合进化"四大机理。最后，突出了工程和谐管理的实践应用；设计了"以人为本、集成创新、系统协调、天人合一"的工程和谐管理模式，描述了"集成组织管理、项目要素控制、工程数字建造"等工程和谐管理工具，给出了工程和谐管理的调节效应模型，并结合具体工程实践应用展开了案例研究。

社书号：41789，定价：78元，2024年8月出版

"组织管理学2.0"系列专著

卢锡雷　著

"组织管理学2.0"由"认知思维""流程牵引""精准管控""任务绩效""敏捷教育"和"重塑组织"构成，体系性地阐释了工商社会组织本质、管理技法与工具、获得比较优势的方法途径。著作得到丁烈云院士等专家推荐，已为国家和众高校图书馆收藏，成为组织获得敏捷适应力的战略解决方案。该成果是卢锡雷团队融合技术员、管理员和教练员的多角度观察，历经30余年思考、研究而沉淀的结晶。在"管理落后是战略落后"的论断下，针对组织管理六不足、两缺陷和实践中三矮化的严峻挑战，寻求管理以"行"致"成"，建构"识知行成变"的新思想逐步成熟起来的。其揭示的管理情景、场域与要素、主体的复杂性、关联性、实践性A、过程性P和动态性D的认知与问题解决的本质逻辑与流程，具有重要创新意义。

社书号：41203、43020、45202、36528、40838、39535，定价：58～99元，2020—2025年出版

《企业战略管理实论》

鲁贵卿　著

本书的主要内容，包含了企业战略管理的

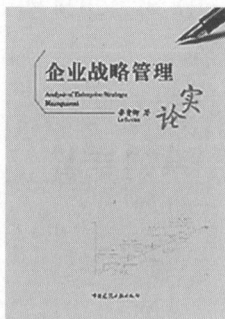

基本问题（如第一和第二章）、特殊问题（如第三章的扭亏脱困战略、第四章的组织优化战略等）；也包含了企业战略管理的普遍性问题（如人才强企、活力机制、市场布局、管理创新、科技创新、商业模式创新、降本增效、转型升级、数字强企、企业文化等）；还包含了企业战略管理的重大问题（如区域化、专业化、品牌化、精细化、数字化、国际化等）。从各章节的内容可以看出，本书是以工程建设投资类企业为底色、兼有其他各类企业通用性，可供各类型企业管理者和各类院校、研究机构的师生以及社会上有此兴趣的人士阅读参考。

社书号：43612，定价：88 元，2024 年 10 月出版

《工程建设企业项目管理实论》

张家年　编著

作者通过几十年的不断探索与研究，结合从业多年来在项目管理过程中的成功经验与失败教训，总结了以 PMBOK 和 IPMP 体系为基础的工程项目管理体系，提炼出一套科学适用的项目管理方法。本书重点从工程建设企业管理和项目管理两个层面进行了论述：①企业项目管理层面，论述了工程建设企业项目管理与工程项目管理之间的区别与联系，为企业管控项目提供了一种思路与方法；②项目管理层面，论述了项目管理的各项要素，从项目策划、项目范围、项目管理模式、组织管理、项目计划、安全环保管理、项目合同、项目采购、成本管理、信息沟通、冲突管理、项目投资、质量管理等方面进行系统研究，形成一整套用于实战的项目管理方法，也为精益化项目管理、建筑业高质量发展提供参考借鉴。

社书号：43741，定价：109 元，2025 年 1 月出版

《区域水—能源—粮食耦合系统协同研究》

黄道涵　著

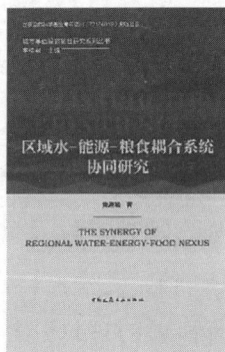

本书将水—能源—粮食耦合系统放置于人与自然互动的大背景下，构建以"人类活动—自然环境"为背景的区域水—能源—粮食耦合系统解释性框架，从核心关联、外围关联和互动关联三个层次界定区域水—能源—粮食体系。本书的创新之处在于构建了水—能源—粮食耦合系统的立体式解释框架，运用方程组的形式刻画并剖析了水—能源—粮食耦合系统结构，完善了黑箱视角下的水—能源—粮食协同度测度，拟合了驱动要素的决策拐点。

社书号：43887，定价：68 元，2025 年 3 月出版